北京市绿色空间及其生态系统服务

张 彪 著

中国环境出版社・北京

图书在版编目（CIP）数据

北京市绿色空间及其生态系统服务 / 张彪著 .—北京：中国环境出版社，2016.9

ISBN 978-7-5111-2865-2

Ⅰ . ①北… Ⅱ . ①张… Ⅲ . ①城市环境－生态环境建设－研究－北京市 Ⅳ . ① X321.21

中国版本图书馆 CIP 数据核字（2016）第 163332 号

出 版 人 王新程
责任编辑 李兰兰
责任校对 尹 芳
封面设计 宋 瑞

出版发行 中国环境出版社
（100062 北京市东城区广渠门内大街16号）
网　　址：http://www.cesp.com.cn
电子邮箱：bjgl@cesp.com.cn
联系电话：010-67112765（编辑管理部）
010-67112735（第一分社）
发行热线：010-67125803 010-67113405（传真）
印　　刷 北京中科印刷有限公司
经　　销 各地新华书店
版　　次 2016年9月第1版
印　　次 2016年9月第1次印刷
开　　本 787×1092 1/16
印　　张 13
字　　数 282千字
定　　价 52.00元

序

生态文明是以人与自然、人与人、人与社会和谐共生、良性循环、全面发展、持续繁荣为基本宗旨的文化伦理形态。推进生态文明体制建设，是贯彻落实党的十八大关于全面深化改革的战略部署，是破解生态文明建设中深层次矛盾和问题、全面建设美丽中国的必然要求。《生态文明体制改革总体方案》明确提出，要树立自然价值和自然资本的概念，保护自然就是增值自然价值和自然资本的过程，就是保护和发展生产力。因而，当前生态文明建设迫切需要科学认识自然资源及其生态系统服务供给原理，建立自然资源开发使用成本评估机制，将资源所有者权益和生态环境损害等纳入自然资源及其产品价格中。此外，随着城市化的快速推进，热岛效应、暴雨内涝、环境污染等城市病问题日益突出，城市生活质量和环境安全受到极大挑战，社会公众迫切希望居住在健康安全的城市内。为此，2015 年 12 月 20—21 日，时隔 37 年后再次召开的全国城市会议，明确提出了“城市发展安全第一，有效化解各种城市病”的行动目标。总之，在生态文明建设成为基本国策的背景下，城市规划与建设者们如何科学认识自然界的规律，保留、保护重要生态空间，并遵循发挥生态系统服务所需的景观格局条件，尽可能利用自然绿色设施来减缓或抵消城市发展中人类活动的负面影响，才是建设人与自然和谐相处的新社会形态的正确之路。

北京市作为全国政治、经济和文化中心，高度聚集的人口与稀缺脆弱的资源环境并存。2015 年北京市的林地、绿地、湿地和耕地等绿色空间面积分别占土地总面积的 64%、4%、3% 和 14%，它们为北京城市发展和居民生活提供着多种生态产品和服务，比如清洁水、农产品、游憩景观以及气候调节、环境净化、土壤保持和生物多样性维持等，尽管某些生态系统服务不能直接被人类所认知，但在保障区域生态安全和提升人居环境质量中发挥着重要的作用。在近年来快速城市化过程中，城市人口和建成区不断膨胀，对土地资源的需求急剧增加，原有绿化资源及其附着的土地迅速被占用并转变为建设用地，城市绿色空间规模不断缩小。据相关研究，2000—2010 年，北京市六环内绿色空间年均减少 20.71 km^2，相当于每年有 3 个奥林匹克森林公园面积大小的绿色空间被改变为城市建设用地。此外，由于各种人为干扰的影响，城市内部许多区域自然生态系统的结构和功能已发生改变，其生态系统服务及其价值也明显受损。因此，在这种情况下，科学认识北京市绿色空间及其生态系统服务，合理保留与保护重要绿色生态空间对于北京市的可持续发展和生态文明建设尤其重要。

早在2006年我承担了北京市森林资源资产及其价值化方法研究项目，中国科学院地理科学与资源研究所谢高地、肖玉等同志以及我的几位博士生参加了该工作，并与北京市园林绿化局和北京市林业勘察设计院建立了良好的合作关系；后来又相继合作开展了北京市绿地、湿地以及自然资源产权等项目研究。我的博士生张彪，他从2006年就参与了北京市森林资源资产的价值化工作，其博士毕业论文重点研究了北京市森林资源的生态系统服务及其空间异质性特征，后来相继参加了北京市绿地资源、湿地资源以及城市生态状况调查等工作，并获得了国家自然基金委对北京城市绿地生态功能研究的资助（31200531）。至今张彪博士对北京市绿色空间及其生态系统服务已开展了近10年的工作，取得了大量一手数据和研究成果，并在多个国内外知名期刊上发表。2015年6月4日《科技日报》（总第10297期）对张彪博士的研究成果进行了报道。为保证科学严谨，张彪博士又用一年时间三易其稿，终于将于近期出版发行。

当前，自然资源资产与生态系统服务研究是一个重要的新领域，其理论、方法与和应用实践均需要深入研究。我鼓励能够有更多像张彪博士一样的年轻科技人员参与到该领域研究并取得丰硕成果。同时，我相信，该书的出版不仅有助于社会公众更加全面客观地认识城市绿化资源的重要生态系统服务，而且能为城市管理者们建设安全健康的绿色空间体系提供参考。

中国工程院院士

李文华

2016年8月1号

前　言

自然资源是人类生存和发展的重要物质条件。但是，长期以来人们对自然资源价值的认识片面地集中在作为商品的部分，而对其改善环境和非商品的功能估计不足。大力推进生态文明建设是我国现阶段的主要工作和长期任务，树立自然价值和自然资本的概念，建立自然资源开发使用成本评估机制，并将资源所有者权益和生态环境损害等纳入自然资源及其产品价格中是我国生态文明建设的现实需求。城市绿色空间是城市中除人工硬化表面以外、能直接或间接提供生态系统服务的生态空间，是城市组成要素中的重要自然资源。在以往城市规划与建设过程中，生态空间往往是作为生产空间与生活空间的补充，"生态优先"多停留在口号上，绿色生态景观仅是在生产生活空间内"见缝插针"式的布局，未充分考虑发挥其生态环境功能所需的空间条件。在快速城市化过程中，城市内部及周边原有生态景观大量被生产生活空间快速吞噬，而保留这些生态空间对于维持人类生存和维护人居环境质量意义重大。

北京作为全国政治、经济和文化中心，人口和经济发展高度聚集，同时拥有着可观的自然资源。2015 年北京市林地、绿地、湿地和耕地资源分别占北京土地总面积的 64%、4%、3% 和 14%。这些自然资源为北京市提供着多种生态产品和服务，保障着区域生态环境安全。然而，在快速城市化过程中，大量原有自然资源及其附着的土地迅速被占用并转变为建设用地，绿色空间规模不断缩小，城市热岛、暴雨内涝、空气污染等生态环境问题日益突出。因此，科学认识北京市绿色空间及其生态系统服务，保留与保护重要绿色生态空间并充分发挥其生态服务功能以提高城市宜居性和环境安全性日益重要。但是，由于不同区域气候背景、水土资源条件和城市布局的差异，城市绿化资源类型、规模、结构以及空间关系等配置模式复杂多样，决定了其生态系统服务的较大差异。因此，科学认识与评估绿化资源的生态系统服务供给原理及其制约因素，能为城市绿地规划设计与建设管理提供理论支持，以保障城市绿色空间生态功能的充分发挥。

本书在介绍北京市生态空间与绿色空间特征基础上，重点评估分析了森林、绿地和湿地绿化资源的组成、分布以及重要生态系统服务，明确了不同类型和不同区绿化资源的生态系统服务差异，清晰揭示了北京市重要生态系统服务的分布规律和供给特征，并介绍了北京市绿化资源重要生态系统服务评估方法的典型案例以及在平谷区的应用实践。该书不仅能为北京市自然资源资产核算、资产负债表编制、生态补偿政策制定以及生态环境建设提供数据支持和方法参考，而且能为全国其他城市的绿色空间保护和绿化资源管理提供示范与借鉴。本书共分8章，主要内容如下：

（1）绿色空间及生态系统服务概论。重点介绍生态空间、绿色空间、绿化资源以及生态系统服务概念及其研究进展。

（2）北京市绿色空间组成与分布。主要介绍北京市域生态空间和城区绿色空间的组成、分布及其格局和质量特征。

（3）北京市绿化资源组成与分布。重点介绍北京市森林资源、绿地资源和湿地资源的面积、类型与分布特征。

（4）北京市森林重要生态系统服务评估。主要评估分析了北京市森林涵养水源、保持土壤、固碳释氧、维持生境、防风固沙和净化空气服务的功能量、价值量以及空间分异特征。

（5）北京市绿地重要生态系统服务评估。主要评估分析了北京市绿地调节雨水、蒸腾降温、控制噪声、防灾避险、房产增值和景观游憩服务的功能量、价值量以及空间分异特征。

（6）北京市湿地重要生态系统服务评估。主要评估分析了北京市湿地调蓄洪水、供给水源、净化水质、蒸发降温和维持生境服务的功能量、价值量以及空间分异特征。

（7）重要生态系统服务评估案例。重点介绍了北京市绿化资源6种生态系统服务的评估理论与方法研究案例。

（8）平谷区生态系统服务价值评估。以北京市平谷区为例，介绍了区域生态系统服务评估方法体系，以及在生态补偿政策中的应用。

本书是以我的博士毕业论文《基于功能分区的森林生态系统服务评估及其在生态补偿中的应用——以北京市为例》以及国家自然科学基金“北京城市绿地生态系统调蓄雨水径流的时空作用规律及调控对策（31200531）”研究成果为核心，以我在2008—2015年发表的北京城市绿地与湿地生态系统服务的系列研究成果为补充，并结合近10年参加的北京市绿化资源与生态环境状况相关课题的研究经历，对北京市绿色空间及其重要生态系统服务的总结和再认识。在部分成果的前期研究中，中国科学院地理科学与资源研究所的肖玉和张昌顺博士、北京市环科院陈龙博士、农业部农村经济研究中心张灿强博士、中国生态文明研究与促进会李庆旭等参与了相关工作，中国科学院地理科学与资源研究所李文华院士和谢高地研究员给予了长期的学术指导，同时得到了北京市园林绿化局与北京市林业勘察设计院的大力协助，在此一并表示感谢。

本书编写过程中参阅了大量相关研究工作和学术文献，主要观点均做了引用标注，若有疏漏，在此表示歉意。由于作者专业水平和写作能力有限，书中若有不妥之处，敬请批评指正！

作　者

2016年6月1日

目　录

1　概　论

1.1　研究背景

城市是人口、政治、经济、文化、宗教等高度密集的载体，是人类活动与自然环境高度复合的独特生态系统。在城市内部，不同功能区的分布和组合构成了城市空间。因而，城市空间不仅是自然空间、精神空间和社会空间的三维统一体，也是生产空间、生活空间和生态空间的复合镶嵌体。近年来，随着人口和经济活动的进一步聚集，城市生产、生活和生态空间矛盾突出，高度重视城市国土空间合理开发利用，科学优化“三生”空间结构，严格限制生产生活用地空间盲目扩张，保障区域经济发展与人口资源环境相协调成为生态文明建设中的重要任务。

城市化是指一个地区人口在城镇或城市相对集中的过程，城市化程度已成为衡量一个国家或地区经济、社会、文化、科技水平以及社会组织程度和管理水平的重要标志。据联合国统计，2014 年全球城市化水平已达 54%，预测 2050 年将达到 66%（United Nations，2015）。而我国正处于城市化加速发展阶段，2014 年城镇化率已达 54.77%（国家统计局，2015），2050 年将超过 79%（United Nations，2015）。城市化的快速发展，带来了城市建设区域面积的快速扩大。基于夜间灯光指数（DMSP/OLS）与我国土地利用 / 覆盖变化信息监测不透水地表增长研究表明，不论是全国范围还是京津唐城市群，21 世纪初城市不透水地表均呈现高速增长特征，我国城市不透水地表比例约 66%（Kuang et al.，2013），远高于美国城市不透水覆盖比例 43%（Nowak and Greenfield，2012）。作为特大城市代表的北京，自新中国成立以来，建成区面积不断扩张。1949 年新中国成立初期，北京城区面积仅为 18 km^2。1973—2005 年，建成区面积以 32.07 km^2/a 的速度扩展，2010 年北京城区已扩大到 1 186 km^2。

城市化将原有自然、半自然景观改造为不透水景观，改变了城市地表热环境与水文循环过程，促使城市地区的生态、经济以及社会因素发生复杂变化，导致城市生态服务功能的退化，城市热岛、暴雨内涝、环境污染等城市病问题突出。城市病是指伴随着城市发展或城市化进程，在城市内部产生的一系列经济、社会和环境问题（石忆邵，2014），城市生活质量和环境安全受到极大挑战。城市化地区成为我国经济发展最具活力和潜力地区的同时，又是生态环境问题集中且激化的高度敏感地区（方创琳，2014）。

2015 年 12 月 20—21 日，时隔 37 年后再次召开的全国城市会议，明确提出了“城市发展安全第一，有效化解各种城市病”的行动目标。因此，深入认识城市病产生的生态学原因，科学制订符合国情背景的城市生态调控与治理措施，有效提高城市环境质量与生态安全，是广大社会公众和政府的现实需求。

城市生态空间是城市中除人工硬化表面以外、能直接或间接提供生态系统服务的城市用地（孙然好等，2012）。由于在城市内部，城市生态用地与绿色空间的高度重合，因而城市生态空间也称为绿色空间。城市绿色空间不仅能为居民提供优美的自然景观和舒适的休闲游憩场所，而且在缓解暴雨内涝、降低夏季高温、削减噪声、净化空气环境等方面发挥着重要作用。在城市规划与建设过程中，绿色空间往往是作为生产空间与生活空间的补充，“生态优先”多停留在口号上，绿色生态景观仅是在生产生活空间内见缝插针式的布局。而且相对于绿色空间的景观美学功能，对绿色空间在提升城市环境质量和保障区域生态安全中的作用认识不足，城市内部及周边原有生态景观大量被生产与生活设施挤占，原有绿色空间不断缩减并成为一种稀缺资源。因而，如何充分认识城市绿色空间及其生态服务功能特征，优化调控城市生态景观格局，改善城市生态环境质量已成为我国当前城市发展的迫切需求。

近年来，北京市经历了快速城市化过程，城市建成区面积不断扩大，绿色空间存在大量被侵占现象。付晓（2012）基于遥感影像数据研究发现，1989—2009 年北京城市绿色空间缩减了近 15%。不过，北京城市绿地发展取得了显著成效，尤其是第一道、第二道绿化隔离带和绿色奥运工程建设，使得部分区域绿化资源有所增加。但是，由于对自然资源提供的生态系统服务认识不足，低估了自然资源的生态资产价值和生态恢复成本，在土地利用决策与城市管理过程中，不能充分考虑绿色空间被侵占的生态风险和经济代价。本书通过分析北京市绿色空间组成结构及其动态变化特征，重点介绍森林、绿地和湿地三种绿化资源的重要生态系统服务，为北京市生态环境建设与绿化资源管理决策提供科学支撑。

1.2 概念界定

1.2.1 生态空间

土地是人类社会经济活动赖以生存的载体，也是保障粮食安全、提供自然生态服务的基础。生态用地是除农用地和建设用地以外的土地类型，主要是用以维护生物多样性、生态平衡以及保持原生环境的土地（岳健等，2003）。虽然目前国内关于生态用地概念以及分类尚有多种描述，但是对于生态用地概念内涵理解基本相同，即具有重要生态功能、以提供生态产品和生态服务为主的土地。如果考虑到土地资源空间属性，生态用地也称生态空间。

城市生态空间是指城市中除人工硬化表面以外、能直接或间接提供生态系统服务的城市用地（孙然好等，2012），主要包括绿地、水体、稀疏及无植被地，以及城乡结合地和植被过渡区域等。在以往城市规划与建设过程中，生态空间往往是作为生产空间与生活空间的补充，绿色生态景观仅是在生产生活空间内见缝插针式的布局，未充分考虑发挥其生态环境调节功能所需的空间条件。在快速城市化过程中，城市内部及周边原有生态景观大量被生产生活空间快速吞噬，而保留这些生态空间对于维持人类生存和维护人居环境质量意义重大。

1.2.2 绿色空间

在西方城市规划概念中较多提及的是开敞空间（open space）。比如美国将开敞空间定义为："城市内一些保持着自然景观的地域，或者自然景观得到恢复的地域，也就是游憩地、保护地、风景区或者为调节城市建设而预留下来的土地，城市中尚未建设的土地并不都是开敞空间，具有娱乐价值、自然资源保护价值、历史文化价值、风景价值"（Augues，1984）。日本则把开敞空间称为："游憩活动、生活环境、保护步行者安全及整顿市容等具有公共需要的土地、水、大气为主的非建筑用空间且能保证永久性的空间，不论其所有权属个人或集体"（高原荣重，1983）。

如果城市建筑以及功能性空间（如道路、停车场等）称为灰色空间（Mensah，2014），那么城市绿色空间就是指城市绿色基础设施，包括城市园林、城市森林、都市农业、滨水绿地以及立体空间绿化等在内的绿色空间网络（李锋等，2006）。城市绿色空间是以土壤为基质、以植被为主体、以人类干扰为特征，并与微生物和动物群落协同共生的人工生态系统，并通过绿色斑块和绿色廊道相互连接。

1.2.3 绿化资源

城市绿化建设是提升城市形象，改善生态环境和环境质量的一个重要途径。绿化资源是指为改善城市生态环境而用于绿化建设的自然资源，一般包括森林资源、绿地资源和湿地资源。

森林资源是林地及其所生长的森林有机体的总称，主要由林地资源、林木资源和野生动植物、土壤微生物及自然环境因子等组成。土地面积≥ 0.067 hm^2，郁闭度≥ 0.2，就地生长高度 2 m 以上（含 2 m）的以树木为主的生物群落，包括天然林与人工幼林，符合这一标准的竹林，以及特别规定的灌木林，行数在 2 行以上（含 2 行）且行距≤ 4 m 或冠幅投影宽度在 10 m 以上的林带，均构成森林资源。而在联合国粮农组织关于世界森林资源统计中，只包括疏密度在 0.2 以上的郁闭林，不包括疏林地和灌木林。

《辞海》对"绿地"的释义为"配合环境，创造自然条件，使之适合于种植乔木、灌木和草本植物而形成的一定范围的绿化地面或区域，供公共使用的有公园、街道绿地、林荫道等公共绿地；供集体使用的有附设于工厂、学校、医院、幼儿园等内部的专用绿地和住宅绿地"。因此，绿地资源是指以自然植被和人工植被为主要存在形态的城市用地，包含两层次内容：一是城市建设用地范围内用于绿化的土地；二是城市建设用地之外，对城市生态、景观和居民休闲生活具有积极作用、绿化环境较好的区域。一般分为公园绿地、生产绿地、防护绿地和附属绿地。

湿地资源是指天然的或人工的，永久的或暂时的沼泽地、泥炭地或水域地带，带有静止或流动、淡水或半咸水及咸水水体，包括低潮时水深不超过 5 m 的海域。 从类型组成上来看，湿地不仅包括湖泊、河流、珊瑚礁、滩涂、红树林、沼泽等天然湿地，还包括水库、池塘、水稻田等人工湿地。湿地是重要的国土资源和自然资源，具有多种功能，是自然界最富生物多样性的生态景观和人类最重要的生存环境之一。

1.2.4 生态系统服务

早在 1970 年，SCEP（Study of Critical Environmental Problems）在《人类对全球环境的影响报告》中首次提出了生态系统的服务功能，并列出了自然生态系统的“环境服务功能”，如害虫控制、昆虫授粉、气候调节和物质循环等。Holdren 等（1974）将其拓展为“全球环境服务功能”，并在环境服务功能清单上增加了生态系统对土壤肥力和基因库的维持功能。后来逐渐演化出“自然服务功能”（Westman，1977），最后由 Ehrlich 等（1981）将其确定为“生态系统服务”。

目前，关于生态系统服务的概念与内涵已有多种表述。比如，Daily（1997）认为，生态系统服务是指自然生态系统及其物种维持和满足人类生存、维持生物多样性和生产生态系统产品（比如海产品、牧草、木材、生物燃料、自然纤维等）的条件和过程；Costanza 等（1997）用生态系统产品（如食物）和服务（如消纳废物）表示人类从生态系统功能中直接或间接获得的效益；de Groot 等（2002）探讨了生态系统功能与生态系统产品和服务之间的关系，并将生态系统功能定义为自然过程及其组成部分提供产品和服务从而满足人类直接或间接需要的能力，当生态系统功能被赋予人类价值的内涵时便成为生态系统产品和服务。不过被广泛接受的是联合国千年生态系统评估（MA）的定义：生态系统服务是指人类从生态系统中获取的各种惠益（MA，2003）。

生态系统服务有实物量和价值量两种表示方式。一般用实物量表示的生态系统服务称为生态服务功能，用价值量表示的生态系统服务称为生态服务价值。正如 Daily 等（1997）所指出的：生态系统服务对于现代文明是绝对必需的，虽然现代城市生活模糊了它们的存在。因而，生态系统服务一直被排除在经济政策和决策的制定之外，重要的生态系统服务如水和空气的净化、自然界为农作物提供基因库服务等没有包含在传统的经济模型中。全面认识并科学评估自然生态系统为人类提供的服务功能及其价值已成为 21 世纪生态学研究的重点和热点内容。

1.3 生态系统服务研究回顾

1.3.1 国外研究

人类很早就意识到自然界和人类活动之间存在相应的因果关系，比如早在古希腊，柏拉图就认为雅典人对森林的破坏会导致水井的干涸。国外对生态系统服务的认识与研究主要经历了萌芽、发展和融合三个阶段（李文华等，2008）。

（1）萌芽阶段

由于自然生态系统提供着人类赖以生存的自然环境条件及效用，所以人类很早就意识到生态系统对人类生存和发展的重要作用，并且随着经济的发展和环境的日益恶化，生态系统及其服务功能越来越受到重视。18 世纪的法国科学家巴丰（Buffon）是第一个直接研究人类经济活动对自然环境影响的学者（Sargent，1974）。马歇尔（Marshall）就在《人与自然》（1864）一书中，记载了自然环境具有水土保持、分解动植物尸体等功能，并提到人类行为将会对生存环境构成威胁。后来，德国学者海克尔（Haeckel）（1866）创立了生态学，坦斯利（Tansley）（1936）提出了生态系统概念，均是生态学发展的重要里程碑，标志着以生态系统为基础的生态学研究已经形成科学体系，并从注重生态系统结构研究向关注生态系统功能研究的方向发展。

（2）发展阶段

20 世纪后半叶，生态系统服务研究进入全新的发展阶段，并逐渐成为生态学的一个重要研究方向。1949 年，Leopold 提出了“土地伦理”的概念，指出人类本身不能替代生态系统的服务功能。Sears（1955）则注意到生态系统的再循环服务功能。1970 年，SCEP 提出了害虫控制、传粉、渔业、土壤形成、物质循环等“环境服务”功能。后来，Holdren 和 Ehrlich（1974）将其拓展为“全球环境服务功能”，并增加了生态系统对土壤肥力和基因库的维持功能。1977 年，Ehrlich 和 Westman 等分别将此命名为“生态系统公共服务”和“自然服务”。1981 年，Ehrlich 又进一步确定为“生态系统服务”，并对以下两个问题进行了讨论：一是生物多样性的丧失将如何影响生态系统服务功能，二是人类是否有可能用先进的技术替代自然生态系统的服务功能。随着这些研究成果的发表，生态系统服务这一术语逐渐为人们所接受和使用。

（3）融合阶段

20 世纪 90 年代以来，随着生态系统理论水平和实践能力的提高，生态系统服务研究日益受到重视，从生态系统过程、生态系统功能机理及其生态系统服务价值等多个方面开展了生态学与经济学的交叉研究，克服了过去的研究过于集中于理论定性研究以及忽略人类效用等缺点。国外对生态系统服务研究主要集中在生态服务功能分类、生态系统服务形成及其变化机制以及生态系统服务价值化研究上（谢高地等，2006）。

① 开展科学合理的生态系统服务分类是生态系统服务及其价值化研究的基础。然而，生态系统功能不仅多种多样，而且不同功能之间又存在着错综复杂的依存关系，因而生态系统服务分类体系比较复杂，也是生态系统服务研究的热点和难点（张彪等，2010）。国外对生态系统服务分类主要有三种：一是功能分类，比如分为：调节、承载、栖息、生产和信息服务（Daily，1999；de Groot et al.，2002）；二是组织分类，比如分为：与某些物种相关的服务，或者与生物实体的组织相关的服务（Norberg，1999）；三是描述分类，比如分为：可更新资源物品、不可更新资源物品、生物服务、生物地化服务、信息服务

以及社会和文化服务（Moberg & Folke，1999）。

目前比较常见的是功能分类法。比如 Daily（1999）和 Costanza 等（1997）提出的生态系统服务分类比较具有代表性，另外一个较有影响的是 MA（2003）提出的生态服务分类。这种分类体系将生态系统服务分为供给、调节、文化和支持服务，更加直观和易于接受，但是不同类别之间存在重叠交叉现象。

② 生态系统是生态系统服务形成与维持的物质基础，而生物多样性通过它在管理生态系统属性和过程中所起的作用与生态系统服务产生密切联系（Naeem，2001；Loreau et al.，2001）。因此，生态系统服务的形成与变化机制研究受到重视。Tilman 等（1997）对草地生态系统研究发现，生态系统功能多样性及其组成对生态系统过程的影响要比物种多样性更加显著，多样生态系统中生物多样性的微小变化只会导致极小的生态系统功能和服务供给的改变（Jones et al.，1994）。Loreau 等（2001）认为，某些最少数量的物种在稳定条件下对生态系统功能非常必要，较大数量的物种可能对维持变化环境中生态系统过程的稳定性非常必要。Luck 等（2003）提出了服务供给单元，是指在一定时间或空间尺度内提供或未来会提供的已经认识到的生态服务单元，为生态系统服务的形成和变化机制及其受损生态系统服务的恢复研究提供了一个全新的观点和方法。

③ 由于生态系统及其功能的多样性，生态系统服务具有多价值性。生态系统服务价值评估方法目前主要采用经济学评价方法、能值评价法和效益转换法。其中，经济学评价方法根据价值评价技术的市场基础不同分为 3 类：市场基础评估技术、代理市场评估技术以及模拟市场评估技术（Chee，2004）。能值评价法以能值核算为代表，是以生产非货币化和货币化资源、服务和商品的太阳能单位来表示其价值（Odum & Odum，2000）。效益转换法是指在一个研究区估计的经济价值通过市场为基础或非市场基础的经济评价技术转换到另外的地方的方法（Barton，2002）。不过，效益转化法目前还是一个存在广泛争议的评价方法，它的有效性还没有得到充分证明。

1.3.2 国内研究

我国虽然早在古代就对生态系统功能有了感性认识与实践，但是从科学的高度对生态系统服务的研究开展较晚。不过，近年来我国在这一领域研究进展较快，不仅对生态系统服务价值评估的理论与方法进行了研究与探索，而且开展了全面系统的生态系统服务价值评估案例的具体实践，并取得了重要进展（李文华等，2009）。

（1）感性认识实践时期

这是一个漫长的历史时期，包括从我们的祖先在中国这块土地上定居，大体到新中国成立。人们在长期的生产和生活实践中，逐渐积累了生态系统对人类生存和社会发展支撑作用的宝贵经验，并对这些经验给予文字的记述。早在 6 000 ～ 7 000 年以前，我国就已有在长江流域种植水稻、在黄河流域种植谷子的记载；在商代，甲骨文中已零星记载生物与环境的关系；先秦时期，人们对森林保持水土的作用有了认识上的萌芽（关传友，2004），明清时期已普遍认识到了这种作用（樊宝敏和李智勇，2008）。此外，《国语》

《周礼》《农政全书》《吕氏春秋》等我国古代文献也有诸多记载。不过现在看来，这些认识和实践只是感性上的朴素认识和自觉行为。

（2）短期零散研究时期

新中国成立以后至20世纪80年代，是我国生态系统服务的短期零散研究阶段。虽然早在20世纪20年代，局部地区森林水文功能的研究就已开始（张增哲和余新晓，1989），不过直到新中国成立以后才相继开展这方面的研究。50年代末60年代初，天然与人工生态系统结构与功能的定位观测受到重视。1958年，中国科学院在云南西双版纳建立了我国第一个生物地理群落定位站，一些科研单位和高等院校也结合各自需要，开展了小规模的定位研究。到20世纪60—70年代，我国大规模的农田防护林建设实践积累了丰富的经验（曹新孙，1985），一些科研工作者对部分地区农田防护林的防风效应、热力效应、水文效应、土壤改良效应以及农作物增产效应等开展了定量研究。80年代初，国内“以森林的作用”为中心的大讨论，掀起了森林水文功能研究的热潮，森林与降水、径流、蒸发散、土壤水分、水源以及水量平衡的关系受到高度关注。同时，国内也出现了森林资源综合效益的早期核算研究（宋宗水，1982；廖士义等，1983）。不过整体来看，本阶段的研究主要侧重于森林生态系统服务实物量的分析与测定，研究内容不够全面，研究范围也限于特定的区域，属于零散、短期的研究。

（3）长期系统观测时期

20世纪80年代以后，我国生态系统结构与功能的定位观测开始向纵深发展。1988年，中国科学院在原有生态系统定位观测站的基础上，开始筹建生态系统研究网络（CERN）。截至2005年，CERN的基础台站已达36个，涵盖了全国具有代表性的农业、森林、草原、湖泊、海洋等生态系统类型。同时，国家林业局也根据需要独立组建了已有15个站入网的森林生态系统定位研究网络（CFERN）。这些大型长期生态学研究网络的建立，为我国生态学深入、定量和过程的研究提供了平台，而且在宏观尺度上为生态系统服务的网络化研究奠定了基础。

（4）全面价值评估时期

20世纪90年代，国内对深入认识生态系统的服务功能及其经济价值有了强烈的实际需求。受Costanza等研究成果的启发，国内生态学者开始对生态系统服务的价值评估进行了探索与实践。欧阳志云等（1999）系统地阐述了生态系统的概念、内涵及其价值评估方法，并以海南岛生态系统为例，深入开展了生态系统服务价值评估的研究工作；赵同谦等（2004，2003）评估了我国森林与水域生态系统服务价值；谢高地等（2003，2001）对我国自然草地和青藏高原高寒草地的生态系统服务价值进行了研究与评估，并制定了我国生态系统服务价值当量因子表。在科技部、中国科学院以及国家自然科学重点基金支持下，李文华院士对我国典型生态系统服务及其经济价值的评估理论与方法也开展了一些研究，并出版了相关专著；此外，还有许多科学工作者也进行了卓有成效的研究实践。

1.4 森林生态系统服务研究回顾

1.4.1 国外研究

人们对森林生态价值的认识大致经过了三个阶段：17 世纪中叶，欧洲发达国家仅认识到森林资源木材生产的价值；20 世纪 50 年代，德国确定了森林多功能理论，美国、瑞典、奥地利等也相继采用了森林多效益理论；20 世纪 80 年代末 90 年代初以来，逐渐开始全面认识和评估森林各种价值，包括使用价值（直接使用价值、间接使用价值）、非使用价值（选择价值、存在价值和遗产价值）。

由于对森林生态系统服务价值不甚了解，导致人类对森林的大量砍伐和过度利用，仅热带雨林每年被砍伐面积达 710 万 hm^2（Barbier et al.，1991）。因而，森林生态系统服务价值评估研究最早引起国际上的关注。比如，Peters 等（1989）对亚马孙热带雨林的非木材林产品的价值评估，Tobias 等（1991）和 Maille 等（1993）对热带雨林的生态旅游价值的研究，Hanley 等（1993）对森林的休闲、景观和美学价值的研究。

目前很多国家与国际组织都开展了森林资源价值评估研究。1978 年，日本林野厅采用数量化理论多变量解析方法，评估了日本 7 种类型森林生态效益，其价值为 910 亿美元，相当于 1972 年日本全国的经济预算。Magrath 和 Arens（1989）研究指出，爪哇在 1987 年因砍伐森林而导致水库、灌溉系统和港口淤积所造成的损失达 5 800 万美元。Groot（1994）研究报道巴拿马每年每公顷森林生态服务总价值为 500 美元（包括使用价值和非使用价值）。而 Adger（1995）等研究指出，墨西哥森林生态系统服务总价值为每年每公顷 80 美元。

20 世纪 90 年代初，在森林资源价值评估理论研究的同时，一些实证研究也广泛展开，且主要以案例研究为主，方法主要为旅行价值法和意愿调查法。Costanza 等（1997）列举了 17 种生态系统服务类型，对全球生态系统服务和自然资本的价值进行了估计，认为全球每公顷森林每年提供的服务价值为 969 美元；Pimentel 等（1997）估算了生物多样性提供的服务价值，测算结果表明美国境内和全球范围内所有生物及基因带来的经济和环境利益分别为每年 3 000 亿美元和 30 000 亿美元。2000 年，日本林野厅对其境内的森林公益机能价值重新进行了评估，对水源涵养等 6 大类服务功能进行了计量和评估，价值总额约 75 兆日元。

除了对森林生态系统服务现存价值评估研究以外，国外还开展了对受损生态系统恢复期生态服务价值研究以及动态模拟研究。比如，Loomis 等（2000）采用条件价值评估法（CVM）对恢复美国普拉特河流域的废水处理、水净化、侵蚀控制、鱼和野生生物生境以及休闲旅游价值的研究。van Beukering 等（2003）运用了动态模拟模型，评估了印度尼西亚 Leuser 国家公园在未来发展的保护、采伐森林和选择使用三种情景下的生态经济价值。以 4% 的贴现率计，在 30 年时间内（2000—2030 年）生态系统累积的总经济价值为：砍伐森林情景下为 7.0×10^9 美元，保护情景下为 9.5×10^9 美元，选择使用情景下为 9.1×10^9

美元。

1.4.2 国内研究

我国对森林资源环境价值及其评价方面的研究起步较晚，在 20 世纪 80 年代初期和 90 年代以后才较多地开展这方面研究。比较系统的研究主要有：中国林学会在 1983 年开展的森林综合效益评价研究；邓宏海（1985）用级差地租理论建立了一个森林生态经济系统效益评价指标体系，提出了直接计量法、间接计量法和生态经济计量法等 3 种森林综合效益经济评价方法。张建国（1985，1990）将福建省森林分为 6 类，对森林生态效益进行定量评价与计量初步研究，并于 1990 年进一步从劳动价值论、时空统一原则、效益一体化原则和社会认可原则等几个方面提出了关于森林综合效益计量的原则，探讨了计量的指标体系及效益货币化的方法。

后来，侯元兆和王琦（1995）提出森林资源核算应包括林分核算、林地核算、森林环境资源核算，同时对森林涵养水源、保护土壤、固定二氧化碳和供给氧气这 3 部分环境资源进行核算，证实了森林的生态环境价值大于其立木价值，并对森林游憩价值的 8 种核算方法、森林野生生物经济价值的 4 种核算方法进行了总结和探讨。陈应发和陈放鸣（1995）介绍并讨论了国外比较流行的环境效益核算方法，并对其用于森林环境核算进行了讨论。李金昌（1999）以森林生态系统为例，全面总结了森林生态系统服务价值计量的理论和方法，并提出用社会发展阶段系数校正生态价值核算结果。李忠魁和周冰冰（2001）对北京市森林资源价值进行了较为全面研究，计量其环境价值包括涵养水源价值、土壤保持价值、固碳制氧并转化太阳能的价值、净化环境价值、防护林的环境价值、景观游憩价值和部分生物多样性价值，得出其现值为 2 119.88 亿元，是林木价值的 13.3 倍。侯元兆等（2005）在对森林资源价值评价理论与方法进行系统研究的基础上以海南省为案例进行了森林资源价值评价的案例研究，并以海南省为例进行了绿色 GDP 试算。2008 年 5 月，国家林业局出台了《森林生态系统服务功能评估规范》（LY/T 1721—2008），对森林生态系统服务功能评估的数据来源、评估指标体系和评估公式等加以规范化，为生态系统服务评估方法的规范标准化研究做出了有益尝试。

总体来看，目前国内外已对森林生态服务价值评价进行了有益的探讨，但还存在一些问题：①某些计量方法还主要停留在理论研究上，其结果缺乏说服力，未被广泛应用到计划与实践中；②以经济学为主要理论依据的森林环境效益计量研究，多是通过对受益对象的调查进行的，而对效益产生的机制，比如林木本身的情况（林分质量、林种、林分结构、布局等）研究不多，难以对林业生产起很好的指导作用；③采用不同的方法评估同一森林生态服务，可能会得出差异很大的结果；④评估结果的有用性可能取决于谁描述这些价值以及谁使用这些结果。因此，森林生态服务价值评估技术还有待进一步改进和完善，才能让森林生态系统服务评估的结果能应用于政府决策，在实现森林资源和人类的可持续发展中发挥作用。

1.5 绿地生态系统服务研究回顾

1.5.1 国外研究

国外对城市园林绿地生态服务研究开展较早。从20世纪60年代起，国外城市就将生态学原理引入植物景观设计中，注重植物景观设计与生态学原理紧密结合。

国外城市非常关注绿地改善城市环境质量的作用。比如Bernatzky（1983）研究发现，在植被覆盖的城市地区，只有5%～15%的降水形成地表径流，其余降水都被植被拦截，而没有植被的城市区域，大约降雨中的60%以地表径流的形式排到城市下水道；Avissar（1996）研究表明，植被能显著地影响城市区域的风、温度、湿度和降水，如果城市规划适当，绿色空间可以抵消城市发展中人类活动产生的负效应；而Barrett等（1998）发现高速公路两侧绿带可减少85%的悬浮物以及31%～61%的总磷、总铅和总氮。城市绿色空间也是维持和保护生物多样性的重要场所，特别对鸟类来说更是如此。Mortberg和Wallentinus（2000）在瑞典首都斯德哥尔摩不同生境鸟类调查发现，绿地空间廊道是生物多样性的重要场所。

此外，国外非常注重城市绿地的休闲娱乐价值。早在20世纪70年代，美国学者已对城市公园的娱乐价值进行了研究（Darling，1973）。Dwyer（1989）对城市休闲区的树木进行了居民支付意愿调查。Erkip（1997）对土耳其首都安卡拉的公园及其休闲服务功能以及用户特点进行了研究和评价，指出附近公园和娱乐设施的使用由个人收入水平和离公园的距离决定。Tyrväinen和Vaananen（1998）用意愿调查评估法对芬兰Joensuu的3个森林公园的休闲游憩价值进行评估，调查问卷的结果显示，超过2/3的居民愿意为公园的休闲游憩功能付费，3个森林公园的休闲游憩价值为每年435万～858万芬兰币。

国外城市绿地生态服务定量化研究始于20世纪90年代初。1996年，美国林学家协会（American Forests Mission）推出了基于ArcView的Citygreen软件，用于计算绿色植被的经济价值。McPherson（1992）利用城市绿地结构与绿地投入产出的时空变化，直接评估了城市绿地的生态系统服务，为城市绿地建设、投入以及管理提供了重要参考价值。而Nowak等（1999）创建的城市森林影响模型（Urban Forest Effects，UFORE）可用于测算城市森林的环境效应以及经济价值，比如城市绿地固碳、吸收污染物、降温节能、植物VOC排放等。该模型已被应用于美国多个城市以及加拿大多伦多和意大利西部的锡拉库扎城的绿地评估中。虽然城市绿地提供的生态系统服务极其重要，但也有一些负面影响。比如Benjamin（1996）等研究表明，许多种植物可以释放单萜等光化学反应物质，大规模种植会对环境造成污染，目前有124种树木被测定出会释放这种物质。

1.5.2 国内研究

长期以来，我国园林学界多倾向于园林美学的研究实践。从20世纪80年代起开始重视园林植物配植的科学性和生态效益，以及重视开展园林绿地生态效应的研究。研究初期主要针对城市不同类型绿化植物和绿地生态效应开展大量试验，印证了城市绿地对城市温湿度的调节作用。随着研究深入，城市绿地改善局部小气候、净化空气、减噪、固碳以及生物多样性方面开展了更为细致的调查研究。20世纪90年代后期，定量化绿地生态效益研究受到重视。

城市绿地的生态服务功能与绿地的类型和空间分布密切相关。不同类型的绿地在维持生物多样性、改善环境、维持群落稳定性等方面具有一定的差异。因此，城市绿地结构与生态服务关系受到重视。比如陈自新等（1998）研究表明，北京不同类型的绿地其生态效益差别很大，公共绿地的综合生态效益最高，其次是单位附属绿地、道路绿地和居民绿地，最差的是片林。

此外，城市绿地的绿量对其生态服务功能有着直接影响。吴菲等（2006）选择北京紫竹院公园4块不同绿量的乔灌草型绿地为研究对象，通过测定分析，得出了不同绿量的园林绿地水平温度、垂直温度、水平湿度和垂直湿度的变化规律，并探讨了绿量及乔灌草绿量比对环境温度、湿度的改善作用。周坚华（2001）较早提出了“绿化三维量”的概念，即绿色植物茎叶所占据的空间体积，并给出了以彩红外航片和计算机模拟技术来测算绿量的一套理论和方法。

目前国内多采用定性、定量相结合的城市绿地生态服务评估方法，主要有市场价值法、机会成本法、影子价格法、替换成本法、旅行费用法、条件价值法等。吴勇和苏智先（2002）采用绿地生态经济价值评估方法，计算了广州市城市绿地经济价值为1.16亿元。胡志斌（2003）、彭立华等（2007）利用Citygreen模型和“3S”技术相结合，评估了城市绿地系统生态效益，在大尺度上反映了绿地整体生态功能，使评估结构更加科学与合理。城市绿地不仅具有巨大生态效益，而且提供景观游憩和增值房产方面的社会价值。

在环境健康影响价值评估方面，蔡春光等（2007）用条件价值评估方法对北京市空气质量改善产生的健康效益进行了评估。结果表明，北京市居民每户的平均最大支付意愿为652.33元/a，居民健康总经济效益现价为61.08亿～75.41亿元，占北京市国内生产总值的0.88%～1.09%。在景观游憩价值方面，贺征兵（2007）运用CVM评估了太白山国家森林公园的景观游憩价值，结果表明太白山森林公园的游憩价值为5 242万元。但在方法的选择上，多数是将条件价值法和旅行费用法相结合，如肖平（2007）、刘亚萍（2006）分别对中山陵风景名胜区和武陵源风景区的游憩价值进行了评估，其研究结果分别为15.94亿元和29.46亿元。

在公园绿地对房产的增值方面，王德等（2007）对上海210个住宅实际成交价格做了定量分析，结果表明，有黄浦江视线的住宅总价高33.96%，约38万元，有公园视线的住宅总价高17.86%，约20万元。王松涛等（2007）利用GIS和Hedonic特征价格模型研究北京中心城公共设施可达性与新建房屋价值之间的关系发现，每接近公园绿地100 m，商品房价格上升69.1元/m^2。钟海玥等（2009）对武汉南湖景观的存在对周边住宅的影响作用进行了定量化的分析。结果表明，在南湖周边700 m的范围内，住宅到南湖距离每减少100 m可为其带来5.56%的增值，即315.41元/m^2。

总体来看，国内外城市绿地生态系统服务已开展大量研究，同时也存在一些不足。目前城市绿地生态系统服务研究多数是从自然角度或社会经济角度的单个生态效益要素测定，需要加强社会、经济、文化与生态、环境效益的综合研究。尤其是需要加强绿地生态结构、过程、功能及其机理的长期观测，构建全面系统的评价指标体系与核算技术，深入研究发挥绿地生态服务功能所需的绿地结构与空间条件，科学认识城市绿地配置模式制约与调控途径。

1.6 湿地生态系统服务研究回顾

1.6.1 国外研究

国外对湿地生态系统价值的研究起源于20世纪初，美国为了建立野生动物保护区，特别是迁徙鸟类、珍稀动物保护区而开展了湿地评价工作。20世纪70年代初，美国Larson等（1994）根据湿地类型评价湿地的功能，并以受到人类活动干扰的自然和人工湿地为参照，构建了湿地快速评价模型，并得以在美国、加拿大以及部分发展中国家推广和应用。

在湿地生态系统服务分类方面，Babier等（1997）将湿地效益划分为功能、使用价值和属性，并对每一项湿地效益进行具体解释说明。这一分类体系已得到广泛应用。在此基础上，James（1991）详细列出了各项湿地效益以及具体功能分类。湿地生态系统服务价值研究开始于Young等（1972）对河流的娱乐价值评价，后来不同河流的娱乐经济价值以及河流径流、水环境质量对娱乐价值的影响评价迅速开展。

1990年，Costanza等（1990）系统地对美国路易斯安那海岸沼泽进行了评价，所计入的价值有商业捕鱼、捕毛皮兽、游乐和防风暴等效益；英国Maltby等（1994）认为，美国的湿地生态系统功能与评价方法在欧洲并不适用，并开展了多国间河岸湿地对比研究；Brinson等（1994）提出了“五步”湿地生态系统功能评价方法。该方法首先根据湿地的地貌结构、水补给类型以及内部水文动力学特点划分湿地组，然后确定每组湿地的水文地貌特征与其生态功能之间的联系，再选择典型湿地设计具体评价方法。Kosz（1996）使用费用-效益分析来确定建立Donau Auen国家公园的不同方案的经济影响，从而使湿地生态服务价值评估技术应用到实际建设活动中。

Wilson等（1999）总结回顾美国1971—1997年的淡水生态系统服务经济价值评估研究发现，大多数研究涉及河流生态系统的娱乐功能评估，评估方法也多限于旅行费用法、条件价值（contingent valuation）法和享乐价格（hedonic pricing）法。Richard等（2001）系统总结湿地生态系统服务价值评估案例及方法，提出了一个非市场价值评估的工具复合分析（meta-analysis），使生态系统服务价值评估更加准确。Turner等（2003）提出了湿地生态经济分析的框架，系统总结了湿地生态系统经济价值评估的理论、方法以及在可持续发展战略中的应用；后来Vanden等（2004）分析了湿地生态经济系统的空间性特征，并建立了相应的评估模型。

1.6.2 国内研究

国内对湿地生态系统服务研究开展较晚，20 世纪 80 年代主要以定性评估湿地生态功能为主，90 年代后期开始了湿地价值的定量研究。1996 年启动了中国湿地社会经济评估指标研究，但未考虑湿地价值货币化。2000 年以后国内湿地价值评估比较活跃。

严承高等（2000）在分析湿地生物多样性的概念、价值及其种类的基础上，提出了湿地生物多样性的价值评估指标及其评估方法；韩维栋等（2000）利用市场价值法、影子工程法、机会成本法和替代费用法等评估了我们自然分布的 13 646 hm^2 红树林生态价值，结果发现，我国红树林生态系统在生物量生产、抗风消浪护岸、保持土壤、气体调节等方面年生态价值为 23.7 亿元。崔丽娟（2001）以扎龙湿地为例进行了湿地价值评估研究，比较系统地阐述了湿地生态系统价值评估理论与方法，并评估了鄱阳湖湿地生态系统服务价值（崔丽娟，2004）；陈鹏等（2007）将厦门湿地分为浅海海域、滩涂、河口水域等 9 个类型评估其生态服务价值。结果表明，厦门湿地生态系统服务年价值为 135.54 亿元，其中湿地的污染净化价值最高，其次为旅游休闲价值。此外，还有许多研究在洞庭湖、乌梁素海、盘锦湿地、莫莫格湿地等地进行了相关湿地价值评估的实践。

从国内湿地生态系统服务评估的发展上看，湿地生态服务价值研究正从单一到综合、从整体到区域的趋势发展。整体来看，目前国内湿地价值评价工作仍然处于起步阶段，所进行的湿地评估大多借鉴了国外的方法，虽然这些方法和理念都属于国际先进水平，但结合我国国情的分析较少。今后需要重点开展具体区域及其湿地生态系统服务变化研究，为湿地过度开发和保护问题提供科学依据。

参考文献

[1] United Nations，Department of Economic and Social Affairs，Population Division. World Urbanization Prospects：The 2014 Revision，(ST/ESA/SER.A/366). 2015.

[2] 国家统计局 . 中国统计年鉴 2015[M]. 北京：统计出版社，2015.

[3] Kuang W H. Spatiotemporal dynamics of impervious surface areas across China during the early 21st century[J]. Chinese Science Bulletin，2013，58（14）：1691-1701.

[4] Nowak D J，Greenfield E J. Tree and impervious cover in the United States[J]. Landscape and Urban Planning，2012，107（1）：21-30.

[5] 石忆邵 . 中国“城市病”的测度指标体系及其实证分析 [J]. 经济地理，2014，34（10）：1-6.

[6] 方创琳 . 中国城市群研究取得的重要进展与未来发展方向 [J]. 地理学报，2014，69（8）：1130-1144.

[7] 孙然好，许忠良，陈利顶，等．城市生态景观研究的基础理论框架与技术构架 [J]. 生态学报，2012，32（7）：1979-1986.
[8] 付晓．北京城市绿色空间——格局、过程、功能与宜人性 [M]. 北京：学苑出版社，2012.
[9] 岳健，张雪梅．关于我国土地利用分类问题的讨论 [J]. 干旱区地区，2003，26（1）：78-88.
[10] Augues Heckscher. Open space-the life of American city[M]. New York：Harper&Row，1984：55-69.
[11] 高原荣重．城市绿地规划 [M]. 杨增志，等译．北京：中国建筑工业出版社，1983.
[12] Mensah C A. Urban green spaces in Africa：nature and challenges[J]. International Journal of Ecosystem，2014，4（1）：1-11.
[13] 李峰，王如松．城市绿色空间服务功效评价与生态规划 [M]. 北京：气象出版社，2006.
[14] SCEP（Study of Critical Environmental Problems）. Man's impact on the global environment[M]. Berlin:Spring-Verlag，1970.
[15] Holdren J，Ehrlich P. Human population and global environment[J]. American Scientist，1974，62：282-297.
[16] Westman WE. How much are nature's service worth?[J]. Science，1977：960-964.
[17] Ehrlich PR，Ehrlich AH. Extinction：the causes and consequences of the disappearance of Species[M]. Random House，New York，NY，1981.
[18] Costanza R，d'Arge R，de Groot R S，et al. The value of the world's ecosystem services and natural capital[J]. Nature，1997，387：253-260.
[19] Daily G C. Nature's Service：societal dependence on natural ecosystems[M]. Washington D C：Island Press，1997.
[20] De Groot R S，Wilson M A，Bouman R M J. A typology for the classification，description and valuation of ecosystem services，goods and services[J]. Ecological Economics，2002，41：393-408.
[21] MA（Millennium Ecosystem Assessment）. Ecosystems and human well-being：a framework for assessment[R]. Report of the Conceptual Framework Working Group of the Millennium Ecosystem Assessment. Washington：Island Press，2003：245.
[22] 李文华，等．生态系统服务功能价值评估的理论、方法与应用 [M]. 北京：中国人民大学出版社，2008.
[23] Sargent H F. Human Ecology[M]. Amsterdam：North-Holland Publishing Company，1974.
[24] Leopold A. A sand county almance[M]. New York：Oxford University Press，1949.
[25] Sears P B. The processes of environmental change by man[A]// W L Thomas. Man's role in changing the face of the earth. Chicago：University of Chicago Press，1955.
[26] Ehrlich P R，et al. Ecoscience：population，resource，Environment[M]. San Francisco：

W H Freeman，1977.
[27] 谢高地，肖玉，鲁春霞 . 生态系统服务研究：进展、局限和基本范式 [J]. 植物生态学报，2006，30（2）：191-199.
[28] 张彪，谢高地，肖玉，等 . 基于人类需求的生态系统服务分类 [J]. 中国人口 · 资源与环境，2010（6）：137-140.
[29] Daily G C. Developing a scientific basis for managing Earth's life support systems[J]. Conservation Ecology，1999，3（14）.
[30] Norberg J. Linking nature's services to ecosystems：some general ecological concepts[J]. Ecological Economics，1999（29）：183-202.
[31] Moberg F，Folke C. Ecological goods and services of coral reef ecosystems[J]. Ecological Economics，1999（29）：215-233.
[32] Naeem S. How changes in biodiversity may affect the provision of ecosystem services[A]// Hollowell VC. Managing Human Dominated Ecosystems. St.Louis：Missouri Botanical Garden Press，2001：3-33.
[33] Loreau M，Naeem S，Inchausti P，et al. Biodiversity and ecosystem functioning：current knowledge and future challenges[J]. Science，2001（294）：804-808.
[34] Tilman D，Knops J，Wedin D，et al. The influence of functional diversity and composition on ecosystem processes[J]. Science，1997（277）：1300-1302.
[35] Jones C G，Lawton J H，Shachak M. Organisms as ecosystem engineers[J]. Oikos，1994（69）：373-386.
[36] Luck G W，Daily G C，Ehrilich P R. Population diversity and ecosystem services[J]. Trends in Ecology and Evolution，2003（18）：331-336.
[37] Chen C R. An ecological perspective on the valuation of ecosystem services[J]. Biological Conservation，2004，120：549-565.
[38] Odum H T，Odum E P. The energetic basis for valation of ecosystem services[J]. Ecosystems，2000，3：21-23.
[39] Barton D N. The transferability of benefit transfer：contingent valuation of water quality improvements in Costa Rica[J]. Ecological Economics，2002，42：147-164.
[40] 李文华，张彪，谢高地 . 中国生态系统服务研究的回顾与展望 [J]. 自然资源学报，2009，24（1）：1-9.
[41] 关传友 . 论中国古代对森林保持水土作用的认识与实践 [J]. 中国水土保持科学，2004，2（1）：105-110.
[42] 樊宝敏，李智勇 . 中国森林生态史引论 [M]. 北京：科学出版社，2008.
[43] 张增哲，余新晓 . 中国森林水文研究现状和主要成果综述 [M]. 北京：测绘出版社，1989.
[44] 曹新孙 . 农田防护林学 [M]. 北京：中国林业出版社，1983.

[45] 宋宗水．森林生态效能的计量问题 [J]. 农业经济问题，1982（6）：29-33.

[46] 廖士义，李周，徐智．论林价的经济实质和人工林林价计量模型 [J]. 林业科学，1983，19（2）：181-190.

[47] 欧阳志云，王如松，赵景柱．生态系统服务功能及其生态经济价值评价 [J]. 应用生态学报，1999，10（5）：635-640.

[48] 赵同谦，欧阳志云，郑华，等．中国森林生态系统服务功能及其价值评价 [J]. 自然资源学报，2004，19（4）：480-491.

[49] 赵同谦，欧阳志云，王效科，等．中国陆地地表水生态系统服务功能及其生态经济价值评价 [J]. 自然资源学报，2003，18（4）：443-452.

[50] 谢高地，张镱锂，鲁春霞，等．中国自然草地生态系统服务价值 [J]. 自然资源学报，2001，16（1）：47-53.

[51] 谢高地，鲁春霞，肖玉，等．青藏高原高寒草地生态系统服务价值评估 [J]. 山地学报，2003，21（1）：50-55.

[52] Magrath W B，Arens P. The cost of soil erosion on Java：A natural resource accounting approach, Environment Department Working Paper 18，World Bank Policy Planning Research Staff，World Bank，Washington DC. 1989.

[53] Barbier E B，Burgess J C，Markandya A. The economic of tropical deforestation[J]. Ambio，1991，20（2）：55-58.

[54] Peters C A，Gentry A H，Mendelsohn R O. Valuation of an Amanonia rainforest[J]. Nature，1989，339：655-656.

[55] Tobis D，Mendelsohn R. Valuing ecotourism in a tropical rainforest reserve[J]. Ambio，1991，20：91-93.

[56] Maille P，Mendelsohn R. Valuing ecotourism in Madagascar[J]. Journal of Environment and Management，1993，38：213-218.

[57] Hanley N D，Ruffell R J. The contingent valuation of forest characteristics：two experiments[J]. Journal of Agriculturcal Economy，1993，44：218-229.

[58] Adger W N，Brown K，Cervigni R，et al. Total economic value of forest in Moxico[J]. Ambio，1995，24（5）：286-296.

[59] Loomis J，Kent P，Strange L，et al. Measuring the total economic value of restoring ecosystem services in an impaired river basin：results from a contingent valuation survey[J]. Ecological Economics，2000，33（1）：103-117.

[60] van Beukering P J H，H S J Cesar，M A Janssen. Economic valuation of the Leuser National Park on Sumatra，Indonesia[J]. Ecological Economics，2003，44：43-62.

[61] 邓宏海．森林生态效能经济评价的理论和方法 [J]. 林业科学，1985，21（1）：61-67.

[62] 张建国．森林生态经济学（五）[J]. 林业经济问题，1985（3）：38-42.

[63] 张建国，余建辉．森林生态经济学：生态林业的理论基石 [J]. 林业经济问题，1990（3）：

1-9.

[64] 侯元兆，王琦 . 中国森林资源核算研究 [J]. 世界林业研究，1995（3）：51-56.

[65] 陈应发，陈放鸣 . 国外森林资源环境效益的经济价值及其评估 [J]. 林业经济，1995（4）：65-74.

[66] 李金昌，姜文来，靳乐山，等 . 生态价值论 [M]. 重庆：重庆大学出版社，1999：31.

[67] 李忠魁，周冰冰 . 北京市森林资源价值初报 [J]. 林业经济，2001（2）：36-42.

[68] Bernatzky A. The effects of trees on the urban climate[A]// Trees in the 21st Century. Berkhamster：Academic Publishers，1983：59-76.

[69] Avissar R. Potential effects of vegetation on the urban thermal environment[J]. Atmosph Environ，1996，30（3）：437-448.

[70] Barret M E，Walsh P M，Malina J F，et al. Performance of vegetative controls for treating highway runoff[J]. Journal of Environmental Engineering，1998，124（11）：1121-1128.

[71] Mortberg U M，Wallentinus H G. Red-listed forest bird species in an urban environment-assessment of green space corridors[J]. Landscape and Urban Planning，2000，50：215-226.

[72] Darling A. Measuring benefits generated by urban water parks[J]. Land Economics，1973，49（1）：22-34.

[73] Dwyer J，Schroeder H，Louviere J，et al. Urbanites’ willingness to pay for trees and forests in recreation areas[J]. Journal of Arboriculture，1989，15：247-252.

[74] Erkip F. The distribution of urban public services：the case of parks and recreational services in Ankara[J]. Cities，1997，14（6）：353-361.

[75] Tyrväien L，Vaananen H. The conomic value of urban forest amenities：an application of the contingent valuation method[J]. Landscape and Urban Planning，1998，43：105-118.

[76] Gregory McPherson E. Accouting for benefits and costs of urban greensapce[J]. Landscape and Urban Planning，1992，22（1）：41-51.

[77] Nowak D J. Impact of urban forest management on air pollution and greenhouse gases[A]// Proceedings of the 1999 Society of American Foresters National Convention. 1999 September 11-15. Portland，OR. SAF Publ. 00-1. Bethesda，MD：Scociety of American Foresters，143-148.

[78] Benjamin M T，Sudol M，Bloch L，et al. Low-emitting urban forests：a taxonomic methodology for assigning isoprene and monoterpene emission parks[J]. Atmosph Environ，1996，30（9）：1437-1452.

[79] 陈自新，等 . 北京城区园林绿化生态效益的研究（1-6）[J]. 中国园林，1998.

[80] 吴菲，李树华，刘剑 . 不同绿量的园林绿地对温湿度变化影响的研究 [J]. 中国园林，2006，7：56-60.

[81] 周坚华 . 城市绿量测算模式及信息系统 [J]. 地理学报，2002，56（1）：14-23.

[82] 吴勇，苏智先．中国城市绿地现状及其生态经济价值评价 [J]. 四川师范学院学报，2002，23（2）：184-188.

[83] 胡志斌，何兴元，李月辉，等．基于 CITYgreen 模型的城市森林管理信息系统的构建与应用 [J]. 生态学杂志，2003，23（6）：181-185.

[84] 彭立华，陈爽，刘云霞，等．Citygreen 模型在南京城市绿地固碳与削减径流效益评估中的应用 [J]. 应用生态学报，2007，18（6）：1293-1298.

[85] 蔡春光，郑晓瑛．北京市空气污染健康损失的支付意愿研究 [J]. 经济科学，2007（1）：107-115.

[86] 贺征兵，吉文丽，胡淑萍．基于 CVM 的景观游憩价值评估研究——以太白山国家森林公园为例 [J]. 西北林学院学报，2008，23（5）：213-217.

[87] 刘亚萍，潘晓芳，钟秋平，等．生态旅游区自然环境的游憩价值——运用条件价值评价法和旅行费用法对武陵源风景区进行实证分析 [J]. 生态学报，2006，26（11）：3765-3774.

[88] 肖平，张成，张敏新，等．中山陵园风景名胜区游憩价值研究 [J]. 南京林业大学学报：自然科学版，2007，31（3）：25-28.

[89] 王松涛，郑思齐，冯杰．公共服务设施可达性及其对新建住房价格的影响：以北京中心城为例 [J]. 地理科学进展，2007，26（6）：75-87.

[90] 钟海玥，张安录，蔡银莺．武汉市南湖景观对周边住宅价值的影响——基于 Hodonic 模型的实证研究 [J]. 中国土地科学，2009，23（12）：63-68.

[91] 王德，黄万枢．外部环境对住宅价格影响的 Hedonic 法研究——以上海为例．城市规划 [J]. 2007，31（9）：34-41.

[92] Larson J，Mazzarese D. Rapid assessment of wetlands：history and application to management[M]. Netherlands：Elsevier Science Publications，1994.

[93] Barbier E B. Economic valuation of wetlands. Ramsar Convention Bureau，1997.

[94] James R F. Wetland valuation：guidelines and techniques. Asian Wetland Bureau-Indonesia，1991.

[95] Young R S G. The econimoc value of water：Concepts and empirical estimates. US. National Water Commission Report，1972.

[96] Maltby E，Hogan D V，Immirzi C P，et al. Building a new approach to the investigation and assessment of wetland ecosystem functioning[A]// Mistsch W J. Global wetlands：old world and new. Amsterdam：Elsevier Science B V，1994：637-658.

[97] Brinson M，Kruczynski M W，Lee W L，et al. Developing an approach for assessing the functions of wetlands. Global wetlands：old world and new. Mitsch W J. Amsterdam & New York：Elsevier Science B V，1994：615-623.

[98] Kosz M. Valuing riverside wetlands：the case of the "Donau-Auen" National park[J]. Ecological Economics，1996（2）：109-127.

[99] Wilson M A，Carpenter S R. Economic valuation of fresh water ecosystem services in the

United States：1971-1997[J]. Ecological Applications，1999，9（3）：772-783.

[100] Richard T W，Wui Y S. The economic value of wetlands services：a meta-analysis[J]. Ecological Economics，2001（37）：257-270.

[101] Turner R K，Jeroen C J M，Brouwer R. Managing wetlands：an ecological economic approach[M]. Northhamton M A：Edward Elgar Pub.，2003.

[102] Vanden B J，Barendregt A，Gilbert A. Spatical ecological economic analysis for wetland management：modelling and scenario evaluation of land use[M]. Cambridge：Cambridge University Press，2004.

[103] 严承高，张明祥，王建春 . 湿地生物多样性价值评价指标及方法研究 [J]. 林业资源管理，2000（1）：41-46.

[104] 韩维栋，高秀梅，卢昌义，等 . 中国红树林生态系统生态价值评估 [J]. 生态科学，2000，19（1）：40-45.

[105] 崔丽娟 . 湿地价值评价研究 [J]. 北京：科学出版社，2001.

[106] 崔丽娟 . 鄱阳湖湿地生态系统服务功能价值评估研究 [J]. 生态学杂志，2004，23（4）：47-51.

[107] 陈鹏 . 厦门湿地生态系统服务功能价值评估 [J]. 湿地科学，2006，4（2）：101-107.

2　北京市绿色空间组成与分布

2.1　北京市概况

2.1.1　自然地理特征

北京市位于华北平原西北部，周围与河北省和天津市相邻，地理坐标为北纬39°28′—41°05′，东经115°25′—117°30′，东西宽约160 km，南北长约170 km，东南距渤海150 km。全市总面积1.68万km^2，其中山区1.04万km^2，占全市总面积的62%；平原面积0.64万km^2，占全市总面积的38%。

北京市地势西北高、东南低，地貌类型复杂多样。西部、北部和东北部三面环山，南部是缓缓向渤海倾斜的平原。西部山地统称为西山，属太行山余脉；东北部山地统称为军都山，属燕山山脉。两条山脉在南口附近交会，形成一个向东南展开的半圆形大山湾，即北京湾。北京山地海拔1 000～1 500 m，最高山峰东灵山海拔2 303 m，山脉中间镶嵌着若干山间盆地；北京的平原是由许多大大小小的扇形地和洪冲积平原连接而成，地形较平坦，海拔高度在10～50 m。

北京市地处海河流域，境内有永定河、潮白河、北运河、大清河、蓟运河五大水系，有大小河流200余条，长2 700 km。据2014年水资源公报，全市地表水资源量6.45亿m^3，地下水资源量13.80亿m^3，水资源总量20.25亿m^3，其中，入境水量3.59亿m^3，南水北调水0.84亿m^3，出境水量11.88亿m^3。2014年全市18座大中型水库蓄水13.93亿m^3，其中官厅和密云两大水库蓄水11.08亿m^3。

北京属暖湿带半湿润大陆性季风气候，夏季炎热多雨，冬季寒冷干燥。年平均气温10～13 ℃，最冷月份为1月，历年平均温度–4.05 ℃，最热月份为7月，历年平均温度25.97 ℃，极端最低和最高温度为–27.4 ℃和42 ℃；多年平均降水量585.8 mm，降水量年际年内变化不均匀，全年降水的75%集中在夏季，7月、8月常有暴雨；全年以偏北风为主，多年平均风速2.4 m/s，春季气温回升快，昼夜温差大，经常出现6～7级大风，易出现春旱。

北京市土壤成因复杂，类型多样，包括9个土类、20个亚类和64个土属，在空间上随着海拔高度变化呈现明显的垂直分布规律。北京市地带性土壤为褐土，约占全市面积的 64.7%（李俊清等，2008）。由于地形差异和地下水位的影响，山区土壤垂直分布从低到高是山地褐土、山地棕壤和山地草甸土；由山麓至冲积平原，其土壤类型变化是褐土、碳酸盐褐土和潮土类及部分水稻土；在局部地区又有盐碱土和沼泽类型的土壤。土壤质地以砂壤、轻壤和中壤为主。

2.1.2 社会经济状况

北京市辖 16 个区，包括 2 个首都功能核心区（东城区和西城区）、4 个城市功能拓展区（朝阳区、海淀区、丰台区与石景山区）、5 个城市发展新区（昌平区、顺义区、通州区、大兴区和房山区）以及 5 个生态涵养发展区（平谷区、怀柔区、门头沟区、密云区和延庆区），共有乡镇 182 个，街道办事处 147 个（图 2.1）。

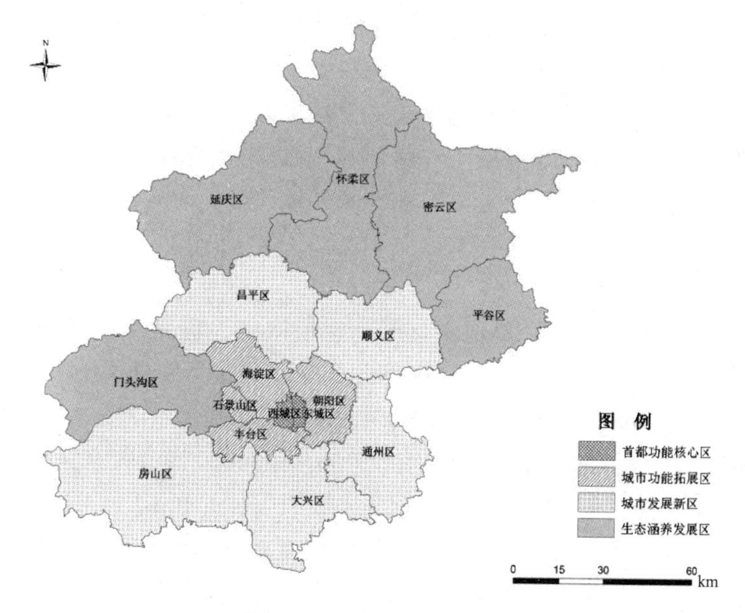

图 2.1 北京市行政区

2015 年北京市实现国民生产总值 22 968.6 亿元，人均国内生产总值 10.63 万元。其中，第一产业增加值 140.2 亿元，第二产业和第三产业增加值分别为 4 526.4 亿元和 18 302 亿元，第三产业在全市经济中占主导地位。从工业发展来看，高技术制造业、现代制造业和战略新兴产业已经成为工业的增长点。第三产业增长最快的是以金融、批发零售、交通运输、仓储为主的现代服务业和以信息技术为主的高新技术服务业。2015 年，北京城市居民人均可支配收入 52 859 元，农村居民人均可支配收入 20 569 元。

近年来，北京常住人口规模快速扩张，人口总量和增速均超原规划预期。到 2015 年末，全市常住人口 2 170.5 万人，其中常住外来人口 822.6 万人，占常住人口的 37.9%。城镇人口 1 877.7 万人，占常住人口的 86.5%。全市人口出生率为 7.96‰，死亡率为 4.95‰，自然增长率为 3.01‰。北京市常住人口密度为 1 323 人 /km^2，以东城区、西城区最高，均达到 2.2 万人 /km^2 以上，距离中心城区越远，人口密度越低，延庆人口密度最低，仅为 158 人 $/km^2$。自 2000 年以来，北京常住人口呈现出从中心城区向发展新区聚集的趋势，过半常住外来人口分布在五环外，但优质公共资源仍相对集中在中心城区。

2.1.3 生态环境问题

北京市土壤侵蚀类型主要为水力侵蚀。根据北京市第一次水务普查结果，北京市水土流失面积 3 201.86 km^2，主要分布在延庆、怀柔、密云、房山、门头沟、平谷和昌平山区，其中轻度侵蚀面积 1 746.08 km^2，占土壤侵蚀总面积的 54.53%，中度侵蚀面积 1 031.46 km^2，占土壤侵蚀面积的 32.21%（北京市水务局，2014）。此外，北京市山区河谷山高坡陡，地质构造复杂，加上夏季降水集中，暴雨强度大，经常造成泥石流、滑坡和洪水灾害的发生。

北京的风沙化土地，主要是因历史上永定河、潮白河、温榆河等河流多次泛滥冲积而成，形成了永定河、潮白河、大沙河流域和康庄、南口地区五大风沙危害区，地处北京城的上风口，是北京市就地扬沙扬尘的主要沙尘源。同时，北京也受周边地区风沙危害的影响，外地沙尘主要是经过康庄—南口、古北口—潮白河、永定河河谷三道风廊进入北京，河北省的宣化盆地、坝上高原、怀来盆地，地处永定河、潮白河的上游，位于北京的西北部、北部，与北京冬春季的主风（西北风）方向一致，成为周边地区风沙危害北京的主要成因（张国祯，2007）。

近年来，北京市环境质量呈现常规污染有所改善、但累积性环境问题不断交互出现的局面，尤其是大气环境质量受到社会公众高度关注。根据 2014 年北京市环境状况公报，2014 年全市 $PM_{2.5}$ 年平均浓度 85.9 $\mu g/m^3$，超过国家标准 1.45 倍；SO_2 年均值为 21.8 $\mu g/m^3$，符合国家标准；NO_2 年平均浓度 56.7 $\mu g/m^3$，超过国家标准 43%；煤炭消耗量 2 800 万 t，SO_2 排放量 19.1 万 t，烟尘排放量 7.1 万 t；PM_{10} 年平均浓度 115.8 $\mu g/m^3$，超过国家标准 65%。地表水水质总体稳定，水资源短缺和城市下游河道水污染严重的局面仍旧存在。不过，常规污染物排放控制成效明显，污染物排放总量有所下降。2014 年全市 SO_2 年排放量 7.89 万 t，比上年削减 0.81 万 t；氮氧化物排放量 15.10 万 t，比上年减少 1.54 万 t；全市化学需氧量排放 16.88 万 t，氨氮排放量为 1.90 万 t。

2000 年以来，北京市人均水资源基本保持在 140 m^3 左右，处于国际严重缺水线以下。北京市地表水主要来自海河流域的蓟运河、潮白河、北运河、永定河和大清河等，以及人工修建的怀柔水库、密云水库和官厅水库等。自 90 年代以来，北京市年降水量下降趋势明显（孙振华等，2007），各大水系来水量不断减少，地表水资源急剧下降。加上地下水资源补给不足，地下水埋深不断加大（北京市水务局，2014），北京已经成为世界上缺水最严重的城市之一。

城市热岛是在城区内热量聚集而产生的一种城市温度高于郊区的现象，并已成为超大城市面临的通病。根据遥感卫星监测结果（刘勇洪等，2014），1987—2001 年北京地区热岛效应持续增强，2001—2008 年因大面积旧城改造和绿化建设，城市热岛有所降低，2008 年以后城市热岛向东、南和北方向扩展，并出现中心城区热岛与通州、顺义、大兴、昌平热岛连片发展趋势。从城六区来看，1990 年热岛面积仅占 31%，2012 年增加到 77%。

2.2 北京市生态空间

城市生态空间是指城市中绿地、水体、稀疏及无植被地，以及城乡结合地和植被过渡区域等所组成的空间区域，能直接或间接为人类生产生活提供生态系统服务。在快速城市化过程中，城市内部及周边原有生态空间大量被生产生活空间快速吞噬，而保留这些生态空间对于维持人类生存和维护人居环境质量意义重大。因此，优化调控城市生态空间格局，改善城市生态环境质量已成为我国当前城市发展的迫切需求。

2.2.1 地表覆被信息提取方法

本书选用 2000 年、2005 年和 2010 年 Landsat TM/ETM+ 影像数据作为基础数据源。首先对影像进行几何校正，然后确定分类系统与分类方法对影像进行土地覆被解译，最后对解译结果进行验证。具体步骤如下：

首先，利用 1 ∶ 10 000 北京市电子地图，选择道路交叉点、河流交叉点等定位准确的点作为控制点，共选择 20 个控制点，利用二次多项式和最紧邻内插法对 2000 年 TM 影像进行几何纠正，均方根误差小于 0.5 个像元。然后，以 2000 年 TM 影像为基础，对 2005 年和 2010 年 TM/ETM+ 进行类似几何配置处理，重采样为 30 m，均方根误差控制在 0.5 个像元。采用监督分类的方法进行土地覆被类型影像解译，土地覆被类型共划分 6 个一级类型和 16 个二级类型（表 2.1），其中，森林、草地、湿地、农田和荒地构成生态空间。最后，利用 2005 年 Quick Bird 影像作为验证样本，对分类结果进行验证，得到最终的土地覆被解译数据。

表 2.1 北京市土地覆被类型划分

一级类型	二级类型	指标解释
森林	针叶林	郁闭度＞ 20%，高度＞ 3 m 的针叶天然林和人工林
	阔叶林	郁闭度＞ 20%，高度＞ 3 m 的阔叶天然林和人工林
	针阔混交林	郁闭度＞ 20%，高度＞ 3 m，25% ＜针阔比例＜ 75% 的天然林和人工林
	灌木林	郁密度＞ 20%，高度＞ 0.3 m 的灌丛和矮林
	经济林	郁密度＞ 20%，高度＞ 3 m 的乔木园地，以及郁密度＞ 20%，高度＞ 0.3 m 的灌木园地
	城区林	郁密度＞ 20%，高度＞ 3 m 的乔木绿地，以及郁密度＞ 20%，高度＞ 0.3 m 的灌木绿地
草地	天然草地	草本植物为主的自然、半自然草甸、草原或草丛
	人工草地	覆盖度＞ 20%，高度＞ 0.03 m，以人工植被为主的草本绿地

一级类型	二级类型	指标解释
湿地	沼泽	植被覆盖度（郁闭度）＞ 20%，高度＞ 0.03 m，年积水时间超过两个月以上或湿土区域的自然或半自然植被
	湖库	拥有静止自然水面的湖泊，或静止人工水面的水库 / 坑塘
	河流	拥有流动自然水面的河流，或流动人工水面的运河 / 水渠
农田	水田	有水源保证和灌溉设施，用以种植水稻、莲藕等水生农作物的耕地
	旱地	靠天然降水或灌溉水源及设施，用以种植旱生农作物的耕地
荒地	荒草地	4% ＜覆盖度（郁闭度）＜ 20% 的稀疏林、稀疏灌木林或者稀疏草地
	裸地	植被覆盖度在 4% 以下的荒漠、戈壁、裸露石山、裸土地、盐碱地等无植被地段，以及沙地、流动沙丘等
城镇	硬化地面	居住地、工业用地、交通用地、采矿场等人工建设区域

2.2.2 生态空间组成及变化

基于 2000 年、2005 年和 2010 年遥感影像解译结果发现，北京市生态空间以森林和农田为主体，且总面积不断缩减（图 2.2）。2000 年北京市生态空间总面积 145 万 hm^2，具体包括 87.14 万 hm^2 森林、45.28 万 hm^2 农田、8.17 万 hm^2 草地和 4.67 万 hm^2 湿地；森林和农田面积分别占到了生态空间的 60% 和 31%。2005 年北京市生态空间减小到 141 万 hm^2，其中，森林面积增加到 91.04 万 hm^2，农田面积减少到 38.02 万 hm^2，草地面积有所增加，为 8.78 万 hm^2，湿地面积减少为 3.17 万 hm^2；森林和农田面积占生态空间的比例分别是 65% 和 27%。2010 年北京市生态空间面积继续缩减为 137 万 hm^2，其中，森林和草地面积分别增加到 92.89 万 hm^2 和 9.75 万 hm^2，农田和湿地面积分别减少到 31.4

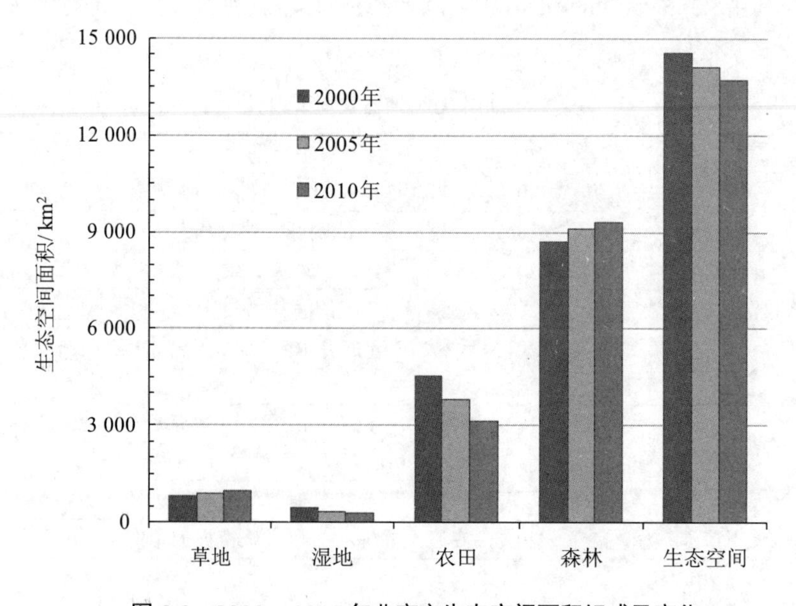

图 2.2　2000—2010 年北京市生态空间面积组成及变化

万 hm^2 和 3.07 万 hm^2。森林和农田面积占生态空间的比例变为 68% 和 23%。因此，从北京市域来看，城市建设规模以及城区面积的不断扩张，占用大量农田以及湿地资源。虽然该期间北京市重视并实施了一系列绿化建设工程，森林和草地面积有所增加，但不足以抵消农田和湿地面积减少所造成的生态空间面积整体缩减的趋势。

作为北京市生态空间的主要组成部分，森林中阔叶林和灌木林占据绝对优势（表 2.2）。2000 年，北京市阔叶林面积 3 610 km^2，占到森林总面积的 41%，灌木林面积 3 705 km^2，占到森林面积的 43%。针叶林和经济林面积大体相当，针阔混交林面积较小，相比之下，城区林面积最小。2000—2010 年，经济林和城区林面积均有明显增加，其中，2010 年经济林面积为 2000 年面积的 1.5 倍，2010 年城区林面积为 2000 年面积的 14.8 倍。可见，北京城市绿化建设工作取得明显成效。同时，针叶林、阔叶林和针阔混交林等自然或近自然森林面积变化不明显，说明北京市山区森林保护较好，森林生态空间得到保留。

表 2.2 北京市森林空间面积组成及变化 单位：km^2

空间类型	2000 年	2005 年	2010 年
针叶林	641.75	651.80	654.99
阔叶林	3 610.64	3 652.84	3 737.46
混交林	114.48	118.26	118.04
灌木林	3 704.58	3 754.05	3 751.28
经济林	635.43	853.83	925.54
城区林	6.91	73.00	101.98
森林	8 713.78	9 103.77	9 289.29

2.2.3 生态空间位置及变化

生态空间分布特征对于区域生态安全格局维护具有重要意义。作为首都功能核心区的东城区和西城区，生态空间面积最小，分别占到区面积的 10% 左右；朝阳、海淀、丰台和石景山作为城市功能拓展区，生态空间面积较小，占区面积比例在 40% ～ 55%；通州区、大兴区、顺义区和昌平区作为城市发展新区，生态空间面积较大，占到相应区面积的 80% ～ 95%；分布在门头沟、延庆、密云和怀柔等区的生态空间面积较大，均占到相应区面积的 90% 以上。其中，密云和怀柔生态空间面积最大，均超过 2 000 km^2，分别占到各自区域面积的 97% 和 98%。可见，北京市生态空间主要集中分布在城市发展新区和生态涵养发展区，并由城区到郊区生态空间面积递增，其他区域分布较少（图 2.3）。

2000—2010 年，北京市各区生态空间面积均呈现缩减趋势（图 2.3）。由于东城区和西城区生态空间面积本身就很少，其变化趋势不明显；石景山区和丰台区生态空间面积分别减少 2.05 km^2 和 18.21 km^2；朝阳区和海淀区生态空间缩减趋势明显，面积分别减少 67.73 km^2 和 30.87 km^2；平谷、门头沟、延庆、怀柔、密云和房山等区生态空间面积减少在 20 ～ 75 km^2；而大兴区、顺义区、通州区和昌平区生态空间减少最明显，均超

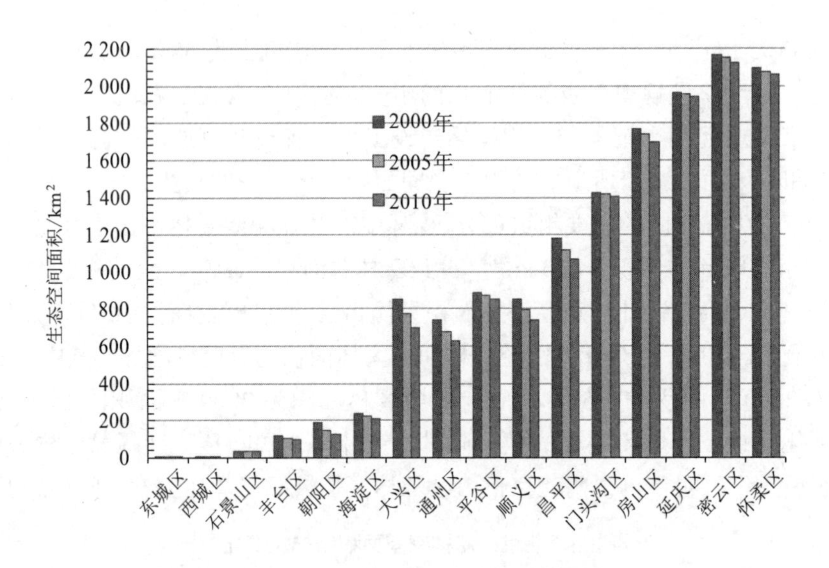

图 2.3　北京市生态空间面积变化趋势

过 100 km^2。可见，近十年来，北京城市发展新区内城市扩张显著，原有大量生态空间被改变为城市建设用地。

2.2.4　生态空间格局及变化

生态空间景观格局是指区域生态景观要素在空间上的排列组合，包括生态景观组成单元的类型、数量及其空间分布和配置，既是生态景观异质性的具体表现，又对其内部生态过程有一定的影响作用。

斑块数（NP）和斑块密度（PD）分别是指区域总景观和单位面积景观内斑块数量，虽然在生态学解释价值方面有些不足，但是斑块数（NP）和斑块密度（PD）仍然是景观格局分析的基本指数。从景观斑块数量来看（图 2.4），生态空间斑块主要集中在密云区、怀柔区、房山区、顺义区和延庆区，海淀区、朝阳区、丰台区、石景山区和东城区、西城区生态空间斑块数量较少，此分布特征与生态空间面积分布大体一致；2000—2010 年，除房山区、门头沟区和石景山区生态空间斑块数量有所减少外，其余区域斑块数量均呈增加趋势，尤其是朝阳区、顺义区、通州区和大兴区最为明显，说明以上区域受城市化建设干扰强度较大。从景观斑块密度来看（图 2.4），顺义区和朝阳区生态空间斑块密度较大，门头沟区和东城区、西城区斑块密度较小，而且在 2000—2010 年，朝阳区、顺义区、海淀区、石景山区和大兴区斑块密度变化较大，说明以上城区受人类干扰程度较大。

景观斑块的形状与空间连通关系对生态过程有着重要影响，因此，选择平均形状指数（SHAPE-MN）和连通性指数（CONTAG）两个景观指数加以具体分析。一般来说，平均形状指数（SHAPE-MN）增加，斑块的形状由复杂趋于简单。怀柔区、房山区、门头沟、密云区、延庆区以及海淀区 SHAPE-MN 指数较高，大兴区、平谷区和石景山区 SHAPE-MN 指数较低，而且在 2000—2010 年，东城区、西城区、石景山、丰台区和密

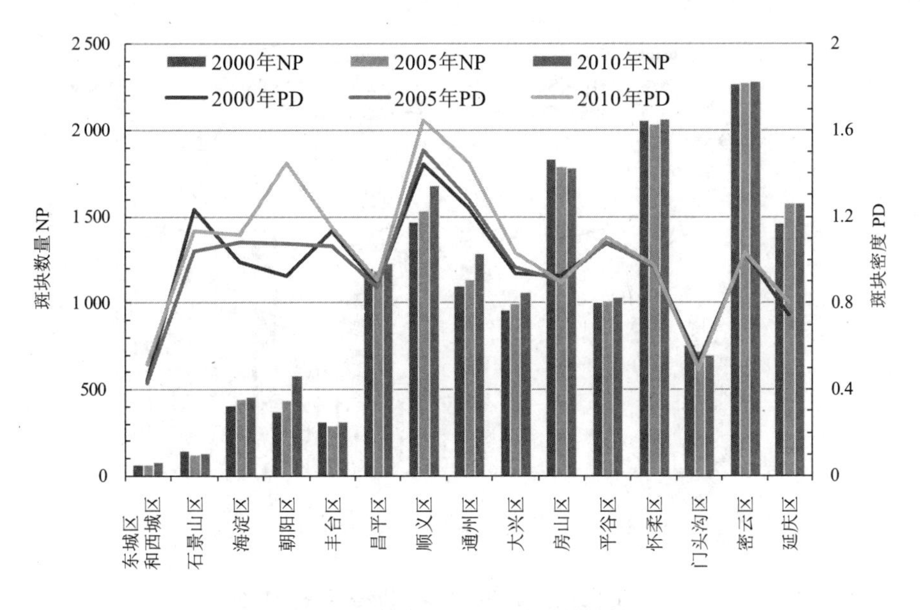

图 2.4 北京市生态景观斑块数量特征

云区生态景观 SHAPE-MN 指数呈现下降趋势，其中东城区、西城区和石景山区下降趋势非常明显，朝阳区、大兴区、昌平区和通州区 SHAPE-MN 指数有明显增大趋势（图 2.5）。蔓延度指数（CONTAG）描述的是景观里不同斑块类型的团聚程度或延展趋势，一般来说，高蔓延度值说明景观中的某种优势斑块类型形成了良好的连接性，反之，则表明景观是具有多种要素的密集格局，景观的破碎化程度较高。从北京市域来看，门头沟和东西城区 CONTAG 指数最高，均为 86 左右，海淀区、顺义区和房山区 CONTAG 指数较低；而且在 2000—2010 年，通州区、大兴区、顺义区和朝阳区 CONTAG 指数明显下降，说明其生态景观连通性降低，平谷区、房山区和密云区 CONTAG 指数有所增加（图 2.5），其生态空间连通性增加。

2.2.5 生态空间质量及变化

由于生物量是生态系统现存有机物总量，反映了生态系统生产力及其结构和功能高低的直接表现，因此，将其作为生态空间质量的直接指标。北京市生态空间生物量数据来自 MODIS 数据（分辨率为 250 m）和 CERN 样地数据反演所得（Li 等，2015），包括森林（含灌木）、农田与草地的地上生物量，其他生态类型如人工表面等不包括在内。其中森林为当年的地上生物量，草地为 8 月上旬的地上植被鲜重，农田为 8 月的农作物干重。

估算结果表明，北京市生态空间生物量高度集中在房山、门头沟、密云、延庆和怀柔等生态涵养发展区，以及平谷和昌平区，且呈增加趋势，其他区域较少（图 2.6）。具体来看，东城区、西城区现存生物量最少，均在 0.5 万 t 以下，丰台区和石景山区生物量均在 7 万～ 10 万 t，且年份间变化量不明显；2000—2010 年，朝阳区现存生物量分布在 12 万～ 18 万 t，整体呈现减少趋势；海淀区、通州区、顺义区和大兴区现存生物

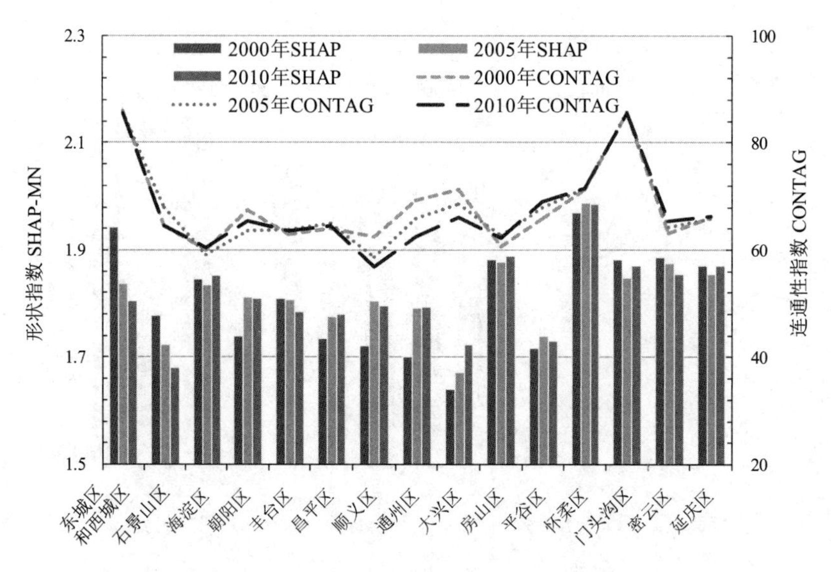

图 2.5 北京市生态景观形状与连通特征

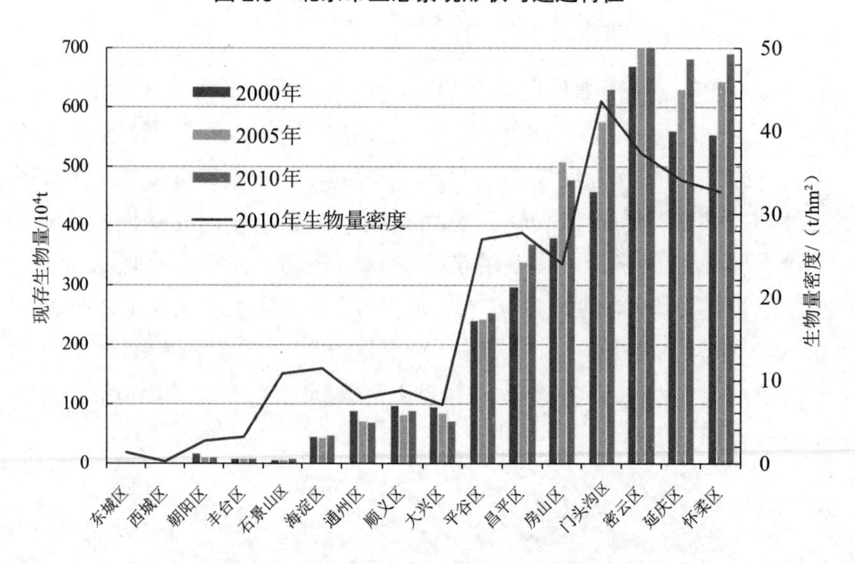

图 2.6 北京市生物量区域分布

量均在 100 万 t 以下，且呈现出减少趋势，尤其是通州区和大兴区最为明显。整体来看，近 80% 生物量集中分布在房山区、门头沟区、密云区、延庆区和怀柔区。

不过，单位面积现存生物量能更为直观地反映生态空间质量特征。结果发现，2010 年门头沟生物量密度最高，为 43.51 t/hm^2，其次为密云区、延庆区和怀柔区，现存生物量密度分别为 37.23 t/hm^2、34.10 t/hm^2 和 32.58 t/hm^2，昌平区、平谷区和房山区生物量密度均在 24 ～ 28 t/hm^2，而石景山区、海淀区、通州区、顺义区和大兴区生物量密度较小，朝阳区、丰台区以及东城区、西城区生物量密度最小。可见，北京市生态空间质量较高区域集中在密云、延庆、怀柔和门头沟等北部和西部山区。

2.3 北京城区绿色空间

北京城市区域是以五个环路构成的同心圆式的圈层结构，而且高密度人工建设区域集中分布在六环路以内，因此将六环内区域称为城区。城市空间主要由绿色空间和灰色空间组成，灰色空间是指城市建筑以及道路、停车场等功能性灰色空间（Mensah，2014）。由于快速城市化进程和城市建成区面积的不断扩大，城市绿地面积不断缩减并成为一种稀缺资源，因此，本书重点关注由城市森林、草地、农田和水域湿地所组成的绿色开敞空间。

2.3.1 信息提取与分析方法

遥感影像数据包括北京市六环内 2000 年 SPOT4（全色 10 m）、2005 年和 2010 年 SPOT5（融合 2.5 m）的高分辨率影像数据。首先对影像进行预处理，然后采用目视解译和计算机自动解译相结合的人机结合方法，对影像进行解译，分为农田、森林、草地、荒地、水域和建设用地 6 类（表 2.3），并进行野外核查，确保影像解译精度超过 85%。

表 2.3　城区土地覆被类型划分

城市空间类型	土地覆被类型	土地利用类型特征
绿色空间	农田	耕种农作物的土地，包括水田、旱地和菜地等
	森林	生长乔木、灌木和竹类等的林业用地，包括有林地、灌木林地、疏林地和园林地等
	草地	生长草本植物为主且植被覆盖度大于 5% 的各类草地，包括灌丛草地、疏林草地和人工草地等
	水域	天然陆地水域和水利设施用地，包括河流（水渠）、湖泊、水库、坑塘和滩地等
灰色空间	荒地	难利用的土地或植被覆盖度低于 5% 的荒地，包括沙地、盐碱地、裸土地、裸岩等
	建设用地	城乡居民点以及工矿、交通用地等，包括城镇建设用地、农村居民点和厂矿、工业园区、交通道路等，但不包括城镇绿地

从景观生态学角度，将绿色空间视为由不同类型的景观斑块所组成，结合 GIS 空间分析，计算统计景观斑块的面积、组成类型、空间位置以及表征空间构型的景观格局指数，定量分析 2000—2010 年北京城市绿色空间变化特征。

不同类型景观斑块的空间转换采用 GIS 空间分析模块实现。首先将不同年份土地覆被矢量数据转换为 10 m×10 m 的栅格数据，然后利用 ArcGIS 10.0 平台 ArcToobox 工具下的 overlay 命令，对 2000 年、2005 年和 2010 年的景观类型分布图进行空间叠加，分析不同时段绿色空间斑块的变化区域。

景观空间格局变化采用反映景观格局结构组成和空间特征的景观指数表示。根据北京城市绿色空间景观特点，主要选取反映绿色景观斑块数量、形状和空间关系的景观指数（表 2.4），包括斑块数（NP）、形状指数（SHAPE）、分维数（FRACT）以及平均最近距离（MNN）、聚集度指数（AI）与结合度指数（COHESION），然后借助 Fragstats 3.4 软件和 Excel 软件计算。

表 2.4　景观格局指数选取及其说明

所属类别	景观指数	尺度水平	选取目的
数量	斑块数（NP）	斑块	反映景观异质性，与景观破碎度正相关
形状	形状指数（SHAPE）	斑块	反映景观空间格局复杂程度
	分维数（FRACT）	斑块	反映人类活动对景观格局影响
空间关系	平均最近距离（MNN）	景观	反映同类斑块以离散或团聚式分布
	聚集度指数（AI）	景观	反映不同类型斑块空间聚集程度
	结合度指数（COHESION）	景观	反映景观斑块的自然连接程度

2.3.2　绿色空间面积及变化

研究表明，2000—2010 年北京市六环内绿色空间面积不断缩减。2000 年北京城市绿色空间面积及其比例分别为 1 102 km^2 和 48.67%，2005 年绿色空间面积和比例减小到 1 022 km^2 和 45.15%，2010 年进一步减少到 895 km^2 和 39.52%（表 2.5）。整体来看，2000—2010 年北京城市绿色空间面积缩减 207.08 km^2，意味着 9.15% 的六环内区域绿色空间被改变为灰色空间；绿色空间面积年均减少 20.71 km^2，相当于每年有 3 个奥林匹克森林公园被改变为城市建设用地[①]。绿色空间减少主要归因于城市化发展及经济利益的驱动。2000—2010 年，北京城市化水平（城镇人口比重）由 75% 上升到 86%（北京市统计局，2011），城市建成区面积由 1 253.81 km^2 增加到 2 348.67 km^2（李娜等，2015）。尽管在该期间，北京市相继实施了第一道和第二道绿色隔离带建设，以及郊野公园和湿地恢复等工程，但仍无法阻止以不断侵占原有绿色空间为代价的城市扩张模式。

表 2.5　不同年份北京城市绿色空间面积

类型＼年份	2000		2005		2010	
	面积 /km^2	比例 /%	面积 /km^2	比例 /%	面积 /km^2	比例 /%
农田	587.35	25.94	292.22	12.91	215.89	9.54
森林	322.64	14.25	457.83	20.22	384.45	16.98
草地	109.39	4.83	201.36	8.89	232.69	10.28
水域	82.45	3.64	70.88	3.13	61.73	2.73
绿色空间	1 101.83	48.67	1 022.29	45.15	894.76	39.52

就绿色空间内部不同类型来看，2000—2005 年北京市六环内农田和水域面积分别减

① 根据北京市园林绿化局公布数据，按照奥林匹克森林公园占地面积 680 hm^2 计算，http://www.bjyl.gov.cn/gyfjqyl/cs/cyq1/201008/t20100811_4548.html。

少 295.13 km^2 和 11.57 km^2，草地和森林面积相应增加 91.97 km^2 和 135.19 km^2；2005—2010 年农田和水域持续减少 76.33 km^2 和 9.14 km^2，草地面积增加 31.33 km^2，但森林面积减小 73.39 km^2（表 2.5）。整体来看，2000—2010 年北京城市林草面积有所增加，主要归因于该期间大规模城市绿化建设，包括第一道绿化隔离带和第二道绿化隔离带，以及绿色奥运工程建设等，城市绿色景观面积得以大量提高。同时，由于相对较低的征用成本，农田占用往往成为城市建设用地的首选，加上城市化过程中河流水域被道路、商业区和住宅区等挤占，特别是小型的自然溪沟被填埋或暗渠化，造成农田和水域面积持续减小。

2.3.3 绿色空间组成及变化

采用转移矩阵模型分析北京城区绿色空间类型转换过程。从表 2.6 可知，2000—2005 年北京市六环内农田减少 295.13 km^2，减少幅度近 50%，主要转化为建设用地、森林和草地。灰色空间的增加以 119.96 km^2 的农田转入为主，其次有 21.57 km^2 草地和 14.37 km^2 森林转入为建设用地，同时有 34.27 km^2 和 42.2 km^2 灰色空间转出为森林和草地，转入大于转出，面积有所增加。2005—2010 年，有 59.45 km^2 草地、54.08 km^2 农田、7.75 km^2 森林和 7.91 km^2 水域转入为灰色空间；草地面积增加 31.33 km^2，转入略大于转出；农田面积整体减少 76.33 km^2；森林面积转出大于转入，主要转化为建设用地（61.38%）和草地（28.05%）。

表 2.6 北京市六环内城市空间景观类型转移矩阵 单位：km^2

时段	类型	灰色空间	农田	森林	草地	水域	合计
2000—2005 年	灰色空间	1 065.78	3.56	35.01	56.13	1.75	1 162.22
	农田	128.34	284.97	114.75	56.37	2.93	587.35
	森林	15.09	1.98	302.98	2.33	0.26	322.64
	草地	23.44	1.25	4.13	79.76	0.81	109.39
	水域	9.12	0.46	0.97	6.77	65.13	82.45
	合计	1 241.76	292.22	457.83	201.36	70.88	
2005—2010 年	灰色空间	1 193.62	0.44	2.15	44.81	0.75	1 241.76
	农田	55.50	209.28	1.50	25.56	0.38	292.22
	森林	49.32	5.46	380.04	21.82	1.18	457.83
	草地	62.32	0.64	0.67	135.92	1.81	201.36
	水域	8.53	0.07	0.10	4.57	57.61	70.88
	合计	1 369.29	215.89	384.45	232.69	61.73	

从不同土地覆被类型变化的动态度来看，2000—2005 年各绿色空间类型间的动态变化率和幅度差异较大，其中森林和草地面积分别以 4.9% 和 7.6% 的速率增加，而农田和水域分别以 16.8% 和 2.7% 的速率减少；2005—2010 年，虽然农田和水域面积减少的速度有所下降，但是森林面积呈现出以 3% 速率减少，主要原因是城市化进程中原有绿化

隔离带被大量侵占。整体来看，2000—2010 年，农田动态变化度最大（–15.6%），其次为草地（4.8%）和水域（–3%），森林面积动态变化相对较小（图 2.7）。

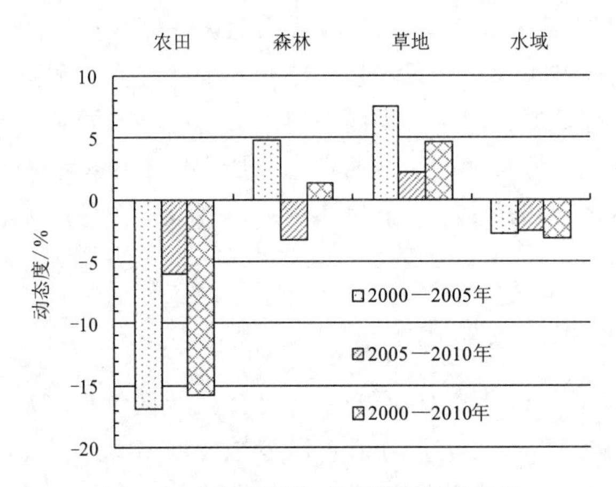

图 2.7 不同时期绿色空间面积动态度

综合以上说明，在北京城市扩张过程中，农田和水域被快速转换为其他用地，而随着绿化建设工作受到重视，森林和草地面积有所增加。农田和水域变为需要人工养护的绿地，不仅提高了建设和养护成本，而且千篇一律的绿化景观降低了原有城市景观多样性。此外，水域湿地和城郊农田同样具有重要的景观美学、改善生态环境和促进社会经济发展等功能，而大面积农田和水域被硬化地表所取代，原有的涵养水源、净化空气、保持水土等生态服务功能消失，进一步加剧了城市病问题的发生。

2.3.4 绿色空间位置及变化

图 2.8 为 2000—2010 年北京六环内城市绿色空间的变化区域。可以看出，北京城市绿色空间变化主要集中在四环至六环之间，有 317 km^2 绿色空间（占区域总面积的 14%）转变为灰色空间（灰色区域），同时有 110 km^2（约占区域 4.87%）灰色空间转变为绿色空间（黑色区域），另有 81.13% 区域（面积 1 837 km^2）未发生变化（白色区域）。整体来看，北京城市绿色空间被侵占区域集中在五环至六环之间，四环至五环周边区域绿色空间明显增加，而四环以内区域相对稳定。

从不同环路来看，二环内和二环至三环内绿色空间较小，且 2000—2010 年面积变化不大；三环至四环内绿化空间面积在 14 ～ 19 km^2，在 2000—2005 年面积有所增加，但 2005—2010 年小幅度减小，不过整体面积增加近 3 km^2；四环至五环内绿色空间面积 100 km^2 左右，且在 2000—2005 年有小幅度增加，但 2005—2010 年面积明显减少；北京城市绿色空间主要集中在五环至六环内，面积 750 ～ 1 000 km^2，且呈持续减少趋势，2000—2010 年减少了 201.18 km^2（表 2.7）。整体来看，北京市四环内绿色空间有小幅增加，但四环外绿色空间呈减少趋势，尤其是五环至六环内绿色空间缩减最为严重。

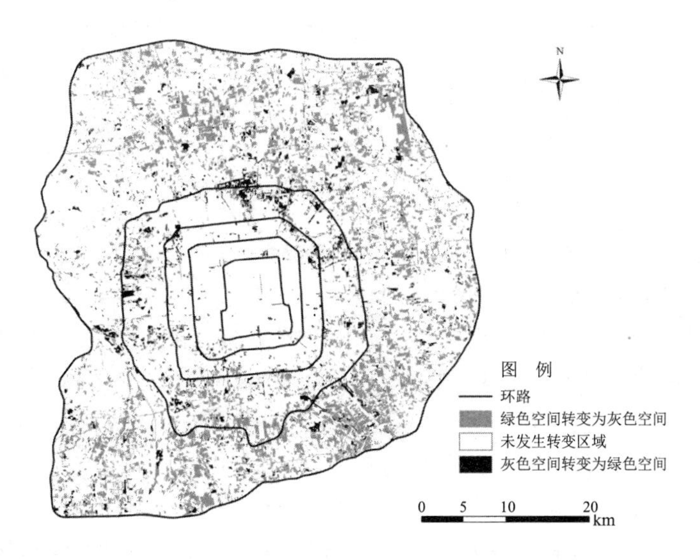

图 2.8 2000—2010 年北京市六环内绿色空间变化区域

表 2.7 2000—2010 年北京市不同环路绿色空间面积 单位：km²

位置时间	二环内	二环至三环	三环至四环	四环至五环	五环至六环
2000 年	6.67	7.11	14.03	107.90	966.11
2005 年	7.21	8.48	18.66	107.79	880.15
2010 年	7.18	7.89	16.90	97.86	764.93
2000—2010 年	0.51	0.78	2.87	–10.04	–201.18

2.3.5 绿色空间格局及变化

从北京城市绿色空间景观格局指数来看（表 2.8），2000—2010 年绿色空间斑块数量（NP）不断增加，说明绿色景观异质性增加，景观破碎化趋势明显；SHAPE 和 FRAC 是度量景观空间形状的重要指数，2000—2010 年北京城市绿色空间 SHAPE 指数持续增大，而 FRAC 指数变化不大，说明绿色空间斑块形状愈加复杂，但人类活动对景观格局的影响程度变化不明显；从绿色斑块空间关系来看，北京城市绿色空间 MNN 和 AI 指数均减小，说明同类型斑块呈团聚分布，但整个绿色空间有分散化趋势，COHESION 持续减少说明绿色空间斑块的自然连接程度降低。因此，2000—2010 年北京城市绿色空间格局呈现明显破碎化趋势，受人工干扰强度仍较大。

表 2.8 北京城市绿色空间景观格局指数

景观指数	2000 年	2005 年	2010 年	2000—2010 年
NP	6 102	8 056	9 458	3 356
SHAPE	2.695	3.558	4.178	1.483
FRAC	1.075	1.079	1.080	0.005

景观指数	2000 年	2005 年	2010 年	2000—2010 年
MNN	37.307	32.745	33.217	-4.09
AI	97.324	96.609	96.035	-1.289
COHESION	99.790	99.549	99.389	-0.401

此外，不同环路内绿色空间斑块的形状及空间关系也有所差异（图 2.9）。由内环到外环绿色空间 SHAPE 指数逐渐增大，而且随着时间变化同区域绿色空间 SHPAE 指数均有所增加，说明外围地区绿色空间形状相对复杂，而且随着城市化发展，绿色空间斑块形状均有所复杂化。不过，二环至三环和四环至五环内绿色空间的 FRAC 指数明显高于其他区域，说明二环至四环之间的绿色空间受人类干扰程度较大，而且随着时间变化，各区域 FRAC 指数均有所增大，人类活动对绿色空间的影响程度有所增加。从绿色景观空间关系来看，四环外绿色空间 COHESION 指数明显高于四环内区域，且二环内绿色空间 COHESION 稍高，说明四环外以及二环内绿色空间斑块自然连接度较好，而随着时间

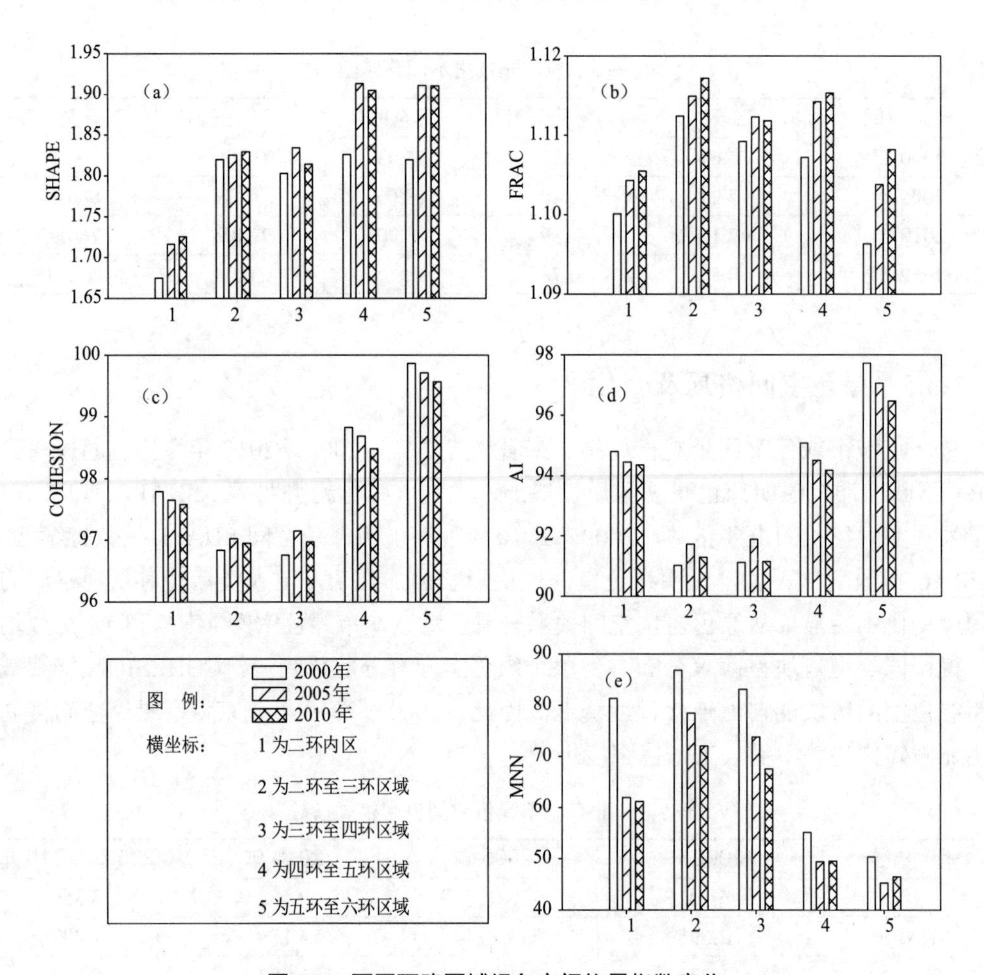

图 2.9 不同环路区域绿色空间格局指数变化

变化，COHESION 指数变化不大，其中，四环外绿色空间自然连接度有所降低，二环至四环之间绿色空间连通性有所增加。此外，二环至三环和三环至四环内绿色空间的 AI 指数明显低于其他区域，其中五环至六环内绿色空间 AI 指数最高，说明二环内和四环外绿色空间不同类型斑块相对集中，而二环至四环之间绿色斑块比较分散；且随着时间变化各区域 AI 指数有所减小，即各区域不同类型绿色空间斑块呈分散化分布趋势。然而，二环至三环和三环至四环绿色空间的 MNN 指数明显高于其他区域，五环至六环 MNN 指数最低，说明四环外同类型绿色空间斑块集中分布，而二环至四环之间斑块分布比较分散。不过，随着时间变化，各区域 MNN 指数有所减小，说明各区域同一类型绿色空间斑块有集中化分布趋势。

参考文献

[1] 李俊清，等 . 北京山地森林的生态恢复 [M]. 北京：科学出版社，2008.

[2] 北京市水文局 . 北京市水土保持公报 2014.

[3] 北京市水务局 . 北京市水资源公报 2014.

[4] 张国祯 . 北京市沙化土地现状评价及其防治策略研究 [D]. 北京：北京林业大学，2007.

[5] 孙振华，冯绍元，杨忠山，等 . 1950—2005 年北京市降水特征初步分析 [J]. 灌溉排水学报，2007，26（2）：12-16.

[6] 刘勇洪，徐永明，马京津，等 . 北京城市热岛的定量监测及规划模拟研究 [J]. 生态环境学报，2014，23（7）：1156-1163.

[7] Na Li，Gaodi Xie，Changshun Zhang，et al. Biomass resources distribution in the terrestrial ecosystem of China[J]. Sustainability，2015，7（7）：8548-8564.

[8] Mensah C A. Urban green spaces in Africa：nature and challenges[J]. International Journal of Ecosystem，2014，4（1）：1-11.

[9] 北京市统计局 . 北京统计年鉴 2011[M]. 北京：中国统计出版社，2011.

[10] 李娜，肖玉，谢高地，等 . 北京城市建成区内绿色空间配置格局的时空变化 [J]. 资源科学，2015，37（6）：1141-1148.

3　北京市绿化资源组成与分布

3.1　北京市森林资源

3.1.1　数据来源

森林资源数据主要来源于北京市森林资源二类调查结果。该数据底图是采用 1 ∶ 10 000 航空正射影像和 1 ∶ 10 000 电子地形图为基础，平原数字航空影像分辨率为 0.5 m，山区分辨率为 1 m。调查方法是：小班区划采用数字航空影像在计算机屏幕上进行，同时配以相同比例尺（1 ∶ 10 000）的电子地形图；外业调查采用 GPS 寻找小班，在对有林地小班现场定位后，实现调查因子数据的采集；调查数据由数据采集器（PDA+GPS）直接导入计算机进行检查分析、统计汇总以及成图输出；最后建立北京市森林资源数据库，使每个小班的属性数据和空间数据一一对应（吕康梅等，2009；张一鸣等，2015）。

3.1.2　林地资源

2015 年北京市林地面积 108.95 万 hm^2。其中，有林地面积为 68.64 万 hm^2，占林地总面积的 63%；灌木林地面积 34.86 万 hm^2，占林地面积的 32%；疏林地和其他类型林地面积较小。从林地资源分布区域来看，东城区、西城区林地面积最小，分别为 552.44 hm^2 和 431.70 hm^2；石景山区和丰台区林地面积较小，分别为 3 011.36 hm^2 和 9 513.30 hm^2；朝阳区、海淀区、大兴区、通州区和顺义区林地面积分布在 1 万～ 4 万 hm^2；平谷区和昌平区林地面积较多，分别为 7.03 万 hm^2 和 8.96 万 hm^2；门头沟区、房山区、延庆区和密云区林地资源丰富，面积分别为 13.48 万 hm^2、13.90 万 hm^2、16.09 万 hm^2 和 16.91 万 hm^2，分别占北京市林地总面积的 12%、13%、15% 和 16%；怀柔区林地面积最大，为 18.29 万 hm^2，占到北京市林地总面积的 17%。可见，73% 林地资源集中分布在门头沟区、房山区、延庆区、密云区和怀柔区等北部和西部山区。

3.1.3　林木资源

2015 年北京市林木资源 98.28 万 hm^2，林木绿化率 59%，主要分布在房山区、延庆区、密云区、怀柔区等西部和北部山区。东城区、西城区林木资源面积均在 800 hm^2 以下；朝阳区、石景山区、丰台区和海淀区林木资源比例均在 2% 以下；大兴区、通州区和顺义区分别分布着 3% ～ 4% 的林木资源；平谷区林木资源面积 6.77 万 hm^2，占北京市林木资源总量的 7%；昌平区和门头沟区林木资源均在 10% 左右；林木面积最大的区为房山区、延庆区、密云区和怀柔区，其中密云区和怀柔区林木面积分别为 16.16 万 hm^2 和 16.74 万 hm^2，均占到林木资源总量的 17% 左右。

2015 年北京市活立木蓄积量达到 2 149.34 万 m^3。其中，东城区、西城区、石景山区、丰台区和朝阳区活立木蓄积量均低于 80 万 m^3，海淀区、平谷区、门头沟区、房山区、昌平区、通州区和大兴区活立木蓄积量在 100 万～ 200 万 m^3，活立木蓄积量较大的区为怀柔区、延庆区、密云区和顺义区，活立木蓄积量分别为 213.90 万 m^3、237.87 万 m^3、248.63 万 m^3 和 258.16 万 m^3。可见，活立木资源主要集中在房山区、昌平区、通州区、大兴区、怀柔区、延庆区、密云区和顺义区。

3.1.4 森林资源

2015 年北京市森林面积 74.50 万 hm^2。其中，密云区森林面积最多，为 14.25 万 hm^2；其次为延庆区和怀柔区，森林面积分别为 11.46 万 hm^2 和 11.95 万 hm^2；门头沟区、房山区、昌平区和平谷区森林面积比较接近，均在 6 万 hm^2 左右；通州区、大兴区和顺义区森林面积分别为 2.57 万 hm^2、2.78 万 hm^2 和 2.94 万 hm^2；其他区森林面积较少（图 3.1）。可见，北京市 85% 森林面积分布在门头沟区、房山区、昌平区、平谷区、延庆区、怀柔区和密云等区。

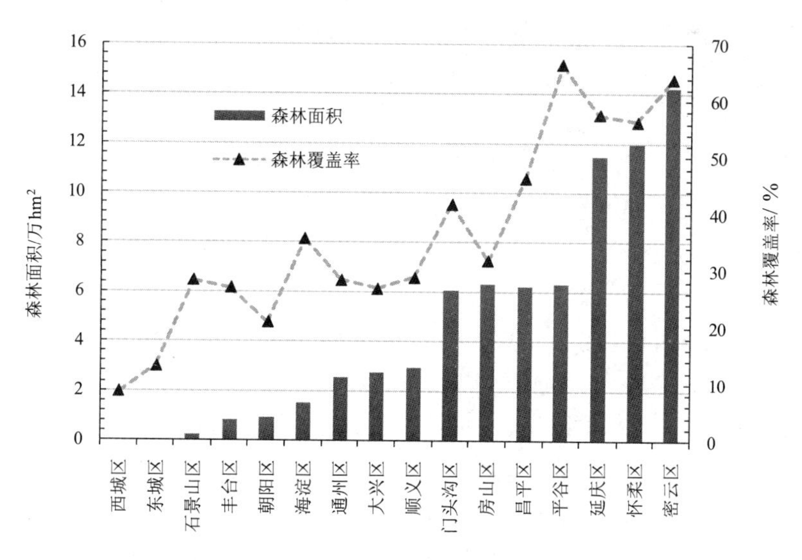

图 3.1 北京市森林资源各区分布

2015 年北京市森林覆盖率达到 41.6%。不过，与森林面积各区分布不完全一致，平谷区森林覆盖率最高，为 66.38%；其次为密云区、延庆区和怀柔区，森林覆盖率分别为 63.91%、57.46% 和 56.3%；昌平区和门头沟区森林覆盖率较高，分别为 46.2% 和

41.79%；朝阳区、房山区、顺义区、通州区和海淀区森林覆盖率均在 20% ～ 30%，东城区和西城区森林覆盖率在 15% 以下（图 3.1）。

3.2 北京市绿地资源

3.2.1 数据来源

绿地资源数据主要来源于北京市园林绿化局调查结果。该数据是北京市园林绿化局组织相关单位对北京市规划市区范围（含海淀山后、丰台河西），以及新城、中心城镇和建制镇的规划范围（含达到城市建设标准的乡村，如新农村等）的园林绿地所开展的全面调查，调查内容包括园林绿地的类型、面积，乔、灌、花、草等园林植物的种类、数量等。面积调查数据原则上以现场测量数据为准，乔木和灌木的植物数量调查是每株调查。月季、绿篱色块、攀缘类植物、竹类和宿根花卉等植物数量的调查是选择有代表性地段，设置样方或样段 1 ～ 3 个，样段长度 1 m，样方面积为 1 m^2，实测样段或样方内的植物种类和数量，用样方或样段推算月季、绿篱色块、攀缘类等植物的数量。用测树胸径尺量测乔木树干 1.3 m 处直径，乔木树种起测胸径 5.0 cm 以上，位置为树干基部向上树高 1.3 m 处，生长在坡面上的树木其树干基部以坡上位置为准；遇 1.3 m 处分杈，按分杈检测该树种株数和胸径值；检尺时遇 1.3 m 处有节疤、胸径明显变粗，可上移或下移 10 cm 在树干生长正常的部位检测胸径。根据植物的生长发育、外观表象特征及受灾情况综合评定其健康状况（李云岘等，2011；黄水生等，2011）。

3.2.2 绿地面积及组成

绿地面积是指用于绿化的土地面积。2015 年北京市绿地总面积 8.13 万 hm^2，包括 2.95 万 hm^2 公园绿地、1 691.38 hm^2 生产绿地、1.66 万 hm^2 防护绿地、3.33 万 hm^2 附属绿地和 173.2 hm^2 其他绿地。就绿地面积来看，大部分城市绿地分布在朝阳区和海淀区，面积分别为 1.45 万 hm^2 和 1.21 万 hm^2，其次为房山区、顺义区、大兴区、丰台区、昌平区和通州区，绿地面积均在 5 000 ～ 8 000 hm^2，石景山区和怀柔区绿地面积分别为 4 207.65 hm^2 和 2 131.29 hm^2，其余区绿地面积均在 2 000 hm^2 以下（图 3.2）。

人均绿地面积是指区域内常住人口平均每人拥有的绿地面积。2015 年房山区人均绿地面积最高，为 75.86 m^2/ 人，其次为顺义区、石景山区、门头沟区、怀柔区和延庆区，人均绿地面积分别为 73.29 m^2/ 人、64.53 m^2/ 人、62.31 m^2/ 人、55.5 m^2/ 人和 50.09 m^2/ 人，丰台区、朝阳区、海淀区、通州区、昌平区、大兴区、平谷区和密云区人均绿地面积在 25 ～ 50 m^2/ 人，东城区人均绿地较少（12.07 m^2/ 人），西城区人均绿地面积最小，仅为 8.04 m^2/ 人（图 3.2）。

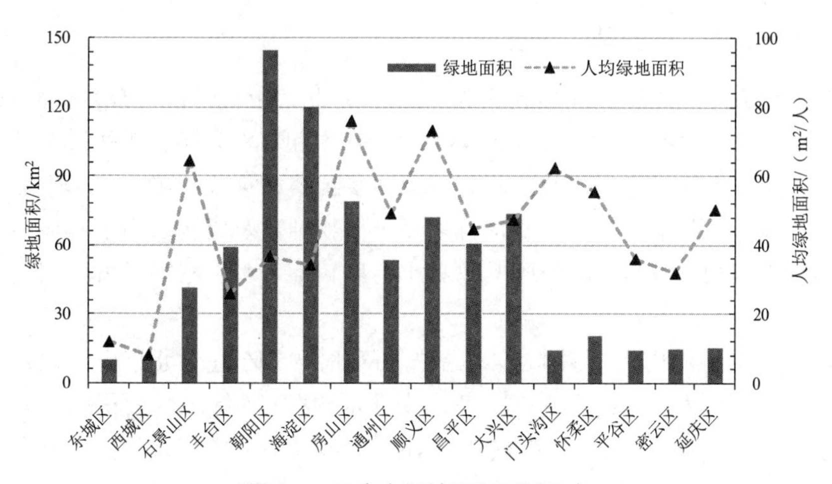

图 3.2 北京市绿地面积区域分布

3.2.3 绿化覆盖及组成

绿化覆盖面积指乔木、灌木、草坪等所有植被的垂直投影面积以及屋顶绿化覆盖面积。2015 年北京市绿化覆盖面积 8.68 万 hm^2，其中，石景山区绿化覆盖面积最大，为 1.45 万 hm^2，其次为海淀区 1.29 万 hm^2，丰台区、房山区、通州区、顺义区、昌平区和大兴区绿化覆盖面积介于 0.6 万～ 0.9 万 hm^2，怀柔区绿化覆盖面积 2 206.73 hm^2，其余区绿化覆盖面积均低于 2 000 hm^2（图 3.3）。

绿化覆盖率是指绿化覆盖面积占区域城市建设用地面积的比例。2015 年北京市绿化覆盖率 48.4%，其中，延庆区绿化覆盖率最高，为 64.39%，其次为通州区、顺义区、怀柔区、海淀区、朝阳区和平谷区，绿化覆盖率均高于 50%，石景山区、丰台区、房山区、昌平区、大兴区和门头沟区绿化覆盖率在 42% ～ 49%，东城区、西城区绿化覆盖率较低，分别为 32.84% 和 30.39%（图 3.3）。

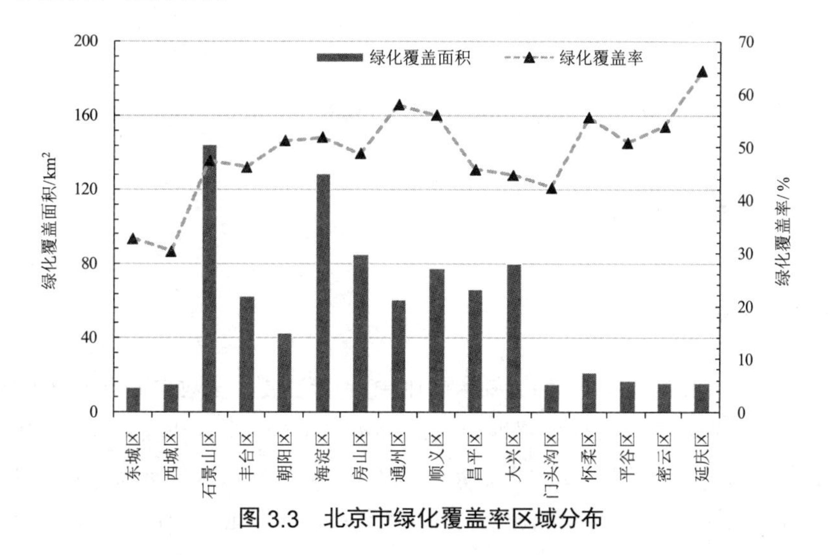

图 3.3 北京市绿化覆盖率区域分布

3.2.4 绿地植物及组成

据北京市建成区植物调查（梁尧钦等，2006），北京市五环内共有乡土植物 217 种，占所调查城区植物种总数的 68.2%，五环内乔木、灌木和草本共计 318 种、176 属、74 科，它们在各绿地类型中广泛分布，其中附属绿地中乡土植物种数最多，片林中乡土植物物种所占的比重最大。从空间分布上看，五环乡土植物种数及比例都高于其他各环，而各城区中四环乡土植物种数最多，但因其物种丰富度较高，乡土植物所占比例稍低，其他城区相差不大。

2015 年北京市绿地内实有树木 1.48 亿株，草坪 1.95 亿 m^2。北京市绿地组成结构较复杂，主要以乔灌草为主，约占 60%，其次为乔木和乔 - 灌绿地，面积比例分别为 18% 和 12%，简单绿地结构面积较少。其中，绿地树木集中分布在石景山区、昌平区、海淀区、丰台区和房山区，分别占到市域绿地树木的 24.18%、15.27%、8.98%、8.66% 和 8.14%；绿地草坪主要分布在石景山区、大兴区、顺义区，草坪面积比例分别为 17.7%、17.01% 和 16.96%（图 3.4）。可见，石景山区绿地树木和草坪面积均较大。

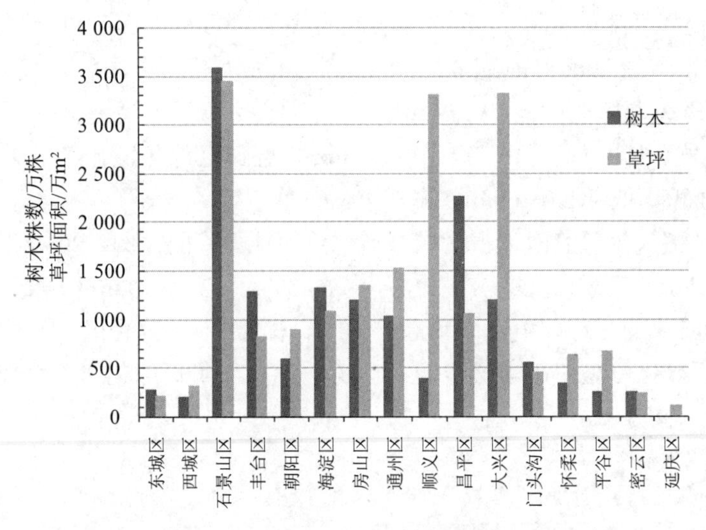

图 3.4 北京市绿地资源树木和草坪区域分布

3.3 北京市湿地资源

3.3.1 数据来源

湿地资源数据主要来源于北京市园林绿化局调查结果。该数据是北京市园林绿化局组织相关单位对北京市范围的符合湿地定义的各类湿地资源所开展的全面调查（杜鹏志，2009），包括面积≥ 8 hm^2 的湖泊湿地、沼泽湿地、人工湿地以及宽度 10 m 以上、长度 5 km 以上的河流湿地，调查内容包括所有符合调查要求的湿地斑块面积、湿地类型、分布、植被类型、优势植物和保护管理状况等。调查方法是采用遥感解译与野外调查相结合的方法，即通过遥感影像解译获取湿地类型、面积、分布（行政区、中心点坐标）、平均海拔、植被类型及其面积、所属三级流域等信息，同时结合野外调查、现场访问和收集最新资料获取水源补给状况、主要优势植物种、土地所有权、保护管理状况等数据。

3.3.2　湿地类型划分

根据《湿地公约》对湿地概念描述，并参照国家林业局《全国湿地资源调查技术规程》（试行），结合北京市湿地实际情况，确定北京市湿地资源的定义为：天然的或人工的，永久的或间歇性的沼泽地、泥炭地、水域地带，带有静止或流动水体者。并根据湿地属性与功能，对湿地资源类型进行划分（表 3.1）

表 3.1　北京市湿地资源分类

一级分类	二级分类	湿地起源	湿地属性及功能
河流湿地	永久性河流	天然湿地	常年有河水径流的河流
	季节性河流	天然湿地	雨季或间歇性有水径流的河流，包括干旱区全部断流河段
	运河、输水渠	人工湿地	为输水或水运建造的人工河流湿地，包括以灌溉为主的沟渠
沼泽湿地	草本沼泽	天然湿地	水生或沼生草本植物组成优势群落的淡水沼泽
公园湿地	城市景观湿地	人工湿地	为城市环境景观美化需要、居民休闲娱乐而建造的各类人工河或湖等人工湿地
湖库湿地	蓄水区	人工湿地	为蓄水、发电、农业灌溉、农村生活、净化水质等目的而建造的面积大于 1 hm^2 的蓄水区
坑塘湿地	水产养殖场	人工湿地	以水产养殖为目的修建的坑塘
	采掘区	人工湿地	采矿等活动形成的采掘区
	污水处理厂	人工湿地	污水处理场所的水面
水田湿地	水田	人工湿地	种植水生植物或冬季蓄水或浸湿状的湿地

3.3.3　湿地面积组成

湿地是陆地和水域之间的过渡地带，可分为天然湿地和人工湿地。2015 年北京市湿地资源 5.14 万 hm^2，其中天然湿地 2.39 万 hm^2，占湿地资源总面积的 46%，人工湿地面积 2.76 万 hm^2，占湿地资源的 54%，可见人工湿地占主导地位。不过，从湿地资源类型来看，北京市河流湿地面积最大，占到湿地资源总面积的 50%；其次为湖库湿地和坑塘湿地，其面积分别为 1.57 万 hm^2 和 6 146 hm^2，相应占到湿地总面积的 31% 和 12%；水田湿地和公园湿地面积相对较小，面积最小湿地为沼泽湿地，仅占到湿地总面积的 1.67%（图 3.5）。

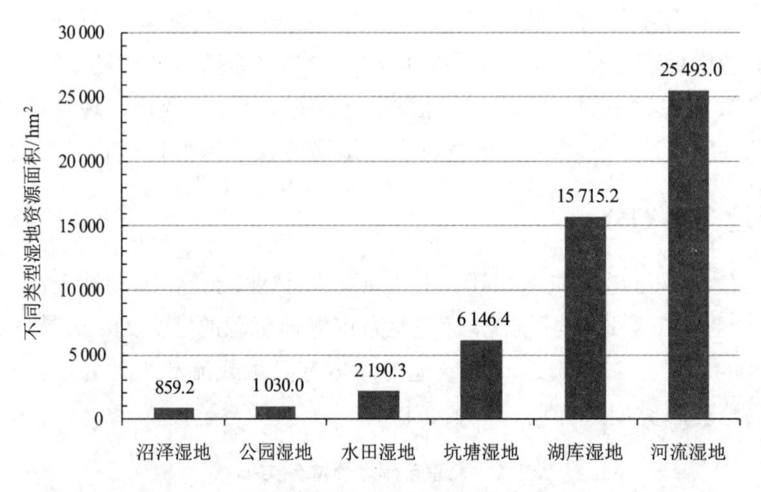

图 3.5　北京市湿地资源面积组成

3.3.4　湿地区域分布

从北京市湿地资源分布上来看（图 3.6），密云区湿地面积最大，为 1.09 万 hm^2，占湿地总面积的 21.10%；其次为通州区湿地资源 7 892.30 hm^2，占湿地资源面积的 15.34%；其次为房山区、大兴区、门头沟区和延庆区，分别拥有 9.44%、8.72%、7.58% 和 7.18% 的湿地资源；东城区、西城区和石景山区湿地资源较少，均低于湿地总面积的 1%。总体来看，北京市 70% 湿地资源集中在密云、通州、房山和门头沟等远郊区。不过，从湿地资源的空间位置来看，北京市湿地资源集中在密云区的密云水库以及丰台区永定河流域，湖库湿地集中分布在北京市北部地区，河流湿地以南部地区为主，坑塘湿地在平谷区和通州区分布较多，水田湿地以通州区最为集中，沼泽湿地分布在延庆区的京西草原和顺义区内（图 3.7）。

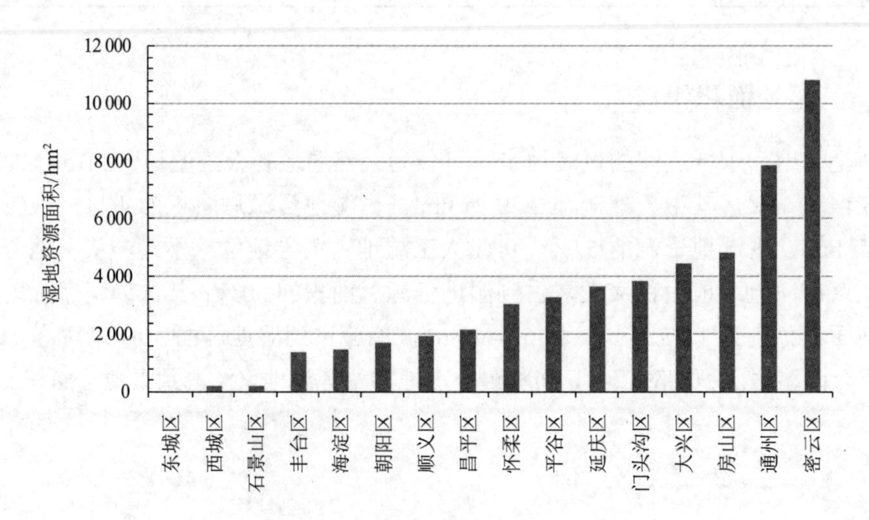

图 3.6　北京市湿地资源的区域分布

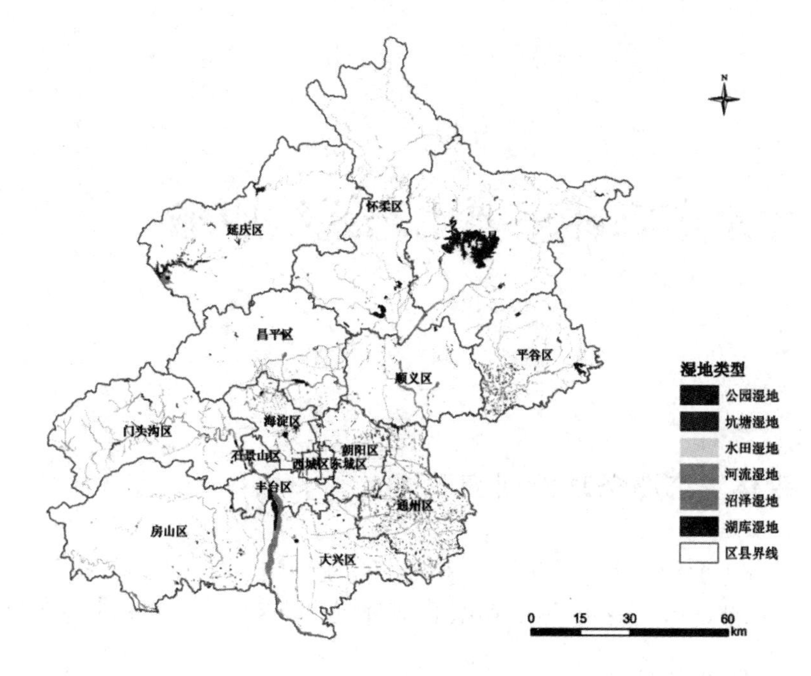

图 3.7　北京市湿地资源空间分布

参考文献

[1]　吕康梅，张一鸣，于涛 . 北京市森林资源固定样地调查体系研究 [J]. 林业资源管理，2009（2）：43-48.

[2]　张一鸣，高士增 . 卫星遥感技术在北京市森林资源监测中的应用 [J]. 林业资源管理，2015（1）：139-145.

[3]　李云岘，杨学民，秦飞 . 城市园林绿化资源及调查技术研究 [J]. 环境科学与管理，2011，36（12）：5-10.

[4]　黄水生，谢阳生，唐小明，等 . 北京市森林及绿地资源调查信息协同系统研究与实现 [J]. 浙江农林大学学报，2011，28（6）：884-892.

[5]　梁尧钦，何学凯，叶頔，等 . 北京市建成区植物多样性及空间格局的初步分析 [J]. 科学技术与工程，2006，6（13）：1776-1784.

[6]　首都园林绿化政务网 . 2015 年北京市森林资源情况 [DB/OL]. http://www.bjyl.gov.cn/zwgk/tjxx/.

[7]　首都园林绿化政务网 . 2015 年北京市城市绿化资源情况 [DB/OL]. http://www.bjyl.gov.cn/zwgk/tjxx/.

[8]　杜鹏志 . 北京湿地资源现状分析与思考 [J]. 林业资源管理，2009，6（3）：51-55.

[9]　国家林业局《湿地公约》履约办公室 . 湿地公约履约指南 [M]. 北京：中国林业出版社，2001.

[10]　国家林业局 . 全国湿地资源调查技术规程（试行）[Z]. 2008.

4　北京市森林重要生态系统服务

4.1　森林生态服务功能研究概述

森林是地球上面积最大的陆地生态系统，能为人类提供多种生态服务。本节重点介绍森林的水文调节、土壤保持、空气净化、固碳释氧和防风固沙等 5 种生态环境调节功能。

4.1.1　水文调节功能

森林水文调节功能是指森林改变降水分布、涵养水源、净化水质、保持水土、减洪滞洪、抵御旱涝灾害以及调节气候等所发挥的作用，它对于人类生存与生态环境的改善以及社会经济的持续发展至关重要。

（1）拦蓄降水

森林拦蓄降水功能是指森林生态系统对降水的拦截和贮存作用，主要包括林冠、林下植被和枯枝落叶层的截留以及土壤蓄水（刘世荣等，1996），是森林涵养水源的主要表现形式。

树木冠层对降水的拦截作用，一方面有利于减轻洪水期林地所承受的降雨量；另一方面，可以减弱雨滴的动能，缓和降水对森林地表的直接击溅和冲刷。林冠截留功能的大小可用林冠截留量表示，是林冠截留储量、附加截留量和树干容水量之和（陈东立等，2005），其大小受降水特性（降水量、降水强度与降水的时空分布）、树木特征（树种、树龄、枝叶结构和干燥程度）和林型结构（郁闭度和林冠层次）等多种因素的影响。

穿过林冠或从林冠滴下的雨水，一部分与林冠下层植被（灌木、草本和苔藓层）接触而被截留。下层植被截留雨量的大小与其生物量关系密切（刘世荣等，1996）。由于林下植被截留的准确测定比较困难，而且截留量一般较少，因此计算时常被忽略不计。

林地上的枯枝落叶层也具有较大的水分截持能力，能够吸收和截留经由林冠、下层植被截留后落到地表的一部分雨水，常用最大持水量或有效持水量表示。其中，前者与枯落物的组成种类和分解程度有关，而后者不仅与枯落物单位面积干重、种类、质地有关，而且与枯落物的干燥程度、紧实度、排列次序等密切相关（余新晓等，2004）。枯枝落叶层的蓄水保水作用，能够影响穿透降雨对土壤水分的补充和植物的水分供应（Putuhenu & Cordery，1996），是森林水源涵养功能的一个重要水文层次。

降水通过林冠、下层植被和枯枝落叶层截留，到达土壤表层，进行再次分配。森林土壤层是森林生态系统贮蓄水分的主要场所（Jin et al.，1999），其蓄水能力的大小依赖于土壤种类、土壤体积质量、孔隙度和有机质含量等因素，实际研究中通常以静态的土壤水分涵蓄能力（持水能力）和动态的水分调节能力（渗透能力）进行综合评价，前者主要依赖于土壤孔隙，而后者取决于土壤非毛管孔隙（刘世荣等，1996），这是因为非毛管孔隙更有利于地表水转化为土壤水或土壤径流和地下水。

（2）调节径流

森林植被能够影响水文过程、促进降雨再分配、影响土壤水分运动以及改变产流汇流条件等，从而缓和地表径流，增加土壤径流和地下径流，在一定程度上起到了削峰补枯、控制土壤侵蚀、改善河流水质等作用（张志强等，2001），其中森林对河川径流量的影响以及削减洪峰和增加枯水径流的功能最受关注。

由于自然条件、研究方法、区域面积等因素的不同，以及森林与径流错综复杂的关系，森林影响河川径流总量的结论存在 3 种观点（李文华等，2001）：①森林的存在对河川年径流量影响不大；②森林的存在可增加年径流量；③森林的存在会减少年径流量。尽管目前多数研究结果总体倾向于第 3 种观点，但由于森林与水分的关系极其复杂，不同自然地理环境以及不同结构类型的森林对大气降水的截留、林内降雨的再分配、地表径流、地下径流以及蒸发散的影响不尽相同，进而造成了水分循环和水量平衡的时空格局与过程的差异，因此，在实际研究中还需要根据具体条件进行具体分析，而不能将某一环境条件下得出的结果作为一般规律加以应用。

关于森林对洪水径流的影响也有不同的观点（V Andreassian，2004）：多数学者认为，森林可以减少洪水量、削弱洪峰流量、推迟和延长洪水汇集时间（郭明春等，2005）；但有研究认为，森林对前期洪水有益，而对后期洪水不利（Bonell，1993）；也有研究认为，森林对洪水特性并无显著影响（刘世荣等，1996）。由于森林蓄水容量与森林类型、特征、地质、地貌等条件有关，不同自然地理区域以及不同水文区，森林与洪水的关系不宜一概而论，不过从世界各国的研究结果表明，森林拦蓄洪水的作用在定性上是明确的，而对洪水削减程度则与暴雨输入大小和特性有关（高甲荣等，2001）。一般来说，森林对大雨乃至暴雨具有较大的调节能力，而对大暴雨和特大暴雨的调节能力有限。

枯水季节森林生态系统土壤含蓄的大量水分可以增加流域的枯水径流量，使河川径流量保持稳定、均匀（刘世荣等，1996），是森林涵养水源的一个重要功能，有助于提高农田灌溉和生活用水的能力，对于我国的农业生产和国民经济发展都能产生有益的影响。不过也有定点实验表明（Farley et al.，2005），与其他管理措施较好的土地利用类型相比，人工林对枯水径流的影响不显著甚至有负面的影响（即减少枯水流量）。

（3）影响降雨

森林对降雨量的影响也是一个争论已久的问题（Chang，2003）：一种观点是森林有增雨作用（Molchanov，1963），另一种观点是森林有减雨作用（周国逸，1995），还有人认为森林与降水无关或者关系甚小（Lee Richard，1980；Tangtham & Sutthipibul，1989）。

由于森林致雨机制的复杂性和降水空间分布的差异性，单一地肯定或否定森林有无增雨作用都是不全面的，也许森林与降水的问题本身就没有唯一解。不过多数学者认为，在通常情况下森林对降雨量的影响程度很小（于静洁和刘昌明，1989），但也不能排除在特定情况下森林表现出增雨作用（李贵玉和徐学选，2006）。

（4）净化水质

降水进入森林被林冠层分配的同时，也伴随着化学元素的冠层交换过程，主要表现为雨水对树木表面分泌物的溶解、枝叶对降水中离子的吸收以及雨水对枝叶表面粉尘、微粒等大气悬浮沉降物的淋洗等（余新晓等，2004）；当降水到达林地后，地被物和土壤层作为第二界面对降水化学性质产生影响，主要表现为活地被物和枯枝落叶层的截留、微生物对化合物的分解以及对离子的摄取、土壤颗粒的物理吸附、土壤对金属元素的化学吸附和沉淀等（刘世荣等，1996）。据密云水库水源林的研究表明（李文宇等，2004），经过森林生态系统的降水中，溶解氧、总盐度和 NO_3^- 等营养元素成分明显增加，而 pH 值、浑浊度和 NH_4^+ 等明显下降，其水质得到不同程度的净化。

4.1.2 土壤保持功能

森林植被对土壤侵蚀的影响在除冰川以外的地方普遍存在（Viles，1990）。人类对植被侵蚀控制作用的定性研究开始于 20 世纪 20 年代，定量研究见于 60 年代（周跃，2000）。不过，早在数千年前的我国古代，劳动人民就已经充分认识到了森林防止水土流失的作用，并注重通过植树造林、保护森林的实践来发挥其生态服务功能，尽管这种认识和实践只是感性的和自觉的行为（关传友，2004）。

（1）林冠层防蚀

雨滴对地面的击溅作用是一次降雨中最初发生的侵蚀现象，是造成土壤侵蚀的主要动力之一（余新晓等，2004）。森林林冠层具有较大的截留容量和附加截留量，能够减少林地的有效降雨量，避免雨滴直接打击地表，有效降低了雨滴击溅地表的动能，从而控制了土壤侵蚀的发展（Bormann & Likens，1979）。雷瑞德（1988）、余新晓（1988）等分别对不同林种林冠层对降水动能的影响进行了研究，结果表明，当华山松林冠层下限高度超过 7 m 时，林内透过降水具有较大的单位雨量动能；在中雨、大雨和暴雨情况下，林冠层不能有效降低降水动能；王礼先和解明曙（1997）以及周跃（1999a，1999b）的研究表明，小雨强时，林冠枝叶积聚雨滴作用表现突出，林下雨滴动能或溅蚀明显；而在大雨强时，林冠的拦截作用减少了林下降水动能。

（2）枯落物层防蚀

森林植被枯枝落叶层的防蚀机理主要表现在两个方面，一是其具有一定的贮水持水能力，可以有效延长径流历时和增加土壤入渗；二是枯落物的存在增大了地表有效糙率，对于减少径流流速和防止土壤侵蚀具有重要意义。

森林枯落物层的截留量与枯落物成分的贮水能力有关，与林地单位面积上枯落物量成正比（Putuhena & Cordery，1996）。刘世荣等（1996）对森林枯落物进行综合研究后得出，各种森林枯落物的最大持水率平均为自身干重的309.54%，变动系数为23.80%；林地枯落物层的最大持水量平均为4.18 mm，变动系数为47.21%。我国的许多学者分别采用不同的方法对不同林地的地表粗糙率系数进行了研究，较为一致的研究结论是林地枯落物层一般比裸露坡面具有更大的糙率系数（余新晓等，2004）；吴钦孝和赵鸿雁等（2001，1998）通过枯落物去留的对比研究枯落物对土壤侵蚀的作用，并给出了枯落物最佳蓄积量与侵蚀速率的方程式。他们认为，有枯落物在内的地表覆盖，可以有效增加地表糙率，提高地表土壤的抗蚀、抗冲性能，减少土壤流失量。

尽管枯落物在防止土壤侵蚀方面的巨大作用得到了普遍认可，但是由于枯落物层的厚度、分层特性、分解程度、组成结构、含水量的时空变异及其模糊的边界层等特性，极大地增加了枯落物研究的难度，而且简化的室内试验结果难以应用于野外实际情况，因此，枯落物防蚀机理的研究仍是一个难点和重点。

（3）根系土壤层防蚀

含根土壤层的防蚀作用主要体现在其透水和贮水性能，根系对土壤的固持以及在枯落物和根系的共同作用下，对土壤物理性状和结构的改善以及土壤黏聚力的增加（余新晓等，2004）。一般而言，森林土壤具有比其他土地利用类型高的入渗率，良好的森林土壤稳定入渗率可达8.0 cm/h以上（Dunne，1978），水力传导率可达15 mm/h以上，而侵蚀率通常小于0.1 mg/（$hm^2 \cdot a$）（Elliot，1999）。大量研究成果表明（何东宁等，1991），林地土壤具有较大的毛管和非毛管孔隙度，从而增大了林地土壤的入渗率和入渗量。

在浅层土壤中，小直径的侧根组成的密集根网如同具有斜向抗张强度的张力膜，既加固根际土层，又把下层土壤固持在原有位置，这层张力膜的斜向加强与垂直根的垂直锚固作用共同加固坡面（周跃，1999）。李勇等（1993）从土壤抗蚀性与根系的关系出发，认为植被根系减少土壤冲刷量的实质是提高了土壤的抗冲性，而且土壤抗冲性强度值与小于1 mm径级的须根密度关系最密切，并将土壤剖面中100 cm^2截面上小于1 mm的须根数作为判别有效根密度的指标。

4.1.3 空气净化功能

（1）吸收大气污染物

很久以前人类就认识到了树木降低大气污染物的作用（Yang等，2005）。比如古罗马政府很早就认识到了环绕古罗马城的果树对维护空气质量的贡献，并禁止将这些土地开发为房产（Cowell，1978）；DeSanto等（1976）研究了Louis街道树木对5种大气污染物的清除作用，包括SO_2、CO、O_3、NO_x和颗粒物等；Dochinger（1980）进行了树木拦截颗粒物的早期研究。在我国，中国环境科学研究院生态所（刘厚田等，1988）、北京市园林科学研究所（陈自新等，1998）等开展了某些植物净化作用研究，并探讨了某些污染物的净化作用机理。

（2）释放负氧离子

在不同树种对空气负氧离子浓度影响研究中，针叶林与阔叶林对空气负氧离子的影响目前还没有一致的结论。吴楚材等（2001）发现，针叶林负氧离子浓度高于阔叶林，并认为主要原因是针叶树树叶呈针状，等曲率半径较小，具有“尖端放电”功能，能使空气发生电离，从而提高空气中的负氧离子水平；邵海荣（2005）在北京地区研究发现，针叶林中空气负氧离子年平均浓度高于阔叶林，但是春夏季阔叶林高于针叶林；王洪俊（2004）发现，相似层次结构的针叶树人工林和阔叶树人工林的平均空气负氧离子浓度并无显著差异，只是负氧离子浓度高峰出现的时间不同；刘凯昌等（2002）对不同林分空气负氧离子浓度测定发现，阔叶林＞针叶林＞经济林＞草地＞居民区。原因可能与测定季节、林分年龄、林分长势、林分结构等因素有关，而关于具体树种之间的比较还很少见到。在森林层次结构对负氧离子浓度影响研究发现，同一树种的纯林，仅有乔木层的林分比有下木和地被物的林分负氧离子浓度低（邵海荣，2005），乔灌草复层结构显著高于灌草结构和草坪（王洪俊，2004）；在双层绿化结构中，负氧离子浓度乔灌结合型高于乔草结合型，灌草结合型较低；在单层绿化结构中，单层乔木较高，单层灌木次之，单层草最低（王庆和胡卫华，2005）。

4.1.4 固碳储碳功能

（1）森林固碳过程

森林生态系统的固碳功能取决于两个对立过程，即 CO_2 的输入过程与输出过程。其中输入过程主要通过植物的净光合作用实现，包括光合作用与呼吸作用，植物净初级生产力（NPP）是反映森林生态系统碳输入能力的直接指标，输出过程包括森林土壤和动物的异养呼吸过程以及凋落物的矿质化过程。另外，一些非生物过程如林火、虫害和毁林开荒等干扰也会影响森林生态系统碳的输出（方精云等，2001）。尽管森林生态系统碳输出具有多种途径。但是，通常情况下，由于动物和凋落物分解释放 CO_2 的速率要慢得多，一般将土壤呼吸速率作为森林生态系统碳排放的速率（Kimmins，1987）。

（2）森林固碳能力

森林生态系统的固碳能力取决于碳素输入速率和碳素输出速率的对比。NPP 减去因土壤、动物和凋落物的 CO_2 排放过程所损失的有机碳后，得到净生态系统生产能力（NEP），NEP 可用来衡量森林生态系统的固碳能力，而生物群区尺度上的 NEP 即为净生物群区生产力（NBP）。

森林演替过程对森林固碳能力和碳储量具有明显影响。大量研究结果表明（Lieth，1974；Barnes et al.，1998；Chapin et al.，2002），随着森林的演替，NPP 会不断增加在达到某个最高点后，由于树木死亡率和呼吸作用的增加，NPP 会稍有降低并趋于稳定；与此同时，森林土壤和其他成分的异养呼吸会不断增加，并稳定下来。在整个演替过程中，森林生态系统的固碳能力呈现单峰变化的趋势，在演替中期达到最大值（杨洪晓等，2005）。

在我国，森林固碳能力方面已有大量研究。方精云（2001）发表了关于我国近 50 年来森林固碳量增加的报道；周玉荣等（2000）对我国主要森林的碳贮量进行了研究，发现我国森林生态系统的平均碳密度为 258.83 t/hm^2；马钦彦等（2002）对华北地区主要森林的含碳率进行了研究表明，主要树种的含碳率为 0.475 0 ～ 0.510 5；徐德应等（2002）也对我国森林固碳潜力计算的理论与方法进行了探索研究。

（3）森林碳分配

在物质循环和能量流动过程中，光合作用形成的产物被重新分配到森林生态系统的 4 个碳库中：生物量碳库、土壤有机碳库、枯落物碳库和动物碳库。其中生物量碳库蕴含了大量有机碳，国际上通常以 0.5 作为生物量和碳之间的转换系数，但是转换系数在不同树种之间存在差异（李意德等，1998；马钦彦等，2002）；土壤有机碳库是最大碳库，主要包括了由枯落物、动植物遗体和排泄物通过腐殖化作用转变而来的土壤有机质，以及一些土壤生物，国际上通常以 0.58 作为土壤有机质和碳之间的转换系数；在不同地区枯落物碳库的碳储量是不同的，干冷地区的枯落物分解慢，碳储量大，而湿热地区凋落物分解快，碳储量小（Lieth，1974）；森林动物碳库的碳储量仅占森林生态系统碳储量的很少一部分，所以在估算森林生态系统碳储量时一般忽略（Kimmins，1987）。

4.1.5 防风固沙功能

植被是防治土壤风蚀的重要措施，通常使用植被覆盖率作为风蚀保护作用的描述变量（黄富详等，2002）。Wasson（1986）曾从理论上推算过土壤风蚀速率与植被覆盖度呈指数关系，但是缺乏实测数据验证。董治宝等（1996）通过风洞实验得出了二者之间的关系式，表明了植被的防治风蚀的效果。但是随着研究的深入，逐渐用植被粗糙元密集度来表述植被的防治效益（Lancaster，1998），从而定量反映植被覆盖对风蚀输沙的防护效应。有些学者（Findlater et al.，1990；Leys，1991）采用两种下垫面上的输沙通量比率来取代风蚀输沙率，也有人在相同植被覆盖度条件下建立各种植被覆盖度风速与风蚀速率之间的非线性回归关系（张春来等，2003），尽管这些表述形式各异，但是都反映了植被覆盖度对风蚀的防护效果。

防护林对防治农田土壤风蚀的作用研究也得到广泛开展。通过防护林带的动力效应研究，发现防护农田的平均风速减少约 18.9%，距林带树高 0.5 倍距离处（0.5H，H 为树高，下同）风速的降低率可达 30%，距离林带 4H 处至农田中心的风速降低 18%，防护农田内理查逊数总体平均值比对照点高 4.6%，动力速度总体平均值比对照点约低 14.7%（张劲松等，2002）。透风系数与林网的防护效益关系密切，透风系数为 0.25 和 0.45 ～ 0.5 的林带平均风速分别降低 44% 和 38%，有效防护距离分别为 20 ～ 25 H 和 25 ～ 30 H，并得出了透风系数与防护距离的关系式（朱廷耀等，2001）。

4.2 水源涵养服务评估

4.2.1 概念界定

森林涵养水源功能是一个动态发展中的概念，其内涵随着人们对森林与水关系认识的不断深入而变化。19世纪末20世纪初，森林水文学的研究主要集中在以流域(或集水区)为单元研究森林对河川径流的影响上（李文华等，2001）；20世纪六七十年代，森林的生态水文过程研究开始受到重视（王礼先和张志强，1998），林冠截留、枯枝落叶层截持、土壤水分入渗与贮存以及林地蒸发散等水文过程逐渐为人们所认识。因此，在早期，水源涵养功能主要是指森林对河水流量（增或减）的影响（片冈顺，1990）；后来，森林的拦蓄降水功能逐渐受到重视（孙立达和朱金兆，1995），而目前的森林水源涵养功能研究包括多项内容，比如森林对降水的影响、森林蒸发散、森林对径流的影响和森林对水质的影响等（王治国等，2000）。当前的水源涵养功能概念更加综合化，它不仅关注森林生态系统内的水文过程，同时也关注多个水文过程所产生的综合效应。因此，可以用水源涵养功能的狭义概念和广义概念进行区分，即狭义的水源涵养功能是指“森林拦蓄降水或调节河川径流量的功能”，而广义的水源涵养功能是指“森林生态系统内多个水文过程及其水文效应的综合表现”。

4.2.2 评估方法

由于对水源涵养内涵理解的不一致，国内外研究中对于森林涵养水源服务包含的内容也并非完全相同。北京市森林涵养水源服务主要体现在两个方面：拦蓄降水与净化水质。

（1）森林拦蓄降水服务

森林通过对降水的拦截和贮存，从而有效降低洪水、延长枯水径流的作用，因此采用水量平衡法和影子工程法测算森林拦蓄降水服务的实物量与价值量，公式表示为：

$$Q_w = 10 \times (R - E - C) \times A \tag{4-1}$$

$$V_w = Q_w \cdot P \tag{4-2}$$

式中，Q_w为森林年拦蓄降水量，m^3；V_w为森林拦蓄降水价值，元；R为年降水量，mm；E为年蒸发散量，mm；C为地表径流量 mm；A为森林面积，hm^2；P为水库单位库容造价，元/m^3。

（2）森林净化水质服务

森林对降水水质的净化服务采用净化水量与替代成本法测算，即用污水处理厂进行水质净化的费用来估算此项生态服务价值，净化水量采用年径流量法获得，公式为：

$$V_p = \frac{C}{\alpha} \cdot P_p \tag{4-3}$$

式中，V_p为森林净化水质的费用；C为地表径流量，mm；α为地表径流占总径流比例，%；P_p为污水处理费用，元/m^3。

（3）水源涵养服务差异

森林水源涵养功能主要是由林冠层（Q_1）、枯枝落叶层（Q_2）和土壤层（Q_3）对降雨的拦蓄与净化过程所发挥的作用。假设每年最大降雨事件时森林能够达到拦蓄降水的极限容量，可以近似认为此时森林生态系统的最大涵养水源能力（W）为：

$$W = Q_1 + Q_2 + Q_3 \tag{4-4}$$

森林林冠截留受森林类型、林分特征、降水特征等多因素的影响（刘世荣等，1996）。根据研究区森林截留降水相关实验数据，不同树种最大截留率（R）可以获得，考虑到林冠郁闭度对截留率的影响，设置郁闭度调整系数（C），因此林冠层最大截留降雨能力（Q_1）可以表示为：

$$Q_1 = C \cdot R \cdot P \cdot A \tag{4-5}$$

式中，P 为年内最大次降水量，mm；A 为林地面积，hm^2。

枯落物最大持水能力与树种、枯落物厚度、干燥程度、分解程度以及枯落物的组成成分密切相关（刘世荣等，1996）。基于森林生态系统定位观测数据，可以获得不同树种单位厚度枯枝落叶层饱和持水能力最大值（L），因此，枯落物层最大截持降雨能力（Q_2）可以表示为：

$$Q_2 = L \cdot \beta \cdot A \tag{4-6}$$

式中，β 为枯落物层厚度，cm；A 为林地面积，hm^2。

森林土壤蓄水能力与土壤层厚度、孔隙度等物理结构有关，根据森林定位站观测点数据可获得各类树种下土壤的孔隙度最大值，因此，土壤层饱和蓄水能力（Q_3）为：

$$Q_3 = \gamma \cdot D \cdot A \tag{4-7}$$

式中，γ 为林地土壤总孔隙度，%；A 为林地面积，hm^2；D 为土壤层厚度，cm。

4.2.3 结果分析

（1）森林水文调节功能特征

森林林冠层对降雨的截留作用主要取决于降水量和林冠截留率的综合影响，由于降水量属于不可控因素，因此，林冠截留率是反映森林林冠截留能力的最直接指标。根据北京地区观测结果，北京市森林林冠一般可截留全年降雨的 15% ～ 31%（表 4.1）。其中阔叶林林冠层截留率最小，变动在 16% ～ 20%，平均值为 18.79%；其次为灌木林，平均截留率为 22.55%；而针阔混交林具有较好的生态水文效应，林冠截留率变动在 16% ～ 27%，平均值为 22.61%；针叶林的林冠层截留率最大，变化区间是 14% ～ 31%，其平均值为 23.38%。

表 4.1 北京市森林生态系统林冠截留率

单位：%

森林类型	优势树种	截留率
针叶林	油松	24.95①；30.95②；14.82③；23.96④；23.83⑤
	侧柏	23.35②；22.29⑤
	落叶松	23.62⑤
	平均值	23.38
阔叶林	刺槐	17.37⑤；18.36①
	元宝枫	19.25⑤
	辽东栎	20.40⑥；16.26⑦
	板栗林	19.14①

森林类型	优势树种	截留率
阔叶林	椴木林	19.38[⑤]
	平均值	18.79
混交林	落叶阔叶树混交	16.5[⑥]；21.37[⑤]；18.65[⑦]
	油松元宝枫混交	26.38[⑤]
	平均值	22.61
灌木林	荆条	23.57[②]
	三裂绣线菊	21.53[②]
	平均值	22.55

注：以上数据均来自引用文献的平均值，其中①刘世海等（2003）；②张理宏等（1994）；③余新晓等（2004）；④肖洋等（2007）；⑤李校（2007）；⑥李海涛等（1997）；⑦万师强等（1999）。

基于北京地区森林枯落物持水能力研究结果，森林枯枝落叶层截持降水能力为 6 ～ 17 t/（cm · hm^2）（表 4.2）。其中灌木林枯落物持水能力最小，平均值为 6.06 t/（cm · hm^2）；针叶林枯枝落叶层持水能力也相对较小，变动在 9 ～ 15 t/（cm ·hm^2），平均值为 10.55 t/（cm ·hm^2）；阔叶林枯落物的持水能力较大，为 9 ～ 16 t/（cm · hm^2），均值为 13.03 t/（cm · hm^2）；由于针阔混交林有利于枯枝落叶层的分解，其截持水能力也较大，混交林枯落物持水能力变动在 9 ～ 17 t/（cm · hm^2），平均值为 14.30 t/（cm · hm^2）。不过由于林下枯枝落叶层经常处于半湿润状态，因此，对次降水的有效持水量仅为最大持水量的 60% ～ 76%（刘世荣等，1996）。

表 4.2　北京市森林生态系统枯落物最大持水能力　　单位：t/（cm · hm^2）

森林类型	优势树种	持水能力
针叶林	油松	9.33[①]；6.62[②]；12.61[③]
	侧柏	14.5[①]；7.33[②]；14.18[③]
	落叶松	9.47[②]；10.29[④]；10.61[③]
	平均值	10.55
阔叶林	刺槐	9.39[②]；9.4[④]；29.36[③]
	山杨	6.39[②]；9.6[④]
	桦树	9.15[②]；9.81[④]
	元宝枫	15.56[③]
	椴木林	16.08[③]
	平均值	13.03
混交林	落叶阔叶树混交	16.83[③]；9.11[②]
	油松元宝枫混交	15.62[③]
	平均值	14.30
灌木林	荆条	4.59[①]
	三裂绣线菊	7.52[①]
	平均值	6.06

注：以上数据均来自引用文献的平均值，其中①张理宏等（1994）；②余新晓等（2004）；③李校（2007）；④高鹏等（1993）。

林地蓄水能力与土壤孔隙度有关，其中毛管孔隙是土壤内水分蒸发和流通的通道，非毛管孔隙是土壤重力水移动的通道（刘世荣等，1996）。根据大量研究结果，北京市林地土壤毛管孔隙度的变动范围为 30% ～ 60%，其中混交林土壤孔隙度最大，平均值为 47.51%，而灌木林林地最小，仅为 42.20%；针叶林和阔叶林林地土壤孔隙度较大，其平均值分别为 42.15% 和 46.78%。不过北京市乔木林地土壤非毛管孔隙度变化不大，集中分布在 7% ～ 18%，其中阔叶林＞针叶林＞混交林，灌木林林地土壤非毛管孔隙明显小于乔木林地（表 4.3）。

表 4.3　北京市森林生态系统林地土壤孔隙　　单位：%

森林类型	优势树种	毛管孔隙度	非毛管孔隙度
针叶林	油松	39.34①；42.7②；44.37③；42.1⑤	9.85①；9.8②；10.72③；5.4⑤
	侧柏	42.8⑥；35.69①；40.92③；42.6⑤	18.2⑥；9.69①；10.78③；10.0⑤
	落叶松	44.09④；45.27③；42.1⑤	6.9④；9.07③；8.1⑤
	平均值	42.15	9.71
阔叶林	杨树	30.70⑦	15.40⑦
	栓皮栎	43.90②	8.50②
	刺槐	43.67③；44.02④；43.6⑤	7.95④；12.18③；7.4⑤
	白桦	54.68④	10.85④
	山杨	60.25④	8.96④
	元宝枫	45.82③	10.41③
	椴木	48.34③	10.91③
	平均值	46.78	11.36
混交林	油松栓皮栎混交	50.6②；44.26③	6.8②；12.34③
	落叶阔叶树混交	47.8⑤；47.37③	10.5⑤；12.25③
	平均值	47.51	10.91
灌木林	胡枝子、荆条	42.20①	8.68①

注：以上数据均来自引用文献的平均值，其中①周择福（1996）；②吴文强等（2002）；③李校（2007）；④高鹏等（1993）；⑤于志民等（1999）；⑥贾忠奎等（2005）；⑦刘晨峰（2007）。

（2）森林涵养水源服务价值

2014 年北京市降水量 439 mm，根据北京市西山、东灵山和北京森林生态系统定位站观测数据（贺庆棠，1986；李海涛，1997），森林多年平均蒸发散率为 67%，2014 年 6—9 月地表径流平均值为 19.41 mm，北京市森林面积 74.50 万 hm^2，计算结果表明，北京市森林生态系统年拦蓄降水 9.35 亿 m^3；参照北京地区水库单位造价研究成果（于志民和王礼先，1999）和 2014 年固定资产投资价格指数（北京市统计局，2015），P = 7.66 元 /m^3，计算结果得到北京市森林生态系统年拦蓄降水价值为 71.63 亿元。

我国森林生态系统地表径流一般占降水量的 5% ～ 10%（刘世荣和温远光，1996）。根据北京市年降水量与雨季地表径流观测，雨季地表径流量占到年降雨量的 4.42%，这可能与北京市位于半干旱地区的气候背景有关。根据观测产生的径流量估算，得到北京市 2014 年森林总径流量 1.45 亿 m³，假设这些水量全部得到净化，按照北京市现行居民用水价格中污水处理费用 1.04 元 / m³ 测算，计算得到水质净化价值为 1.51 亿元。

因此，综合拦蓄降水与水质净化服务价值，2014 年北京市森林资源涵养水源价值为 73.14 亿元。

（3）森林涵养水源服务空间差异

根据北京市降水特征，多年平均最大日降水量为 100 mm（孙振华，2007），而森林林冠截留量主要与林分郁闭度相关（石培礼等，2004；卢俊峰等，2005），因此，基于森林郁闭度级别设定林冠截留率的调整系数 C（表 4.4）。

表 4.4　北京市乔木林冠截留率调整系数设定

郁闭度	≥ 0.7	0.4 ～ 0.7	0.2 ～ 0.4	≤ 0.2
C	1	0.7	0.4	0.1

对北京市森林水源涵养服务的各区差异研究发现，森林水源涵养价值与能力均存在明显差异。首先，朝阳区、通州区、顺义区和大兴区森林的水源涵养能力最高，其次为丰台区、海淀区、石景山区和平谷区，而昌平区、房山区、门头沟区、密云区、延庆区和怀柔区森林的水源涵养能力较低，其原因是森林水源涵养能力主要取决于土壤层，而土壤层的涵养水源作用与土壤物理结构和土层厚度有关，山区森林土壤物理结构一般较差，而且厚度较薄。东城区、西城区森林的水源涵养能力最低，这与该区域森林以人工景观林为主有关；就森林涵养水源价值来看，延庆区森林涵养水源价值最高，其次为密云区、怀柔区、门头沟区、平谷区和昌平区，而海淀区、朝阳区、丰台区、东城区、西城区森林涵养水源价值明显较低（图 4.1）。

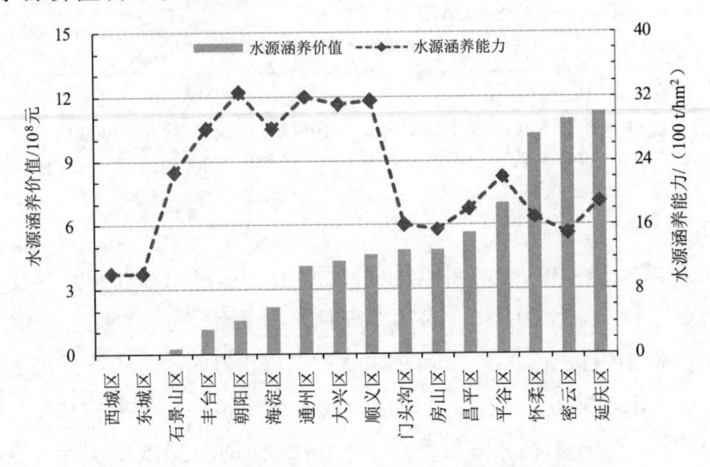

图 4.1　北京市各区森林资源的水源涵养服务

根据北京市森林资源分布地区的海拔高度的不同，划分为平原区（海拔 < 100 m）、丘陵区（海拔 100 ～ 500 m）、低山区（海拔 500 ～ 800 m）和中山区（海拔 > 800 m），对比发现：随着海拔高度的增加，森林涵养水源能力基本呈降低趋势，其中平原区森林的水源涵养能力最高，而其他海拔区森林的水源涵养能力比较接近；丘陵区森林提供了最高的水源涵养价值，其次为平原区和低山区的森林，而中山区森林的水源涵养价值相对较低（图 4.2）。

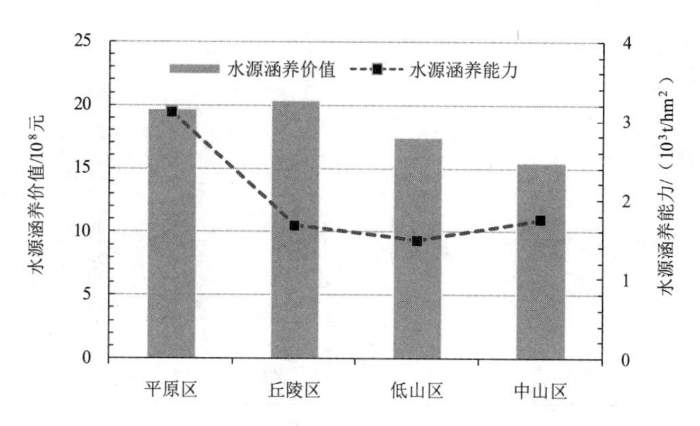

图 4.2　北京市不同海拔区森林的水源涵养服务

根据地形坡度的不同将北京市森林资源地区划分为平坡（坡度＜ 5°）、缓坡（坡度 6° ～ 15°）、斜坡（坡度 16° ～ 25°）、陡坡（坡度 26° ～ 35°）、急坡（坡度 36° ～ 45°）和险坡（坡度＞ 45°）6 种类型，对比分析不同坡度上森林水源涵养服务差异发现：随着地形坡度的增加，森林水源涵养能力逐渐降低，即平坡上森林的水源涵养能力最高，其次为缓坡、斜坡、陡坡和急坡，险坡位置上森林的水源涵养能力最低；但是随着地形坡度的增加，森林涵养水源价值呈现出降低—升高—降低的趋势，其中平坡森林涵养水源价值最高，其次为陡坡和斜坡位置上的森林，缓坡和急坡森林涵养水源的价值较小，险坡森林涵养水源价值最小（图 4.3）。

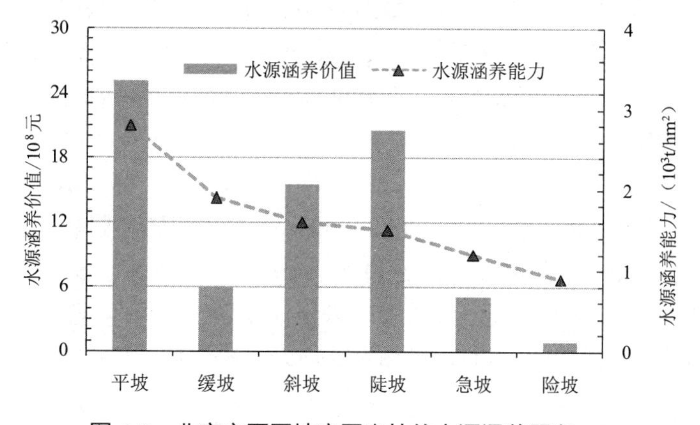

图 4.3　北京市不同坡度区森林的水源涵养服务

根据北京市森林资源调查数据，森林资源分布地区可划分为平地、上坡位、下坡位、中坡位、脊部、山谷和全坡等 7 种坡位区。对比分析不同坡位区森林水源涵养服务差异发现：位于平地的森林涵养水源能力最高，其次为山谷和下坡位的森林，而其他坡位森林水源涵养能力比较接近；但是从森林涵养水源价值来看，全坡上的森林水源涵养价值最高，其次为平地、上坡位和下坡位的森林，而中坡位和山谷森林涵养水源价值较低，位于脊部的森林涵养水源价值最低（图 4.4）。

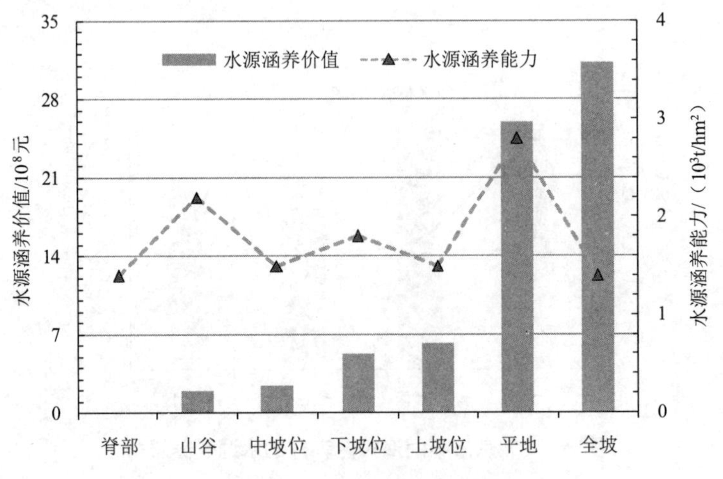

图 4.4 北京市不同坡位区森林的水源涵养服务

4.3 土壤保持服务评估

4.3.1 概念界定

土壤侵蚀又名水土流失，是指土壤及其母质在水力、风力、冻融或重力等营力作用下，破坏、剥蚀、搬运和沉积的过程（韩富伟等，2007）。本书所提的土壤侵蚀仅指水力侵蚀。影响土壤侵蚀的因素主要包括自然环境因素和人类活动因素。其中，自然环境因素为根本因素，在土壤侵蚀中起决定作用；人类活动属一般因素，对土壤侵蚀起减缓或加剧作用（赵忠海，2005）。土壤水蚀是通过冲击地面和雨水在地表流动所产生搬运作用两个过程进行的（雷瑞德，1988），是造成土壤侵蚀的主要动力之一。土壤侵蚀能够改变树木的组成结构，减少物种多样性，恶化水质，减少水库的有效库容，破坏水利、交通和通信设施，引起码头、港口、沟道和水体的淤积、污染和富营养化，破坏野生动物的栖息环境和河流生态平衡，引发洪灾，影响人们的公共健康，增加水处理费用，严重阻碍着约占全球陆地表面 1/5 的山区经济的发展，威胁着未来全球食物安全保障（Lal，1999），已经成为 20 世纪 90 年代全球范围内主要的环境和农业问题之一（Pimentel et al.，1995）。

4.3.2 评估方法

（1）森林保持土壤量

目前，森林保持土壤侵蚀量的估算方法较多，且均有优缺点。考虑到该研究获取数据资料的难度和可行性，采用定点试验数据测定的平均侵蚀模数，计算公式为：

$$Q_s = (Q_0 - Q) \cdot A \tag{4-8}$$

式中，Q_s 为森林年保持土壤量，t；Q_0 为单位面积林地年土壤侵蚀量，t/hm^2；Q 为单位面积无林地年土壤侵蚀量，t/hm^2；A 为森林面积，hm^2。

（2）森林保持土壤服务价值

森林保持土壤价值可以通过每减少单位土壤侵蚀所避免的土地损失价值估算，计算公式为：

$$V_s = Q_s \cdot P_s \tag{4-9}$$

式中，V_s 为森林保持土壤价值，元；P_s 为单位土壤侵蚀所造成的经济损失，元 /t。

（3）土壤保持功能能力差异

森林生态系统的土壤保持能力主要取决于植被、结构等森林特征因素，根据北京市森林资源的实际情况，本书选取植被覆盖度、枯枝落叶层厚度、群落结构、森林类型和林冠层郁闭度等 5 个指标，根据不同评价指标值赋予相应的分值，从而建立森林土壤保持能力的评价指标体系，结果见表 4.5。

表 4.5　北京市森林保持土壤能力评价指标及其标准化

分值指标	1	0.8	0.6	0.4	0.2	0
植被覆盖度 /%	＞ 90	70 ～ 90	50 ～ 70	30 ～ 50	10 ～ 30	＜ 10
枯落物厚度 /cm	＞ 3	2 ～ 3	1.5 ～ 2	1 ～ 1.5	0.5 ～ 1	＜ 0.5
林冠郁闭度	0.8 ～ 0.9	0.7 ～ 0.8 0.9 ～ 1.0	0.5 ～ 0.7	0.3 ～ 0.5	0.2 ～ 0.3	＜ 0.2
森林类型	混交林	阔叶林	针叶林	灌木林		
群落结构	完整结构	复杂结构	简单结构			

北京市森林土壤保持能力指数计算公式为：

$$I_s = \sum_{i=1}^{5} \alpha_i \cdot S_i \tag{4-10}$$

式中，α_i为第 i 个指标权重；S_i 为第 i 个评价指标的分值。

本书利用专家打分法和层次分析法计算各评价指标的权重α_i,得到权数矩阵 A=（0.49，0.27，0.03，0.07，0.14），经过对判断矩阵进行一致性检验，CR=0.05 ＜ 0.1，认为判断矩阵具有较好的一致性。

表 4.6　土壤保持能力因子判断矩阵

判断矩阵	植被覆盖度	枯枝落叶厚度	林分类型	郁闭度	林龄	树木均高
植被覆盖度	1	3	5	7	8	9
枯枝落叶厚度	1/3	1	3	5	6	7
林分类型	1/5	1/3	1	3	4	5
郁闭度	1/7	1/5	1/3	1	2	3
林龄	1/8	1/6	1/4	1/2	1	2
树木均高	1/9	1/7	1/5	1/3	1/2	1

4.3.3 结果分析

（1）土壤保持服务价值

根据冯秀兰等（1998）和于志民等（1999）对密云水库森林防止土壤侵蚀的定点观测与估算数据，得到北京地区单位面积森林年土壤侵蚀量平均为 0.69 t/hm²，无林地年土壤侵蚀量 4.21 t/hm²，具有土壤保持功能的森林生态系统面积 74.50 万 hm²，计算得到北京市森林年保持土壤量 262.23 万 t；根据杨志新等（2004）测算，北京市每侵蚀 1 t 土壤所带来的经济损失为 74.52 元（评估年为 2001 年），按照北京市价格指数调整到 2014 年为 93.90 元 /t，因此，森林生态系统土壤保持服务的价值为 2.46 亿元。

（2）土壤保持能力特征

以北京市森林资源林地小班为基础，计算其保持土壤能力指数，并将其划分为低保持区、较低保持区、中保持区、较高保持区和高保持区共 5 个等级（表 4.7）。结果表明：北京市森林生态系统的土壤保持能力较高，其中土壤保持能力指数＞0.4 的森林约占北京市森林面积的 65.7%；38.2% 的森林土壤保持能力处于中等水平，土壤保持能力处于较低水平的森林面积约占 17.5%，仅有 16.8% 的森林保持土壤能力＜0.2。

表 4.7 北京市森林生态系统土壤保持能力指数

土壤保持状态	低保持区	较低保持区	中保持区	较高保持区	高保持区
土壤保持能力指数	0～0.2	0.2～0.4	0.4～0.6	0.6～0.8	0.8～1
森林面积比例 /%	16.8	17.5	38.2	18.2	9.3

（3）土壤保持服务区域差异

对北京市不同区森林土壤保持服务分析发现：土壤保持能力指数与价值均存在明显差异。就土壤保持能力指数来看，石景山区森林土壤保持能力最高，其次为延庆区、密云区、门头沟区、房山区和昌平区的森林，海淀区、丰台区、平谷区和怀柔区森林的土壤保持能力指数一般，而大兴区、顺义区、朝阳区、东城区、西城区森林的土壤保持能力较低，通州区森林土壤保持能力指数最低；就土壤保持价值来看，密云区、延庆区、门头沟区、怀柔区和房山区森林的土壤保持价值较高，其次为昌平区和平谷区的森林，其余区森林的土壤保持价值较低（图 4.5）。

对比不同海拔区森林土壤保持服务发现：随着海拔高度的升高，森林生态系统的土壤保持能力增大，中山区森林的土壤保持能力最高，其次为低山区和丘陵区的森林，平原区森林土壤保持能力最低；不过从森林保持土壤价值来看，丘陵区和低山区森林的土壤保持价值最高，其次为中山区森林，平原区森林的土壤保持价值最低（图 4.6）。

对比位于不同地形坡度上森林的土壤保持服务发现：随着地形坡度的增加，森林的土壤保持能力增大，即平坡上森林的土壤保持能力最低，其次为缓坡、斜坡、陡坡和急坡，而险坡上森林的土壤保持能力最大；但是从森林的土壤保持价值来看，位于陡坡的森林土壤保持价值最高，其次为斜坡、急坡、平坡和缓坡，而险坡上森林的土壤保持价值最低（图 4.7）。

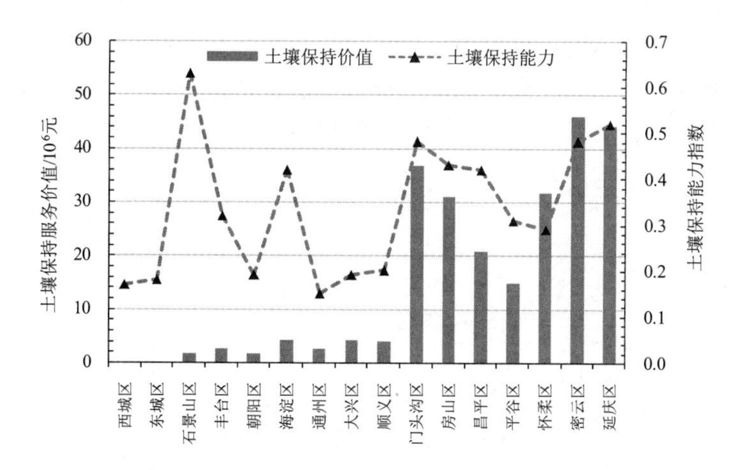

图 4.5 北京市各区森林资源的土壤保持服务

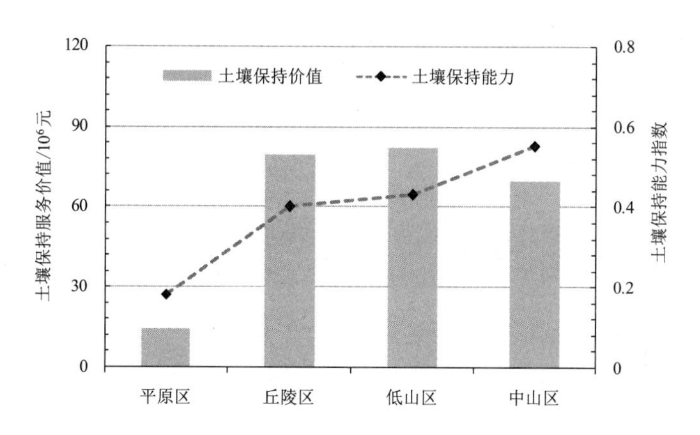

图 4.6 北京市不同海拔区森林资源的土壤保持服务

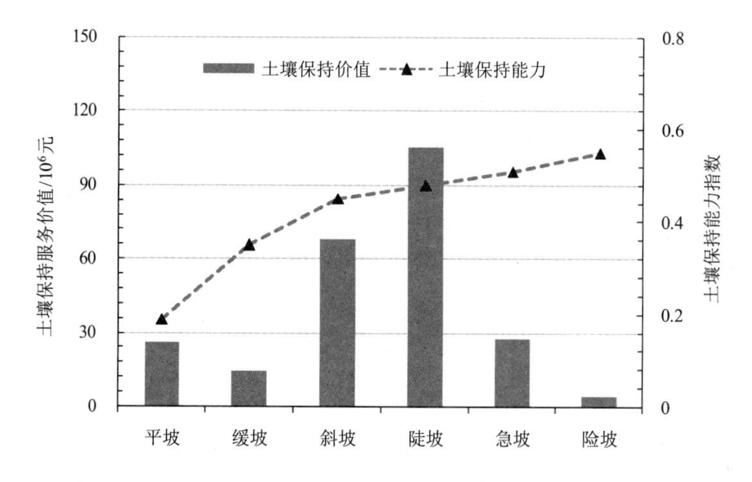

图 4.7 北京市不同坡度区森林土壤保持能力与价值

对比不同坡位上森林的土壤保持服务发现，土壤保持能力指数与价值差异明显，其中位于山谷、中坡位、脊部和全坡位置的森林土壤保持能力较高，而位于上坡位和平地森林的土壤保持能力较低，下坡位森林的土壤保持能力一般；不过，位于全坡的森林土壤保持价值最高，其次为山谷、平地、下坡位和中坡位，而上坡位和脊部森林的土壤保持价值较低（图 4.8）。

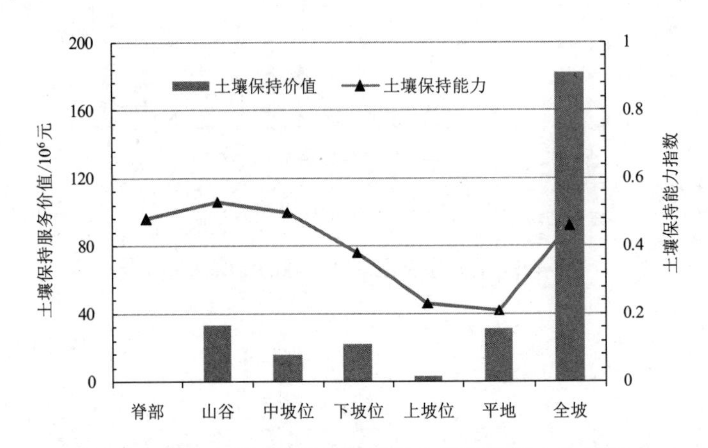

图 4.8　北京市不同坡位区森林的土壤保持能力与价值

4.4　固碳释氧服务评估

4.4.1　概念界定

森林生态系统是地球陆地生态系统的主体，是陆地碳的主要储存库。森林固碳作用取决于碳输入和碳输出两个过程，碳输入过程主要通过植物净光合作用实现，而碳输出过程主要通过森林土壤和动物的异养呼吸过程以及凋落物的矿质化过程实现。森林释氧作用其实是其光合作用过程，即利用 28.3 kJ 的太阳能，吸收 264 g CO_2 和 108 g H_2O，产生 180 g 葡萄糖和 192 g O_2，再以 180 g 葡萄糖转化为 162 g 多糖（纤维素或淀粉）。因此，森林固碳释氧功能是指森林植被层、凋落物层和土壤层的光合作用和呼吸作用综合影响下实现的平衡状态。在森林生态系统以 CO_2 为原料进行光合作用的过程中，不仅固定和储藏了碳，同时释放出了 O_2，因此，森林在减缓温室效应、稳定气候方面起着重要作用，对于维持人类的生存与发展具有重要意义。

4.4.2　评估方法

（1）*森林固碳释氧量*

虽然目前关于森林固碳释氧量的计算有多种方法，比如生物量法（Galiski，1994）、蓄积量法（Sampson，1992）、生物量清单法（Dixon et al.，1994）、涡旋相关法（Aubient，2000）、箱式法等，但是这些方法均需要长期的实验测定或者复杂模型估算。根据本研究的实际需要，采用已有研究实际测定的平均参数来测算森林生态系统年固碳量，公式如下：

$$G_c = C_0 \cdot A \tag{4-11}$$

式中，G_c为森林年固定 CO_2 量，t；C_0为森林年固定 CO_2 能力，t/hm^2；A 为森林面积，hm^2。

由绿色植物光合作用的化学反应方程式可知，森林每固定 1.63 g CO_2，释放 1.19 g O_2，按此比例关系，可以确定森林年释放 O_2 数量，公式如下：

$$G_o = 0.73 \cdot G_c \tag{4-12}$$

式中，G_o为森林年释放 O_2 数量，t；G_c为森林年固定 CO_2 数量，t。

（2）*森林固碳释氧价值*

森林年固定 CO_2 的价值通过市场价值法计算，释放 O_2 价值通过替代成本法计算：

$$V_c = G_c \cdot P_c \tag{4-13}$$

$$V_o = G_o \cdot P_o \tag{4-14}$$

式中，V_c为森林固定 CO_2 价值；V_o为森林释放 O_2 价值；P_c为碳交易市场价格；P_o为森林释放 O_2 的替代价格。

（3）*固碳释氧服务差异*

森林生态系统固碳释氧数量与植被、土壤等碳库能力有关。由于土壤碳库一般情况下保持恒定，因此本书重点关注植被年生长过程中固碳释氧的功能差异。依据北京市森林资源活立木的年增长量计算结果，以及蓄积量与生物量的相关关系，可以确定森林树木生物量的年增加量，而生物量与 NPP 和固碳释氧的数量存在正比例关系，因此能够定量分析森林固碳释氧服务的差异，公式如下：

$$Q_{bio} = a \cdot Q_t + b \tag{4-15}$$

$$V_i = \frac{Q_{bio} \cdot A_i}{\sum Q_{bio} \cdot A_i} \cdot P \tag{4-16}$$

式中，Q_{bio} 为森林生物量年增加量，t；Q_t 为森林林木蓄积年增长量，m^3；a 和 b 为常数（表 4.8）；A_i 为森林小班面积，hm^2；V_i 为森林小班固碳释氧价值，元；P 为北京市森林固碳释氧服务总价值，元。

表 4.8　森林蓄积量与生物量转换参数

树种	*a*	*b*
油松	0.755 4	5.092 8
落叶松	0.967 1	5.759 8
侧柏	0.612 9	26.145 1
柞树（栎类）	1.328 8	−3.899 9
桦树	0.964 4	0.848 5
刺槐	0.765 4	8.310 3
杨树	0.475 4	30.603 4

树种	a	b
阔叶树	0.625 5	91.001 3

注：阔叶树取榆树、山杨和柳树平均值。
资料来源：方精云等（1996）。

4.4.3 结果分析

（1）森林固碳能力特征

森林固碳释氧数量主要取决于单位面积森林固碳能力和森林面积。校建民等（2004）对密云水库集水区森林生态系统固碳能力进行了模拟研究，即按照100年为一个计算周期（灌木林按50年一个周期，计算两个周期），乔木林的固碳能力处于1.09～1.48 tC/（$hm^2 \cdot a$），平均值为1.29 tC/（$hm^2 \cdot a$）；方精云等（2001）对北京市东灵山3种森林类型固碳能力研究发现，白桦林、辽东栎林和油松林年固碳能力的平均值为1.58 tC/（$hm^2 \cdot a$），但是此研究未考虑凋落物呼吸的影响，因此结果可能稍微偏大；赵海珍等（2001）对雾灵山自然保护区不同森林类型的年固碳能力也进行了估算，各种森林植被类型固碳能力的平均值为5.13 tC/（$hm^2 \cdot a$），不过未计算土壤呼吸的作用。

表4.9 北京市森林生态系统年固碳能力

森林类型	固碳能力 / （t/hm^2）	
	树种	数值
针叶林	油松林	1.458（校建民等，2004）；4.08（校建民等，2004）；12.99（赵海珍等，2001）
	侧柏林	0.75（校建民等，2004）
	落叶松林	12.472（赵海珍等，2001）
	平均值	6.015
阔叶林	栎林	1.177（校建民等，2004）；－0.29（校建民等，2004）；10.11（赵海珍等，2001）
	阔叶树	1.313（校建民等，2004）；0.33（方精云等，2001）；2.358 5（赵海珍等，2001）
	白桦	0.95（校建民等，2004）；3.576（赵海珍等，2001）
	山杨	2.054（赵海珍等，2001）
	平均值	1.3454
混交林	针阔混交林	5.562（赵海珍等，2001）
灌木林	灌木林	0.595 5（赵海珍等，2001）

（2）森林固碳释氧服务

根据以上研究成果，综合计算得到不同森林类型的平均固碳能力（表4.10）；参照2015年森林资源调查数据，计算得到北京市森林年固定CO_2约574万t，年释放O_2约419万t，其中不同森林类型固碳释氧数量见表4.10。

表 4.10 北京市森林资源固碳释氧实物量

单位：万 t

森林类型	固定 CO_2 数量	释放 O_2 数量
针叶林	242	177
阔叶林	162	119
混交林	113	82
灌木林	56	41

目前森林固碳价格选取主要有人工固碳成本法、造林成本法、碳税法、避免损害成本法、排放许可的市场价格法等，但是即使采用同一种方法，不同国家或组织的标准也有所不同(表 4.11)，从而造成评估结果的巨大差异。森林释放氧气价格主要存在两种意见：一是工业制氧法氧气价格为 400 元 /t(成克武等，2000)，二是造林成本法为 352.93 元 /t(中国生物多样性国情研究报告编写组，1998)，一般做法是取二者的平均值 376.47 元 /t（何文清等，2004；张朝晖等，2007；李加林和张忍顺，2007；翟水晶等，2008)。

表 4.11 森林固碳价格比较

<table>
<tr><th>方法</th><th>使用地</th><th>纯 C 价格 /（美元 /t）</th><th>纯 C 价格 /（元 /t）</th><th>CO_2 价格 /（元 /t）</th><th>来源</th></tr>
<tr><td rowspan="2">碳税法</td><td>瑞典</td><td>150</td><td>1 245</td><td>336.48</td><td>崔丽娟，2004</td></tr>
<tr><td>挪威</td><td>227</td><td>1 884.1</td><td>509.2</td><td>薛达元，2000</td></tr>
<tr><td rowspan="6">造林成本法</td><td>美国（北寒带、温带和热带森林）</td><td>< 30</td><td>249</td><td>67.30</td><td>成克武等，2000</td></tr>
<tr><td>FAO（热带森林）</td><td>24 ～ 31</td><td>228.5</td><td>61.69</td><td>成克武等，2000</td></tr>
<tr><td rowspan="4">中国</td><td>31</td><td>260.9</td><td>71.15</td><td>张三焕等，2001</td></tr>
<tr><td>120</td><td>1 001.5</td><td>270.67</td><td>中国生物多样性国情研究报告编写组，1998</td></tr>
<tr><td>121.8</td><td>1 011.21</td><td>273.3</td><td>余新晓等，2002</td></tr>
<tr><td>30</td><td>250</td><td>67.58</td><td>薛达元等，1997</td></tr>
<tr><td>避免损害成本法</td><td>世界银行</td><td>10</td><td>83</td><td>22.43</td><td>侯元兆等，2005</td></tr>
</table>

注：纯 C 与 CO_2 换算系数取 3.7 ：1，人民币对美元汇率取 8.3 ：1。

北京市森林固碳价格按照中国 CDM 信息中心 CO_2 指导价格 62 元 /t CO_2 计算（余慧超和王礼茂，2006)，森林释放氧气的价格取工业制氧和造林成本的平均值 376.47 元 /t，计算结果表明：北京市森林资源年固定 CO_2 价值 3.56 亿元，释放 O_2 价值 19.33 亿元，因此，北京市森林年固碳释氧总价值约 22.89 亿元。

（3）森林固碳释氧差异

对北京市不同区森林固碳释氧服务差异对比分析发现：森林固碳释氧价值与年增加的生物量变化趋势基本一致，其中怀柔区森林的生物量增加量与固碳释氧价值最高，其次为密云区、延庆区、门头沟区、房山区和昌平区，平谷区、大兴区、顺义区和通州区森林的固碳释氧服务也较高，而海淀区、朝阳区和丰台区森林的固碳释氧服务较低，而石景山区和东城区、西城区森林固碳释氧服务最低（图 4.9）。

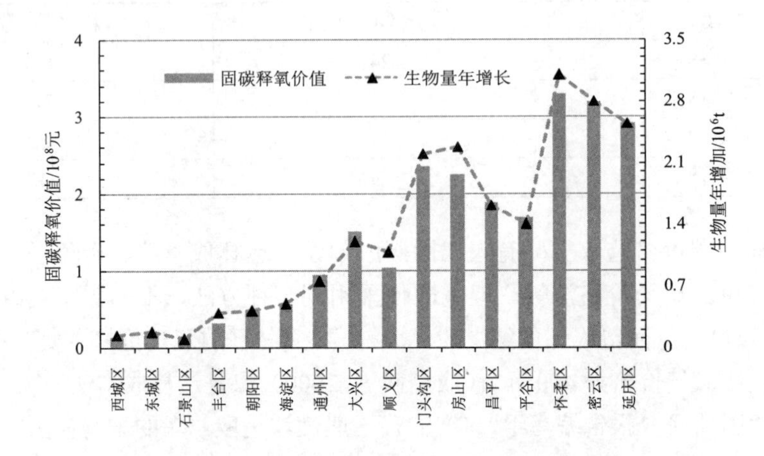

图 4.9　北京市不同区森林资源的固碳释氧服务

对比分析不同海拔高度区森林的固碳释氧服务差异发现：随着海拔高度的升高，森林固碳释氧价值与年增加生物量基本都呈降低趋势。其中，平原区森林提供了最高的固碳释氧服务，丘陵区森林的固碳释氧服务较高，而低山区和中山区森林的固碳释氧服务比较接近（图 4.10）。

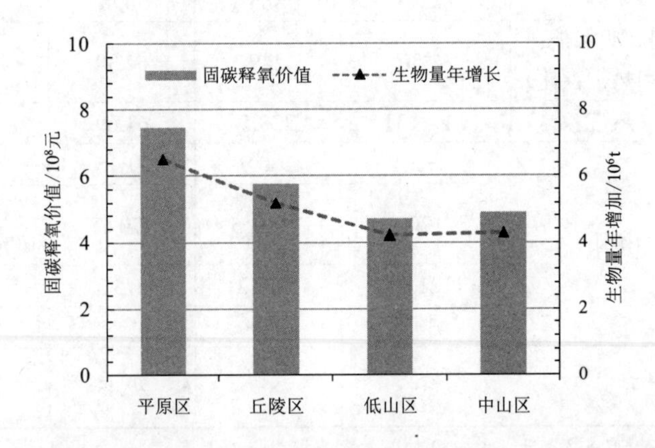

图 4.10　北京市不同海拔区森林资源的固碳释氧服务

对不同坡度区森林固碳释氧服务的差异对比分析发现：随着地形坡度的升高，森林固碳释氧服务呈现出降低—升高—降低的趋势，其中位于平坡（< 5°）的森林固碳释氧服务最高，其次为陡坡（26° ~ 35°）和斜坡（16° ~ 25°），位于缓坡（6° ~ 15°）、和急坡（36° ~ 45°）位置的森林固碳释氧服务比较接近，而险坡（> 45°）上森林的固碳释氧服务最低（图 4.11）。

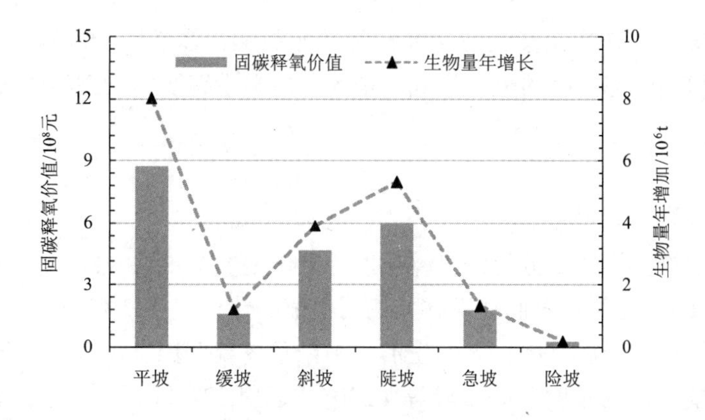

图 4.11　北京市不同坡度区森林的固碳释氧服务

对比分析不同坡位区森林固碳释氧服务差异发现：位于平地、全坡位置上的森林固碳释氧服务最高，其次为上坡位和下坡位的森林，中坡位和山谷的森林固碳释氧服务较低，而位于脊部位置的森林固碳释氧服务最低（图 4.12）。

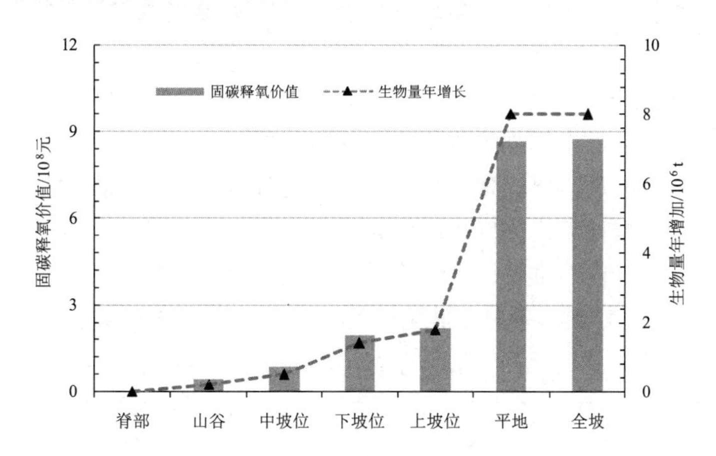

图 4.12　北京市不同坡位区森林资源的固碳释氧服务

4.5　生境维持服务评估

4.5.1　概念界定

生物多样性是生物及其环境所形成的生态复合体及与此相关的各种生态过程的总和，是人类社会生存和可持续发展的基础。在各类生态系统中，森林拥有最高的生物多样性，是世界生物多样性的分布中心（张颖，2002）。这是因为森林生态系统具有多种生态服务功能，它不仅为各类生物物种提供繁衍生息的场所，而且还为生物及生物多样性的产生与形成提供了条件，同时，森林生态系统通过生物群落的整体创造了适宜生物生存的环境（欧阳志云和李文华，2002）。因此，森林生境维持服务是指森林生态系统为生物多样性的存在提供载体的作用。建设自然保护区是保护生物多样性最为常见的重要方法和手段，能为人类提供生态系统的天然本底，是各种生态系统及生物物种的天然贮存库。

4.5.2 评估方法

（1）森林维持生境价值

森林维持生物多样性服务价值核算在世界上仍是一个难题（Pearce and Moran，1994；周冰冰等，2000），尤其是人们对森林非使用价值的认识、重视和因此表现出的支付意愿十分复杂，它与社会经济发展、人们生活水平以及环境保护意识有关（张颖，2002），增加了非使用价值评估的难度。高云峰等（2005）运用 CVM 方法（条件价值法），对北京市 18 个区县居民进行了问卷调查，分析出了北京山区森林资源的非使用价值（包括存在价值、遗产价值和选择价值），为本书提供了参照对象。北京市森林生物多样性的生境维护服务价值的计算公式为：

$$V_{\mathrm{b}} = V_0 \cdot A \tag{4-17}$$

式中，V_{b} 为森林生物多样性的生境维持价值；V_0 为参照地森林生物多样性非使用价值；A 为森林面积。

（2）森林生境维持服务的差异

为了综合评价北京市森林维持生物多样性服务的差异，采用样点生物多样性实际调查的方法最为理想，但是需要花费大量的时间和资金成本。本书尝试从群落结构、森林类型、林龄、经营措施和干扰强度等主要影响因子入手，建立经验综合评估指数，近似评价北京市森林生物多样性维持服务的差异。根据北京市森林资源数据获取情况以及生物多样性主要影响因子，建立森林生物多样性综合评价指标体系及分级标准，见表 4.12。

表 4.12　北京市森林生物多样性评价指标与分级

分值 指标	1	0.8	0.6	0.4	0.2
群落结构	完整结构		复杂结构		简单结构
自然度	I	II	III	IV	V
林龄	过熟林	成熟林	近熟林	中龄林	幼龄林
经营类型	封山育林（灌）型；管护型	特种经营型；抚育间伐型	造林型；补植型	经济利用型；采伐利用型	低产低效林改造型；幼林抚育型
森林类型	草地	灌木林地	混交林	阔叶林	针叶林

考虑到不同影响因子之间的相关性，采用专家打分法与层次分析法，计算得到群落结构、经营类型、森林类型、自然度和林龄 5 项指标权重分别为 0.41、0.25、0.18、0.09 和 0.07，因此，北京市森林生物多样性综合指数与价值计算公式分别为：

$$I_{\mathrm{bio}} = \sum_{i=1}^{5} \alpha_i \cdot S_i \tag{4-18}$$

式中，I_{bio}为每个林地小班森林生物多样性指数；α_i为第 i 项指标权重；S_i为第 i 项指标分值。

$$V_{bio}=\sum_{i=1}^{n}(I_{bio}\cdot A_i/\sum I_{bio}\cdot A_i) \tag{4-19}$$

式中，V_{bio}为每个林地小班森林生物多样性价值，元；A_i为林地小班面积，hm^2。

4.5.3 结果分析

（1）森林生物多样性及生境维持服务

根据统计资料（李俊清等，2008），北京地区共有维管植物 138 科 644 属 1 629 种，其中蕨类植物 19 科 34 属 77 种，裸子植物 3 科 7 属 10 种，被子植物 116 科 603 属 1 562 种（贺士元等，1992）。与全国相比，该区系各类群植物总数所占比例仅为 6.7%，但是科数和属数分别占全国的 45.8% 和 21.6%（表 4.13）。

表 4.13 北京市维管植物各类群数量与相应区系的比较

植物类群	北京市区系 科：属：种	河北区系 科：属：种	中国区系 科：属：种	北京市占中国区系比例 /%
蕨类植物	19 ： 34 ： 77	20 ： 35 ： 95	63 ： 222 ： 2 600	30.2 ： 15.3 ： 3.0
裸子植物	3 ： 7 ： 10	3 ： 8 ： 12	10 ： 34 ： 193	30.0 ： 20.6 ： 5.2
被子植物	116 ： 603 ： 1 562	125 ： 705 ： 2 000	291 ： 2 946 ： 24 357	39.7 ： 20.5 ： 6.4
合计	138 ： 644 ： 1 649	148 ： 713 ： 2 012	301 ： 2 980 ： 24 550	45.8 ： 21.6 ： 6.7

北京地区野生维管植物分布极不平衡，绝大部分主要分布在远郊的山区，其中西部、北部及东北部山区的植物种类比较丰富，形成了以百花山—东灵山—龙门涧—黄草梁、松山—玉渡山—太安山—龙庆峡、喇叭沟门—帽山、十渡—上方山—石花洞等 7 个多样性中心（李俊清等，2008）。

北京山地森林昆虫较为丰富，具有较高的多样性。李俊清等（2008）研究了北京山区森林分布现状，系统调查了昆虫资源的种类，初步鉴定出了 15 目 129 科 904 种昆虫。其中鳞翅目昆虫最为丰富，39 科 516 种，分别占到总科数和总种数的 30.23% 和 57.07%；其次为鞘翅目，为 25 科 184 种；此外，半翅目、同翅目和膜翅目的种类分别为 67 种、37 种和 31 种。

北京市两栖动物共有 10 种，隶属 2 目 7 科，主要分布在怀柔区、密云区、顺义区、昌平区和城区的湿地与森林中（高武，1989；王鸿媛，1993）；现有爬行动物 21 种，隶属 3 目 6 科，分布于全市的林地、农田和城区各种生态环境中（王鸿媛，1993；高武等，1994），有重点保护蛇类 13 种；据北京动物多样性数据库统计，北京地区野生鸟类 396 种，分属于 18 目 66 科 189 属，约占我国鸟类总数的 30.11%（张正旺等，2004），其中以雀形目种类最多，达 181 种，占北京市鸟类总数的 45.7%；其次为鸻形目 58 种，雁形目 37 种和隼形目 34 种，这 4 目的鸟类占总物种数的 78.28%，为优势类群；北京地区共有野生和半野生哺乳动物 61 种，隶属 7 目 18 科，占全国哺乳动物总数的 12.03%（张荣祖，1999），但是受保护的种类达 23 种，占到 37.7%（李俊清等，2008）。

根据高云峰等（2005）对北京市 18 个区县居民进行问卷调查结果，北京市山区单位面积森林资源的非使用价值为 1 110 元 /hm^2，采用居民消费价格指数调整到 2014 年为 1 412 元 /hm^2，北京市森林生态系统现有 74.50 万 hm^2，因此北京市森林维持生物多样性价值为 10.52 亿元。

（2）森林生物多样性生境维持服务差异

根据北京市森林资源调查数据，在 Access 数据库中对 96 504 个评价单元进行计算，结果表明，北京市森林生物多样性综合指数为 0.2 ～ 0.8，平均值为 0.4，说明北京市森林生物多样性整体较差，处于演替初期阶段。

对北京市各区森林生物多样性维持服务指数比较发现，森林生物多样性指数为 0.3 ～ 0.55，其中石景山区森林的生物多样性维持能力指数最高，其次为延庆区、密云区和怀柔区，海淀区、朝阳区和门头沟区森林的生物多样性维持指数也较高，房山区、昌平区、平谷区、顺义区以及通州区和丰台区森林的生物多样性维持指数处于一般状态，而大兴区和东城区、西城区森林的生物多样性维持指数明显偏低；受森林资源面积影响，怀柔区、密云区、延庆区、门头沟区和房山区森林生物多样性价值较高，顺义区、大兴区、海淀区等 11 个区森林生物多样性价值较低（图 4.13）。

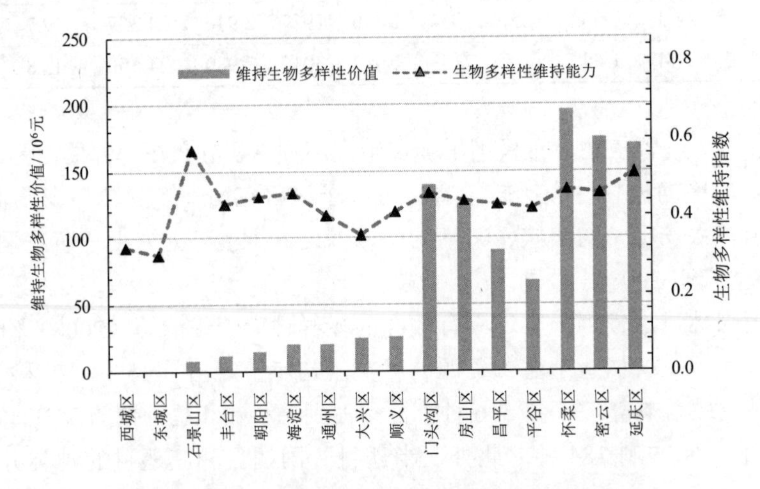

图 4.13　北京市各区森林资源的生物多样性维持服务

根据森林资源分布地区所处海拔高度，比较分析其生物多样性维持服务发现：随着海拔高度的升高，森林生物多样性维持指数增大，其中平原区＜丘陵区＜低山区＜中山区；但是森林生物多样性维持价值具有不同趋势，低山区和丘陵区森林的生物多样性维持价值总量最高，其次为中山区森林，而平原区森林维持生物多样性价值最低（图 4.14）。

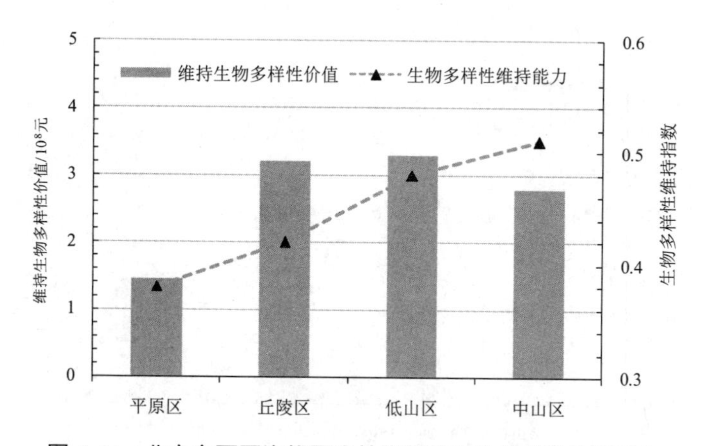

图 4.14　北京市不同海拔区森林资源的生物多样性维持服务

根据森林资源所处地形坡度的不同，对比分析森林生物多样性维持服务发现：随着地形坡度的增加，森林生物多样性维持指数呈现先升高后缓慢下降趋势，但是生物多样性维持价值不符合此规律；其中，陡坡（26° ～ 35°）和急坡（36° ～ 45°）位置上森林生物多样性指数最高，其次为险坡（＞ 46°）和斜坡（16° ～ 25°），而位于平坡（＜ 5°）和缓坡（6° ～ 15°）位置上森林生物多样性维持指数最低；不过位于陡坡森林生物多样性价值最高，其次为斜坡、平坡、急坡和缓坡森林，而险坡森林生物多样性维持价值最低（图 4.15）。

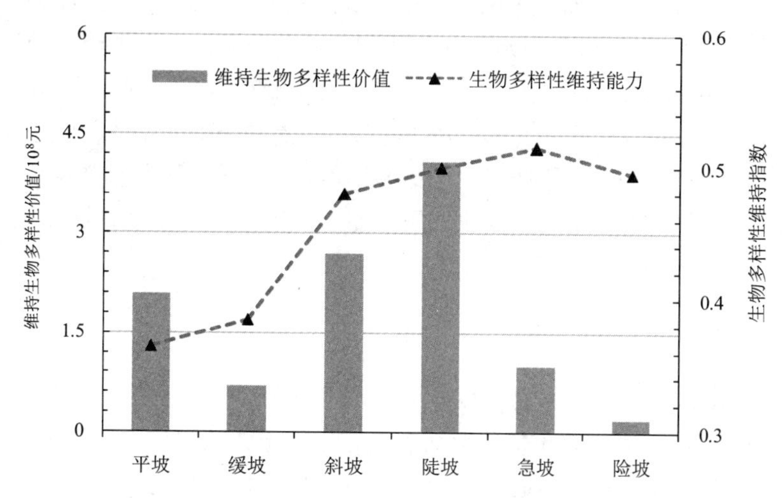

图 4.15　北京市不同坡度区森林资源的生物多样性维持服务

按照森林资源分布地区的坡位，对比分析森林生物多样性维持服务发现：生物多样性维持指数与价值呈现不明显变化规律，其中位于全坡位森林的生物多样性维持指数最高，其次为位于脊部、中坡位、上坡位的森林，而位于山谷的森林生物多样性维持指数最小，其次为下坡位和平地；就生物多样性价值而言，位于全坡位森林生物多样性价值最高，其次为平地、上坡位、下坡位、中坡位和山谷，而位于脊部森林生物多样性价值最低（图 4.16）。

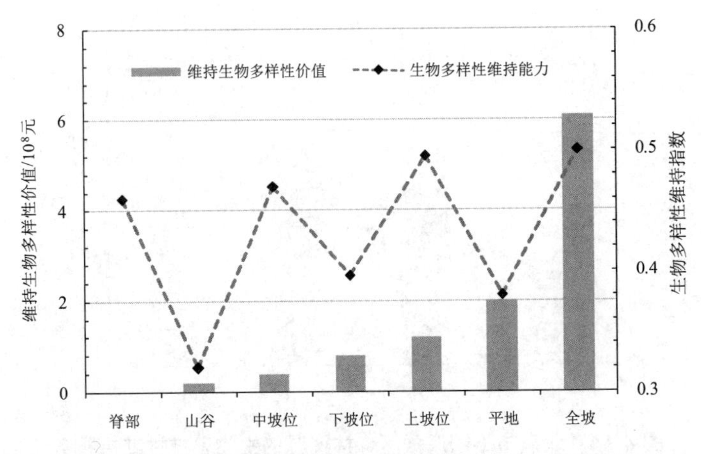

图 4.16 北京市不同坡位森林资源的生物多样性维持服务

4.6 防风固沙服务评估

4.6.1 概念界定

在干旱的沙漠化、半沙漠化或风害影响严重的地区，森林林木能够有效阻挡、降低风速（朱廷耀等，2001），从而大大削弱了风的携沙能力；植物根系也能固紧沙土、改良土壤结构，提高土壤抗风蚀性能，从而起到控制风蚀的作用，逐渐把流沙变为固定沙丘。防风固沙林作用的实质就是通过营造具有一定走向、配置结构和宽度的防护林带，来影响气流的运动速度、方向及流场，进而控制流沙，达到防风阻沙的效果。因此，森林防风固沙服务是指森林植被通过固定表土、改善土壤结构、增加地表粗糙度、阻截等方式，减少土壤的裸露机会，从而提高土壤的抗风蚀能力，削弱风的强度和携沙能力，减少土壤流失和风沙危害的功能。

4.6.2 评估方法

目前，关于森林防风固沙的物理效应研究较多（曹新孙，1985；朱廷耀，1992；沈晓东等，1992），但是对其进行价值化评估主要有生产函数法和防护费用法。

生产函数法是以现有固沙林地同固沙前的沙地和无林沙地进行比较，通过观测流动沙丘的移动速度，来计算防护林固定沙源、阻止沙丘移动从而减少沙化土地的数量；再用整个林业生产周期内这部分土地上获得的产品的价值来代替防护林避免沙压农田的价值。不过对于沙压农田的数量存在一定的分歧，有人认为是防风固沙林的面积，森林的防风固沙价值其实就是一定区域内防护林林地的价值，这种观点所隐含的假设是，如果观测区域没有现存的防护林，则这块林地已被沙化；但是一般情况下，防护林的防风固沙效应具有明显的区域性（即没有风沙威胁的地域不存在这种防护效应），而且其实际防护沙地的防护面积要大于防护林林地面积。

防护费用法是用调查观察人们为了避免风沙危害、采用各种其他措施抑制风沙所支付的费用来衡量防护林的防护价值。这种方法比较客观真实，但是如此计算出的防护林价值包含了防护林所有生态功能的价值（比如水源涵养、景观游憩等）。

为了更加有针对性地评估北京市森林防风固沙服务，本书首先根据防护林的数量估算出其所能实际防护的沙化土地面积，然后根据治理这些沙化土地所需要的实际投入进行估算。在参考北京市沙化土地与植被防护效益研究成果的基础上（岳德鹏等，2004，2005；刘永兵，2004；梁伟等，2008），提出以下计算方法：

$$A_s = \frac{H_0 + h}{H_0} \cdot A \tag{4-20}$$

$$V_s = A_s \cdot P_s \tag{4-21}$$

式中，A_s 为森林防风固沙面积，hm^2；V_s 为森林防风固沙价值，元；P_s 为单位面积沙化土地治理费用，元 /hm^2；H_0 为参照地（取河滩地）风蚀厚度，mm；h 为森林阻沙能力，mm；A 为森林面积，hm^2。

4.6.3　结果分析

（1）森林防风固沙服务

根据北京市森林防风固沙能力研究成果（岳德鹏等，2004，2005），河滩地风蚀量（H_0）为 18.5 mm，片林、林带和经济林的阻沙能力（h）分别为 2.8 mm、1.9 mm 和 3.6 mm；根据北京市沙化土地实际分布（张国祯，2007）以及防风固沙林与农田防护林面积（考虑到防风固沙效应的区域性，重点研究这两类森林的防风固沙服务），计算得到北京市森林能够有效防风固沙面积为 58 079.16 hm^2；根据北京市防风固沙生态体系建设规划估算（北京市林业局，2001），北京地区潜在沙化土地治理与保护费用（P_s）为 1 000 元 / 亩，按照居民消费价格指数调整到 2014 年为 1 265 元 / 亩，计算得到北京森林防风固沙价值为 11.02 亿元。

（2）森林防风固沙差异

北京市不同区森林防风固沙服务存在明显差异（图 4.17），大兴区森林防风固沙服务最高，原因是本区域风沙危害最为严重，森林的防风固沙效应得到了充分发挥；尽管密云区实际遭受风沙灾害的威胁较小，但是由于其森林资源的面积较大，以致其防风固沙的总服务较高；由于经济林的固沙能力高于其他林种，因此平谷区森林的固沙效果也十分明显，延庆区、昌平区、顺义区和怀柔区都存在一定的风沙威胁，而且其防护林面积也较高，因此其森林防风固沙服务也较突出；尽管门头沟区森林面积也较大，但是由于防风固沙的区域性，其所提供的防风固沙服务能力并不高。

根据不同海拔区森林的防风固沙服务差异分析发现，随着海拔高度的升高，森林的防风固沙服务不断降低，其中平原区森林的防风固沙服务最高，其次为位于丘陵区和低山区的森林，而中山区森林的防风固沙服务最低（图 4.18）。

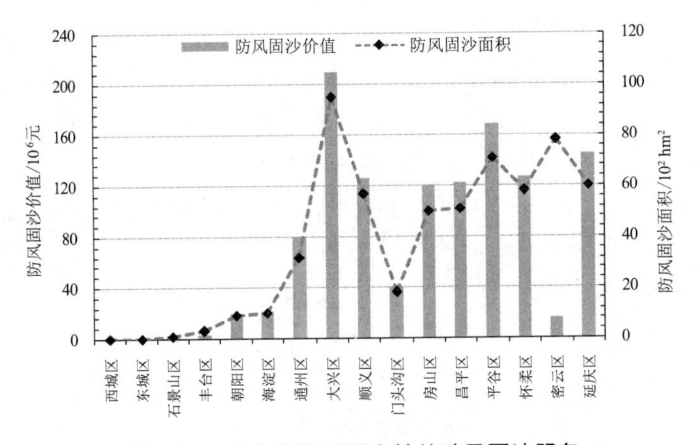

图 4.17 北京市不同区森林的防风固沙服务

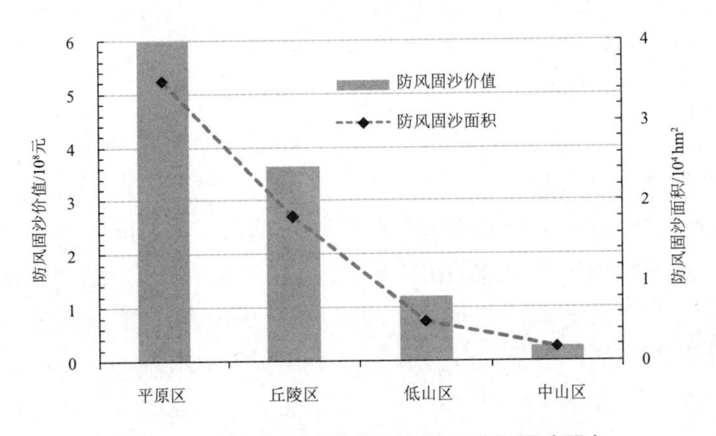

图 4.18 北京市不同海拔区森林的防风固沙服务

4.7 空气净化功能评估

4.7.1 概念界定

大气环境是人类和一切生物赖以生存的必需条件，大气质量的优劣对人体和生态系统健康都有着直接影响。森林能够通过吸收同化、吸附阻滞等形式降低污染物，改善大气环境质量。

树木能够通过叶片组织直接吸收大气环境中的部分污染物质，比如 SO_2、氟化物、NO_2、Cl_2、O_3 等，也能够借助潮湿的叶表面溶解部分可溶于水的污染物（Nowak，1994）。正常情况下，树木体中的氟含量为 0.5 ～ 25 mg/L，但在氟污染地区，树木叶片中含氟量可为正常叶片含氟量的数百倍至数千倍；在生产氯碱的化工厂，如果种上树木后，大气中的氯含量可以减少 70% ～ 97%。树冠也能够截留空气中的颗粒物（Beckett et al.，1998）。同时树木对噪声声波也有一定的吸收反射能力，有助于降低噪声危害。

由于森林能够通过树冠荫蔽、调节蒸腾等作用降低夏季的气温，相当于降低了为降温而消耗的能源数量，从而间接减少了空气污染物的产生；而且，气温的降低减弱了化学物质的活性，从而间接减少了城区大气二次污染物的产生（Taha，1996）。

此外，树木的特殊组织——油腺在新陈代谢过程中，分泌出来的萜烯、香精、酒精、有机酸、醚、醛、酮等物质，能够杀死伤寒、副伤寒病原菌、痢疾杆菌、链球菌等病菌，使森林中空气含菌量大大减少，因此森林具有杀菌作用。负氧离子能镇静自律神经，促进新陈代谢、净化血液、强化细胞功能、美颜和延寿，因此有益于人类健康。

因此，森林生态系统吸收、滞留、降低大气中的多种污染物，以及释放萜烯类杀菌物质和负氧离子等作用即为空气净化服务。根据北京市实际情况，本书重点关注森林吸收污染物（SO_2 和灰尘）和释放负氧离子功能。

4.7.2 评估方法

（1）森林吸收污染物服务

森林吸收滞留污染物服务评估主要有吸收能力法和实测法。面积—吸收能力法是首先根据单位面积森林吸收污染物的平均值乘以森林的面积，计算出森林生态系统吸收的污染物数量，再根据人工防治（或削减）单位污染物所需的费用估算森林吸收污染物的价值。这种方法比较简单，采用频率较高（欧阳志云等，1999；成克武等，2000；张三焕等，2002；余新晓等，2005）。但是，这种方法的准确程度取决于单位面积森林吸收污染物能力和削减单位污染物成本。与面积—吸收能力法的不同是，实测法通过对被评估区森林生态系统的直接或间接测定来获取单株或单位面积吸收污染物的数量（刘厚田等，1988；陈自新等，1998；Yang et al.，2005）。这种方法比较准确客观，但是需要大量的时间和资金投入，操作起来比较复杂。

考虑到现有技术手段限制和资料获取的可能性，森林的空气净化价值适宜采用面积—吸收能力法和恢复费用法计算，公式为：

$$V_a = \sum_{i=1}^{n} \chi_i \cdot A_i \cdot P_i \quad (4\text{-}22)$$

式中，V_a 为森林吸收污染物价值，元；χ_i为森林吸收污染物的能力，kg/hm^2；A_i 为吸收污染物森林的面积，hm^2；P_i 为第 i 种单位污染物治理费用，元 /t。

（2）森林释放负氧离子服务

森林释放负氧离子服务多是采用空气离子测量仪进行测定，通过理论进行估算的研究很少。尽管《森林系统服务功能评估规范》推荐了森林释放负氧离子数量和价值的计算方法，思路是根据森林所处的立体空间和负氧离子浓度计算负氧离子数量，然后采用假设生产同等数量的负氧离子所需负氧离子发生器的费用作为其价值；不过这种方法在计算过程中既没有考虑无林地负氧离子的背景值，（在价值计算中）也忽略了负氧离子的存在寿命，而且负氧离子浓度和发生器的价格也需要根据评估地区的实际情况进行灵活选择。

对于森林释放负氧离子价值估算，本书采用《森林系统服务功能评估规范》的计算思路，即首先根据森林区与非森林区负氧离子浓度差异和森林生态系统的空间大小计算负氧离子数量，然后采用影子工程法，即生产同等数量的负氧离子所需的费用作为其价值，公式为：

$$Q_o = (\beta - \beta_0) \cdot A \cdot H \tag{4-23}$$

$$V_o = Q_o \cdot P / V \cdot \gamma \tag{4-24}$$

式中，Q_o为森林年释放负氧离子数量，个；β为森林负氧离子浓度，个 /cm^3；β_0为对照区负氧离子浓度，个 /cm^3；A 为森林面积，hm^2；H 为林木均高，m；V 为标准房间容积，m^3；γ为负氧离子发生器能力，个 /cm^3；P 为负氧离子发生器费用，元 / 个。

（3）森林吸收污染物服务差异

植物对污染物的吸收能力与植物种类以及叶面积、叶片质量（唐述虞，1986）等生长状况有关，根据北京市森林资源数据，选用森林类型、平均树高、平均胸径、林分郁闭度和健康状态 5 个指标来评价森林的生长状况，近似确定森林生态系统对污染物的吸收能力，其中各项指标分级标准见表 4.14。

表 4.14　北京市森林吸收污染物能力评价指标与分级

指标 \ 分值	1	0.8	0.6	0.4	0.2
森林类型	针叶林	针阔混交林	阔叶林	灌木林	
平均树高	＞16	10 ～ 15.9	7 ～ 9.9	4 ～ 6.9	＜4
平均胸径	＞20	14 ～ 20	10 ～ 14	8 ～ 10	＜8
林分郁闭度	＞0.8	0.7 ～ 0.8	0.6 ～ 0.7	0.4 ～ 0.6	0.2 ～ 0.4
健康状态	健康	亚健康	中健康	不健康	

注：除森林类型与健康状态指标外，其他指标按照公益林林分质量评价标准分级（赵惠勋等，2000）。

如果不考虑各项指标之间的重要程度，即赋予同等权重，那么森林吸收污染物能力综合指数与价值可以通过以下公式计算：

$$I_{gas} = \sum_{i=1}^{5} \lambda_i \cdot W_i \tag{4-25}$$

式中，I_{gas}为森林吸收污染物能力指数；λ_i为评价指标权重，取 1/3；W_i为每项评价指标相应分值。

$$V_{gas} = (I_{gas} \cdot A_i / \sum I_{gas} \cdot A_i) \cdot P \tag{4-26}$$

式中，V_{gas}为森林吸收污染物价值，元；A_i为森林面积，hm^2；P 为森林吸收污染物总价值，元。

（4）森林释放负氧离子服务差异

森林生态系统释放负氧离子能力受森林覆盖率、森林类型与组成结构、水体以及海拔高度的影响。本书主要关注森林结构差异所引起的负氧离子浓度差异，因此选用植被覆盖度、森林类型和群落结构 3 个指标评价北京市森林释放负氧离子的能力（表 4.15）。

表 4.15 北京市森林释放负氧离子评价指标与分级标准

指标 分值	1	0.6	0.2
植被覆盖度	35 ～ 60	7 ～ 35；＞ 60	＜ 7
森林类型	针叶林	针阔混交林	阔叶林
群落结构	完整结构	复杂结构	简单结构

考虑到 3 个评价指标的相对重要性还难以确定，因此本书赋予同等权重，每个森林小班释放负氧离子的能力与价值计算公式为：

$$I_{ne} = \sum_{i=1}^{3} \varepsilon_i \cdot W_i \quad (4\text{-}27)$$

式中，I_{ne}为森林释放负氧离子能力指数；ε_i为评价指标权重，取 1/3；W_i为每项评价指标相应分值。

$$V_{ne} = (I_{ne} \cdot A_i \cdot H_i / \sum I_{ne} \cdot A_i \cdot H_i) \cdot P \quad (4\text{-}28)$$

式中，V_{ne}为森林释放负氧离子价值，元；A_i为森林面积，hm^2；H_i为平均树高，m；P 为森林释放负氧离子总价值，元。

4.7.3 结果分析

（1）森林净化空气服务

由于北京市大气污染物主要是 SO_2 和可吸入颗粒物（于淑秋等，2002），本书仅对森林吸收 SO_2 和滞留灰尘服务进行评估。在参考国内研究成果的基础上，不同森林类型的污染物吸收能力和单位削减成本见表 4.16。根据森林资源调查数据，计算得到北京市森林每年可吸收 SO_2 6.39 万 t，滞留灰尘 902.88 万 t，其经济价值分别为 0.77 亿元和 13.54 亿元。

表 4.16 北京市森林生态系统吸收大气污染物能力与治理成本

吸收污染物		吸收能力 /［kg/（$hm^2 \cdot a$）］	削减成本 /（元 /t）
吸收 SO_2	阔叶林	88.65①	1 200④
	针叶林	215.6①	
	混交林	152.13②	
	灌木林	18.91③	
滞留灰尘	针叶林	33 200①	150④
	阔叶林	10 110①	
	混交林	21 655②	
	灌木林	4 460③	

注：①欧阳志云等（1999）；②取针叶林与阔叶林的平均值；③根据灌木林与乔木林滞尘能力比值计算得到，来自冯朝阳等（2007）；④来自中华人民共和国林业行业标准《森林生态系统服务功能评估规范》（LY/T 1721—2008）推荐价格。

根据邵海荣等（2005）对北京地区空气负氧离子浓度的测定，市区负氧离子浓度为200 ～ 400 个 /cm^3，有林地浓度为 700 ～ 1 200 个 /cm^3，因此森林生态系统负氧离子产生能力为 650 个 /cm^3（中间值），根据北京市森林资源数据计算得到每年可产生负氧离子 18×10^{18} 个（未考虑存在寿命）；目前市场有多种品牌的空气净化机，本书选用较为常见的水森活虹吸式空气清新机为例，释放负氧离子能力为 6×10^6 个 /cm^3，适用空间按标准房间 30 m$^2\times$2.5 m 计算，每台空气清新机释放负氧离子数量 4.5×10^{14} 个，此机器市场售价 365 元 / 台，功率 18 W，每天耗电 0.1 元，年消耗电费 36.5 元，机器使用寿命按 3 年计算，年均价格约 160 元；北京市森林年释放负氧离子数量相当于 40 134 台空气清新机，因此森林生态系统释放负氧离子价值为 642.15 万元。

北京市森林净化空气价值约为 14.37 亿元，主要表现在吸收滞留污染物价值上。随着森林疗养、森林养生等理念和活动的兴起，森林释放负氧离子作用将更加受到关注。

（2）*森林吸收污染物服务差异*

对北京市各区森林吸收污染物服务差异分析发现：各区森林吸收污染物能力相差不是很大，其中石景山区森林吸收污染物能力最高，其次为海淀区、朝阳区、延庆区和通州区，大兴区、怀柔区、平谷区、密云区和顺义区森林吸收污染物的能力一般，丰台区和房山区森林吸收污染物能力较低，而门头沟区森林吸收污染物能力最低；但是就森林吸收污染物价值来看，怀柔区森林吸收污染物总价值最高，其次为延庆区、密云区、房山区、门头沟区、昌平区和平谷区，大兴区、顺义区、通州区、海淀区和朝阳区以及丰台区森林吸收污染物价值较小，东城区、西城区森林吸收污染物价值最小（图 4.19）。

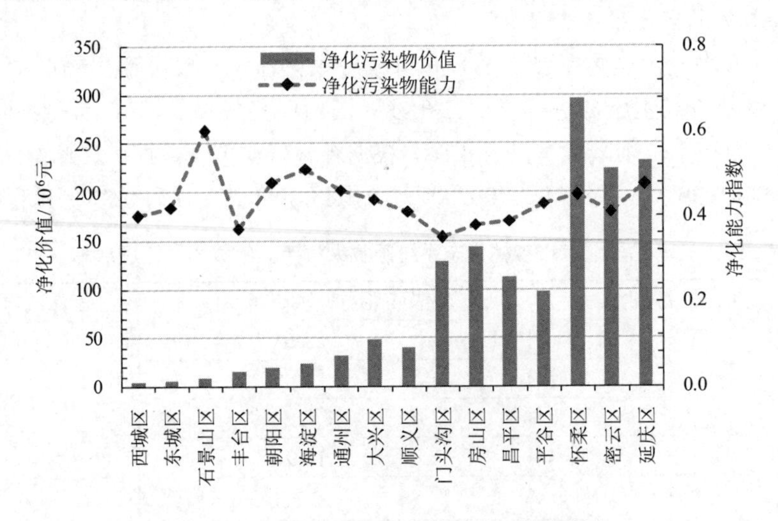

图 4.19 北京市不同区森林吸收污染物服务

对北京市不同海拔区森林吸收污染物差异分析发现：随着海拔高度的增加，森林吸收污染物能力先降低后升高，其中中山区森林吸收污染物能力最高，其次为平原区森林，丘陵区和低山区森林吸收污染物能力比较接近；不过森林吸收污染物的价值随着海拔升高表现出先升高后降低的趋势，其中丘陵区森林吸收污染物价值总量最大，其次为低山

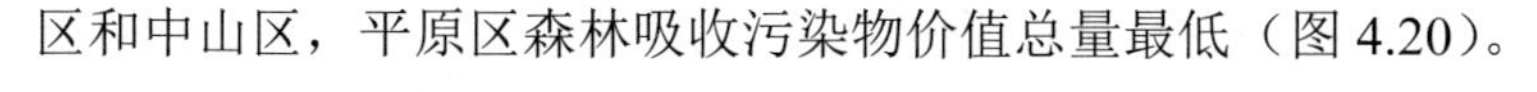

区和中山区，平原区森林吸收污染物价值总量最低（图 4.20）。

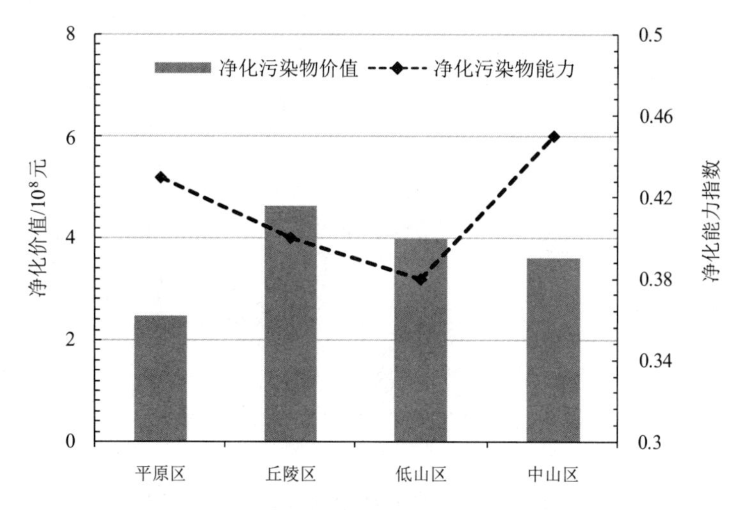

图 4.20　北京市不同海拔区森林吸收污染物服务

对不同坡度区森林吸收污染物服务分析发现：随着地形坡度的增加，森林吸收污染物能力表现出降低—升高—降低的趋势，其中平坡位置上的森林吸收污染物能力最高，其次为斜坡和陡坡位置的森林，位于急坡和缓坡上的森林吸收污染物能力较低，而险坡上森林的吸收污染物能力最低；从吸收污染物的总价值来看，陡坡上森林吸收污染物价值总量最大，其次为平坡和斜坡位置，缓坡和急坡森林吸收污染物的价值较小，险坡森林吸收污染物价值最小（图 4.21）。

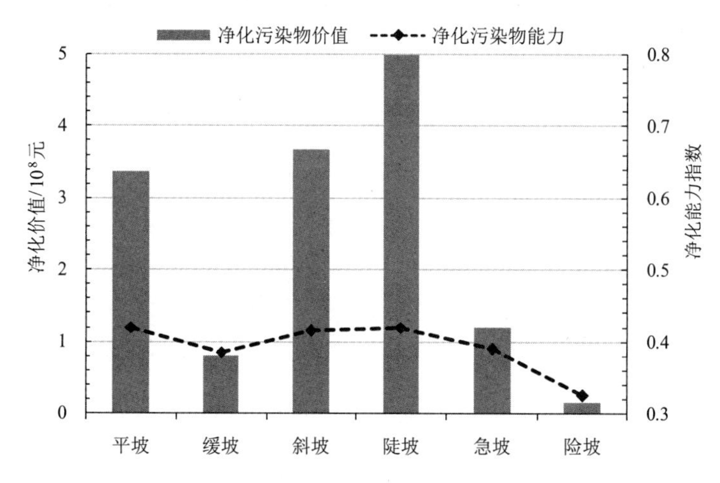

图 4.21　北京市不同坡度区森林吸收污染物服务

对比分析不同坡位森林吸收污染物差异发现：不同坡位森林吸收污染物能力相差不是很大，其中位于平地和全坡位置上的森林吸收污染物能力最高，其次为中坡位、上坡位、山谷和下坡位的森林，位于脊部的森林吸收污染物能力最低；从森林吸收污染物总价值来看，全坡森林吸收污染物总价值最大，其次为平地、上坡位、下坡位和中坡位，而山

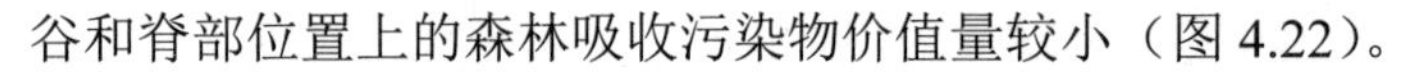
谷和脊部位置上的森林吸收污染物价值量较小（图 4.22）。

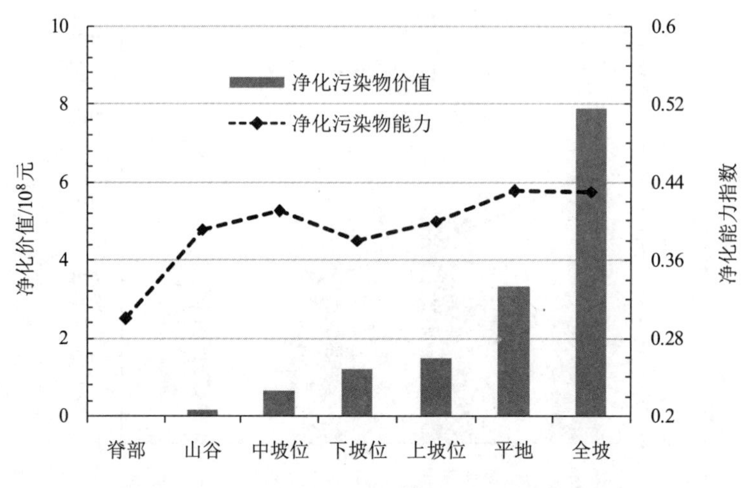

图 4.22　北京市不同坡位区森林吸收污染物服务

（3）*森林释放负氧离子服务差异*

对比不同区森林释放负氧离子服务发现：北京市不同区森林释放负氧离子能力差异较大，其中石景山区释放负氧离子能力最高，其次为密云区、平谷区和延庆区，海淀区、丰台区、门头沟区、房山区和昌平区森林释放负氧离子能力一般，而怀柔区、大兴区和顺义区森林释放负氧离子能力较低，通州区和朝阳区森林释放负氧离子能力最低；不过，密云区森林释放负氧离子总价值最大，其次为延庆区、怀柔区、门头沟区和房山区，大兴区、海淀区、顺义区、通州区和丰台区森林释放负氧离子价值较小，而东城区、西城区森林释放负氧离子的价值最小（图 4.23）。

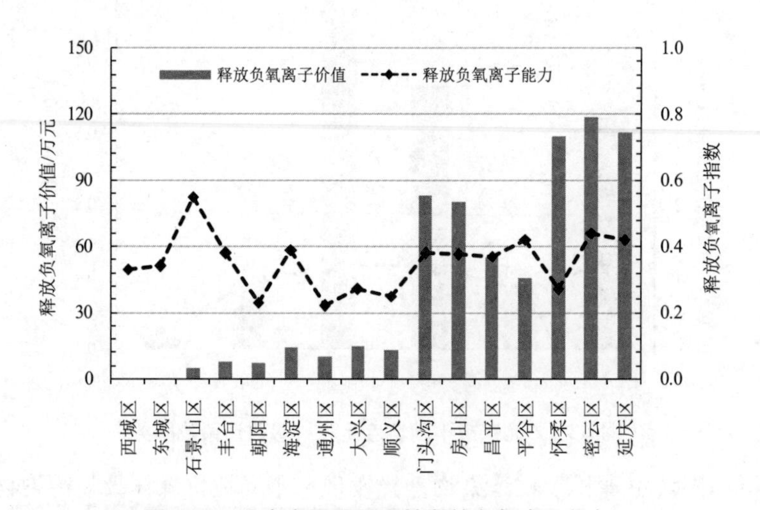

图 4.23　北京市不同区森林释放负氧离子服务

对比不同海拔区森林释放负氧离子服务发现：随着海拔高度升高，森林释放负氧离子能力呈先增加后降低趋势，其价值也表现出此规律，即丘陵区森林释放负氧离子服务最高，其次为低山区和中山区森林，平原区森林释放负氧离子服务最低（图 4.24）。

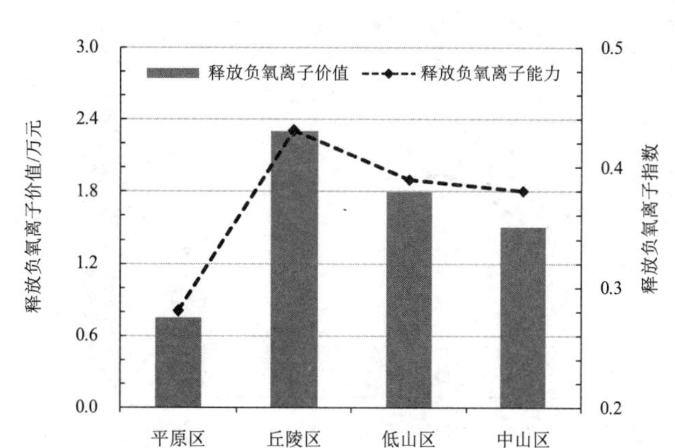

图 4.24　北京市不同海拔区森林释放负氧离子服务

对比不同坡度区森林释放负氧离子服务发现：随着地形坡度的增加，森林释放负氧离子能力逐渐升高到一个稳定值，其中位于斜坡位置的森林释放负氧离子能力最高，其次为陡坡、急坡和险坡位置的森林，位于缓坡的森林释放负氧离子能力较低，而平坡位置上的森林释放负氧离子能力最低；不过就森林释放负氧离子价值量来看，陡坡位置上森林释放负氧离子总价值最大，其次为斜坡和平坡位置的森林，缓坡和急坡上森林释放负氧离子价值较小，而险坡位置上森林释放负氧离子总价值最小（图 4.25）。

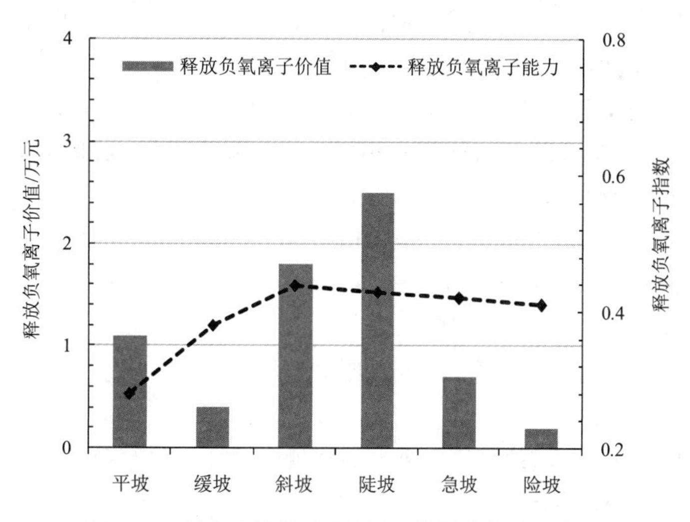

图 4.25　北京市不同坡度区森林释放负氧离子服务

对比不同坡位区森林释放负氧离子服务发现：位于中坡位森林的释放负氧离子能力最高，其次为上坡位、全坡、下坡位和脊部，位于山谷的森林释放负氧离子能力较低，而位于平地的森林释放负氧离子能力最低；不过从价值来看，全坡上的森林释放负氧离子总价值最大，其次为平地、上坡位、下坡位和中坡位，山谷森林释放负氧离子价值较低，而位于脊部的森林释放负氧离子价值量最低（图 4.26）。

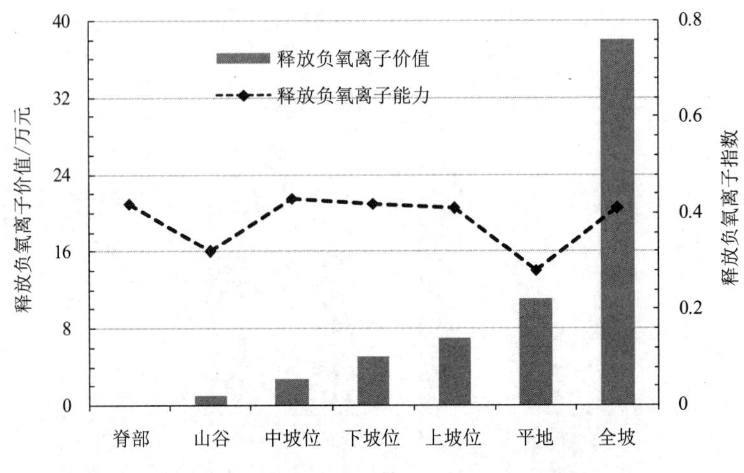

图 4.26 北京市不同坡位区森林释放负氧离子服务

参考文献

[1] 刘世荣，温远光，等 . 中国森林生态系统水文生态功能规律 [M]. 北京：中国林业出版社，1996.

[2] 陈东立，余新晓，廖邦洪 . 中国森林生态系统水源涵养功能分析 [J]. 世界林业研究，2005，18（1）：49-54.

[3] 余新晓，张志强，陈丽华，等 . 森林生态水文 [M]. 北京：中国林业出版社，2004.

[4] Putuhenu WM，Cordery I. Estimation of interception capacity of the forest floor[J]. Journal of Hydrology，1996，180：283-299.

[5] Jin Menggui，Zhang Renquan，Sun Lianfa，et al. Temporal and spatial soil water management：a case study in the Heilonggang region，Prchina[J]. Agricultural Water Management，1999，42：173-187.

[6] 张志强，王礼先，余新晓，等 . 森林植被影响径流形成机制研究进展 [J]. 自然资源学报，2001，16（1）：79-84.

[7] 李文华，何永涛，杨丽韫 . 森林对径流影响研究的回顾与展望 [J]. 自然资源学报，2001，16（5）：398-406.

[8] Vazken Andréassian. Water and forests：from historical controversy to scientific debate[J]. Journal of Hydrology，2004，291：1-27.

[9] 郭明春，王彦辉，于澎涛 . 森林水文学研究述评 [J]. 世界林业研究，2005，18（3）：6-11.

[10] Bonell M. Progress in the understanding of runoff generation dynamics in forests[J]. Journal of Hydrology，1993，150：217-275.

[11] 高甲荣，肖斌，张东升，等 . 国外森林水文研究进展述评 [J]. 水土保持学报，2001，15

（5）：60-75.

[12] Farley K A，JobbagyE G，Jackson P B. Effects of afforestation on water yield：a global synthesis with implications for policy[J]. Global Change Biology，2005，11：1565-1567.

[13] Chang，Mingtteh. Forest hydrology：an introduction to water and forests[M]. CRC Press. 2003.

[14] Molchanov A A. The hydrological role of forests. Israel Program for Sci. Translations，Jerusalem，Office of Tech. Services，US Dept. Commerce，Washington，DC，1963.

[15] 周国逸，余作岳，等 . 小良试验站 3 种生态系统水量平衡研究 [J]. 生态学报，1995，15（增刊 A 辑）：223-229.

[16] Lee Richard. Forest Hydrology[M]. USA Columbia University Press，1980.

[17] Tangtham N，Sutthipibul V. Effects of diminishing forest area on rainfall amount and distribution in North-East Thailand，in regional seminar on tropical forest hydrology，Sept. 4-9，Institute Penyelidikan Perhutanan Malaysia，Kuala Lumpur，Malaysia. 1989.

[18] 于静洁，刘昌明 . 森林水文学研究综述 [J]. 地理研究，1989，8（1）：88-98.

[19] 李贵玉，徐学选 . 对森林能否增加降水和年径流总量的再探讨 [J]. 西北林学院学报，2006，21（1）：1-6.

[20] 李文宇，余新晓，马钦彦，等 . 密云水库水源涵养林对水质的影响 [J]. 中国水土保持科学，2004，2（2）：80-83.

[21] Viles HA. The agency of organic beings：a selective review of recent work in biogeomorphology[A]//Thornes JB. Vegetation and erosion. John Wiley & Sons Ltd，1990：5-24.

[22] 周跃 . 植被与侵蚀控制：坡面生态工程基本原理探索 [J]. 应用生态学报，2000，11（2）：297-300.

[23] 关传友 . 论中国古代对森林保持水土作用的认识与实践 [J]. 中国水土保持科学，2004，2（1）：105-110.

[24] Bormann FH，Likens G E. Pattern and process in a forested ecosystem[M]. Springer-Verlag，1979.

[25] 雷瑞德 . 华山松林冠层对降雨动能的影响 [J]. 水土保持学报，1988，2（2）：31-39.

[26] 余新晓 . 森林植被减弱降雨侵蚀能量的数理分析 [J]. 水土保持学报，1988，2（2）：24-30.

[27] 王礼先，解明曙 . 山地防护林水土保持水文生态效益及其信息系统 [M]. 北京：中国林业出版社，1997.

[28] 周跃 . 乔木侧根对土体的斜向牵引效应：I 原理和数学模型 [J]. 山地学报，1999a，17(1)：4-9.

[29] 周跃 . 土壤植被系统及其坡面生态工程意义 [J]. 山地学报，1999b，17（3）：224-229.

[30] 吴钦孝，赵鸿雁，刘向东，等 . 森林枯枝落叶层涵养水源保持水土的作用评价 [J]. 土壤侵蚀与水土保持学报，1998，4（2）：23-28.

[31] 吴钦孝，赵鸿雁 . 植被保持水土的基本规律和总结 [J]. 水土保持学报，2001，15（4）：13-15.

[32] Dunne T. Field studies of hillslope flow processes[A]//Kirkby. Hillslope Hydrology. John Wiley & Sons，1978：227-294.

[33] Elliot W J. The effects of forest management on erosion and soil productivity[A]//Lal R. Soil quality and soil erosion. CRC Press，New York，1999：195-208.
[34] 何东宁，王占林，张洪勋 . 青海乐都地区森林涵养水源效能研究 [J]. 植物生态学报与地植物学报，1991，15（1）：71-78.
[35] 李勇，徐晓琴，朱显谟，等 . 植物根系与土壤抗冲性 [J]. 水土保持学报，1993，7（3）：11-18.
[36] Yang Jun，McBride J，Zhou Jinxing，et al. The urban forest in Beijing and its role in air pollution reduction[J]. Urban Forestry & Urban Greening，2005，3：65-78.
[37] Cowell F R. The Garden as a Fine Art：From Antiquity to Modern Times[M]. London，Joseph：1978.
[38] DeSanto R S，MacGregor K A，McMillen W P，et al. Open space as an air resource management measure，Vol. Ⅲ：Demonstration Plan. EPA-450/3-76-028b，US Environmental Protection Agency，St. Louis，Mo. 1976.
[39] Dochinger L S. Interception of airborne particles by tree plantings[J]. Journal of Environmental Quality，1980，9：265-268.
[40] 刘厚田，等 . 植物对二氧化硫的净化能力研究 [J]. 环境科学研究，1988，1（1）：45-50.
[41] 刘厚田，张维平，舒俭民，等 . 太原地区某些植物净化二氧化硫潜力的研究 [J]. 植物生态学与地植物学报，1988，12（3）：216-220.
[42] 陈自新，苏雪痕，刘少宗，等 . 北京城市园林绿化生态效益研究 [J]. 中国园林，1998，14(2)：51-54.
[43] 吴楚材，郑群明，钟林生 . 森林游憩区空气负离子水平的研究 [J]. 林业科学，2001，37（5）：75-81.
[44] 邵海荣，贺庆棠，阎海平，等 . 北京地区空气负离子浓度时空变化特征的研究 [J]. 北京林业大学学报，2005，27（3）：35-39.
[45] 王洪俊 . 城市森林结构对空气负离子水平的影响 [J]. 南京林业大学学报：自然科学版，2004，28（5）：96-98.
[46] 刘凯昌，苏树权，江建发，等 . 不同植被类型空气负离子状况初步调查 [J]. 广东林业科技，2002，18（2）：37-39.
[47] 王庆，胡卫华 . 森林生态学在小区绿化中的应用研究 [J]. 住宅科技，2005（2）：27-29.
[48] 方精云，柯金虎，唐金尧，等 . 生物生产力的"4P"概念、估算及其相互关系 [J]. 植物生态学报，2001，2（4）：414-419.
[49] Kimmins J P. Forest ecology[M]. New York：Macmillan，1987.
[50] Lieth H. Primary productivity of successional stages. Knapp R. Handbook of vegetation science. Ⅷ：Vegetation dynamics. The Hague：Junk. 1974.
[51] Barnes B V，Zak D R，Denton SR，et al. Forest ecology[M]. New York：John Wiley and Son，1998.
[52] Chapin FS，Matson PA，Mooney HA. Principles of terrestrial ecosystem ecology[M]. New

York：Springer-Verlag，2002.

[53] 杨洪晓，吴波，张金屯，等. 森林生态系统的固碳功能和碳储量研究进展 [J]. 北京师范大学学报：自然科学版，2005，41（2）：172-177.

[54] 周玉荣，于振良，赵士洞. 我国主要森林生态系统碳贮量和碳平衡 [J]. 植物生态学报，2000，24（5）：518-522.

[55] 马钦彦，陈遐林，王娟，等. 华北主要树林类型建群种的含碳率分析 [J]. 北京林业大学学报，2002，24（5/6）：96-100.

[56] 徐德应，张小全. 中国森林固碳潜力计算的理论与方法初探 [A]// 侯元兆. 森林环境价值核算. 北京：中国科学技术出版社，2002.

[57] 李意德，曾庆波，吴仲民，等. 我国热带天然林植被 C 贮存量的估算 [J]. 林业科学研究，1998，11（2）：156-162.

[58] 李意德，吴仲民，曾庆波，等. 尖峰岭热带山地雨林群落生产和二氧化碳同化净增量的初步分析 [J]. 植物生态学报，1998（22）：127-134.

[59] 黄富祥，王明星，王跃思. 植被覆盖对风蚀地表保护作用研究的某些新进展 [J]. 植被生态学报，2002，26（5）：627-633.

[60] Wasson R J，Nanninga P M. Estimating wind wind transport sand on vegetated surface[J]. Earth Surface Processes and Landforms，1986，11：505-514.

[61] 董治宝，陈渭南，李振山，等. 植被对土壤风蚀影响作用的实验研究 [J]. 土壤侵蚀与水土保持学报，1996，2（2）：1-8.

[62] Lancaster N，A Baas. Influence of vegetation cover on sand transport by wind：field studies and Owens Lake，California[J]. Earth Surface Processes and Landforms，1998，23：69-82.

[63] Findlater P A，D J Carter，W D Scott. A model to predict the effects of prostrate ground cover on wind erosion[J]. Australian Journal of Soil Research，1990，28：609-622.

[64] Leys J F. Towards a better model of the effect of prostrate vegetation cover on wind erosion[J]. Vegetation，1991，91：49-58.

[65] 张春来，邹学勇，董光荣，等. 植被对土壤风蚀影响的风洞实验研究 [J]. 水土保持学报，2003，17（3）：31-33.

[66] 张劲松，李洪."京九"铁路大兴段绿化模式动力效应的研究 [J]. 林业科学研究，2002，15（3）：317-322.

[67] 朱廷耀，关德新，周广新，等. 农田防护林生态工程学 [M]. 北京：中国林业出版社，2001.

[68] 王礼先，张志强. 森林植被变化的水文生态效应研究进展 [J]. 世界林业研究，1998，11（6）：14-23.

[69] 片冈顺. 水源林研究述评 [J]. 水土保持科技情报，1990（4）：44-45.

[70] 孙立达，朱金兆. 水土保持林体系综合效益研究与评价 [M]. 北京：科学出版社，1995.

[71] 王治国，等. 林业生态工程学——林草植被建设的理论与实践 [M]. 北京：中国林业出版社，2000.

[72] 刘世海，余新晓，胡春宏，等. 密云水库人工水源保护林降水再分配特征研究 [J]. 北京水利，2003（1）：14-16.

[73] 张理宏，李昌哲，杨立文. 北京九龙山不同植被水源涵养作用的研究 [J]. 西北林学院学报，1994，9（1）：18-21.

[74] 肖洋，陈丽华，余新晓，等. 北京密云水库油松人工林对降水分配的影响 [J]. 水土保持学报，2007，21（3）：154-157.

[75] 李校. 八达岭林场水源保护林生态功能评价研究 [D]. 保定：河北农业大学，2007.

[76] 李海涛，陈灵芝，等. 暖温带山地森林生态系统的水文学效应及降水化学研究 [A]// 陈灵芝，等. 暖温带森林生态系统结构与功能的研究. 北京：科学出版社，1997.

[77] 万师强，陈灵芝. 暖温带落叶阔叶林冠层对降水的分配作用 [J]. 植物生态学报，1999，23（6）：557-561.

[78] 高鹏，王礼先. 密云水库上游水源涵养林效益的研究 [J]. 水土保持通报，1993，13（1）：24-29.

[79] 周择福. 北京九龙山地山区不同立地土壤水分生态及综合评价的研究 [J]. 北京水利，1996（4）：28-33.

[80] 吴文强，李吉跃，张志明，等. 北京西山地区人工林土壤水分特性的研究 [J]. 北京林业大学学报，2002，24（4）：51-55.

[81] 于志民，王礼先. 水源涵养林效益研究 [M]. 北京：中国林业出版社，1999.

[82] 贾忠奎，马履一，徐程扬，等. 北京山区幼龄侧柏林主要林分类型土壤水分及理化特性研究 [J]. 水土保持学报，2005，19（3）：160-164.

[83] 刘晨峰. 北京地区杨树人工林能量与水量平衡研究 [D]. 北京：北京林业大学，2007.

[84] 贺庆棠. 气象学 [M]. 北京：中国林业出版社，1986.

[85] 李海涛. 暖温带山地森林生态系统的能量平衡及蒸发散研究 [A]// 陈灵芝，等. 暖温带森林生态系统结构与功能的研究. 北京：科学出版社，1997.

[86] 石培礼，吴波，程根伟，等. 长江上游地区主要森林植被类型蓄水能力的初步研究 [J]. 自然资源学报，2004，19（3）：351-360.

[87] 卢俊峰，马钦彦，刘世海，等. 北京密云油松人工林林冠降水截留特征研究 [J]. 北京林业大学学报，2005，27（增刊 2）：129-132.

[88] 韩富伟，张柏，宋开山，等. 长春市土壤侵蚀潜在危险度分级及侵蚀背景的空间分析 [J]. 水土保持学报，2007，21（1）：39-43.

[89] 赵忠海. 北京市密云水库北部地区土壤侵蚀情况的遥感调查 [J]. 地质灾害与环境保护，2005，16（4）：387-390.

[90] Lal R. Soil quality and food security: the global perspective[A]//La.R. Soil quality and soil erosion. New York：CRC Press，1999：3-15.

[91] Pimentel David，et al. Environmental and economic cost of soil erosion and conservation benefits[J]. Science，1995，267：1117-1123.

5 北京市绿地重要生态系统服务

5.1 绿地生态服务功能研究概述

5.1.1 城市雨水径流调控

随着城市化进程的加快，城区不透水面积急剧增加，改变了城市自然水循环。充分认识与发挥城市绿地调蓄雨水径流的积极作用，对于城市生态环境的改善和绿地资源的建设管理具有重要意义。

城市绿地调蓄雨水功能主要表现为暴雨径流的滞蓄和净化（张彪等，2011）。国外对城市绿色空间调蓄雨洪以及城市雨水管理的研究与实践起步较早，并充分认识到，城市绿地在增加雨水入渗（Roy et al.，2000）、控制暴雨径流（Shepherd，2006）、地下水补给（Connellan，2007）以及降低径流污染物（Deletic，2005）等方面具有重要作用。据Bernatzky（1983）研究发现，在植被覆盖的城市地区，只有5%～15%的降水形成地表径流，其余降水都被植被拦截；而没有植被的城市区域，大约降雨中的60%以地表径流的形式排到城市下水道。Gill等（2007）在大曼彻斯特（Greater Manchester）模拟研究表明，居民区绿地覆盖增加10%可减少地表径流的4.9%，再增加10%类似绿地覆盖，可减少地表径流的5.7%；而Barrett等（1998）发现高速公路两侧绿带可减少85%的悬浮物，31%～61%的总磷、总铅和总氮。为此，国外城市雨水管理不再是单纯的注重管道末端的快速排出雨水，而是转向雨水径流的综合化利用，尤其是通过发挥绿地控制雨水径流的功能实现雨水资源的综合管理，并制定开发了相关的政策与技术。比如美国的BMP（Best Planning Practices）、英国的SUDS（Sustainable Urban Drainage System）、澳大利亚的WSUD（Water Sensitive Urban Design）和新西兰的LIUDD（Low Impact Urban Design and Development）等一系列提高雨水利用的城市暴雨径流控制技术。作为世界上城市雨水利用最好的国家之一，德国的城市绿地雨水利用方式主要体现在两个方面：一是在城市绿地中建设雨水截污与渗透系统，二是在城市绿地中建设雨水利用系统。其MR系统（Mulden-Rigolen-System）就是通过在低洼草地中短期储存和在渗渠中长期储存，以保证尽可能多的雨水得以下渗。

为了应对城市内涝问题，国内学者在城市暴雨径流的管理方面也做了诸多研究和探索（侯立柱等，2004；朱春阳等，2008）。比如孟光辉等（2001）认为，下凹式绿地每年仅有2～3次暴雨产生溢流，绝大部分雨水径流蓄渗在绿地中，表现出很好的蓄渗效果；张思聪等（2003）采用绿地滞蓄雨水实验，模拟分析了北京绿地减少径流系数和削减暴雨径流峰值的作用；侯爱中等（2007）在北京市奥林匹克公园的研究表明，下凹式绿地和蓄水池可以有效削减洪峰，减小径流系数，从而增加雨洪资源利用量；田仲等（2008）发现，城市绿地降雨量、降雨强度与径流量存在一定关系，坡面绿地雨水径流的收集利用能力较大；此外，在高度城市化的上海市内，城市绿地系统具有良好的削减城市雨水径流总量和延缓雨水径流洪峰现时的调蓄效应（陈华等，2007；程江等，2008；聂发辉等，2008）。为此，张彪等（2011）利用北京建成区园林绿地调查数据和生态服务价值化手段，估算了绿地生态系统调蓄雨水的巨大经济潜力。这些研究为我国城市绿地调蓄雨水径流实践奠定了理论基础。

5.1.2 城市环境温度调节

全球气候变暖已是不争的事实（Oreskes，2004）。据联合国政府间气候变化专门委员会（IPCC）第五次评估报告，相对于1961—1990年，1880—2012年全球地表平均温度约升高0.85℃，而且未来全球气候变化对气候系统的影响仍将持续。与20世纪50年代相比，90年代我国城市热环境最大值上升了1.5℃，2000年以来上升了1.97℃（Huang，2009）。因此，如何应对未来气候变暖的风险，研究城市升温背景下的生态环境适应机制迫在眉睫。

早在1971年Federer就发现，城市植被能通过光合作用和蒸腾蒸散作用实现降温增湿，缓解城市热岛效应。而Bernatzky（1982）认为，蒸发才是绿地系统降温的主要原因，一小块城市绿地的降温幅度可达3～3.5℃。由于昼夜太阳辐射差异，绿地降温幅度也有所不同。比如Taha等（1991）研究发现，绿地内部白天温度比周边低6℃，夜间低3℃。近年来国内学者也开展了大量实验观测研究，并证实了绿地降温效应的存在（吴菲等，2007；刘娇妹等，2008；张明丽等，2008；苏泳娴等，2010）。张彪等（2012）在总结比较北京地区绿地降温观测结果发现，城市园林绿地降温幅度在0.8～4.8℃。

利用遥感影像反演地表气温和模型模拟是研究绿地降温效应的主要手段（冯海霞等，2009；刘艳红等，2009；程好好等，2009；苏泳娴等，2010）。比如Cheng等（2008）使用SPOT影像和NOAA AVHRR热红外影像发现，绿地内部水域附近气温最低，比建筑区温度低3～4℃，城区植被比建筑区低0.8～2℃。Imhoff等（2010）借助Landsat TM数据和MODIS影像，发现美国38个城区夏季阔叶林和混交林比裸地平均低8℃，植被覆盖地区比裸地低4.3℃。目前常用的城市绿地降温模型有建筑群热时间常数（Cluster Thermal Time Constant）及其改进模型，ENVI-met、中尺度气象模型PLAID、气象模式MC2、WRF模式系统等。Bass和Krayenhoff（2002）采用中尺度气象模式MC2模拟加拿大多伦多屋顶绿化的降温效果，发现若5%建筑应用绿色屋顶，多伦多城市温度将下降0.5℃。而国内采用相关模型进行绿地降温效果预测的研究并不多见。佟华等（2005）

采用计量流体动力学中尺度三维模型 MM5 模拟楔形绿地在缓解北京城市热岛中的作用。江学顶等（2007）采用该模型模拟珠江三角洲城市群的城市温度。

不同地区太阳辐射、大气湿度、风速等外界环境会影响城市绿地降温功能（Alexandri et al.，2008；Hamada et al.，2010）。太阳辐射和大气湿度是制约城市绿地降温作用的外界环境因素。另外，绿地结构或格局特征，比如绿地群落层次、树木阴影面积、绿地形状、宽度、面积比例以及绿化量等，对绿地降温效果也有明显影响（Whitford et al.，2001；Shashua-Bar & Hoffman，2004；Yu & Wong，2006）。近年来国内利用遥感影像与景观格局分析方法解析绿地降温功能与景观格局因素之间相关性研究较多（贾刘强和邱健，2009；应天玉等，2010；栾庆祖等，2014）。

此外，城市绿地降温功能只在一定距离范围内发挥作用。早在 1990 年 Jauregui 等就证实，墨西哥 Chapultepec 公园的降温效应能影响公园边界外 2 km（公园宽度）。而 Katayama 等（1993）在福冈市观测发现，公园降温功能可影响公园边界外 50 m 的环境温度。Shashua-Bar 等（2000）发现，宽度 60 m 的城区绿地降温距离可达 100 m 左右。栾庆祖等（2014）利用 TM 遥感影像反演温度，分析发现北京主城区绿地斑块对周边 100 m 范围内建筑具有降温效应。此外，不同观测时间和不同类型绿地，其降温功能影响距离也有所差异。

5.1.3 生态环境质量改善

城市绿地对城市环境质量有显著的改善作用，能够提高城市居民的健康和生活质量。比如城市绿色空间可以吸收 CO_2 生产 O_2、净化空气和水、调节小气候、涵养水源和保持水土、降低噪声等。国外城市尤其关注绿地对城市环境质量改善的作用，Avissar（1996）研究表明，植被能显著地影响城市区域的风、温度、湿度和降水，在城市规划中如果规划适当，绿色空间可以抵消城市发展中人类活动产生的负效应等。从 1998 年起，American Forests 已对美国的 Atlanta、New Orleans、Washington DC、Metro Area、Houston 等将近 20 个城市进行了城市生态系统分析的工作，研究内容除了对空气质量、城市暴雨径流、碳吸收、碳贮存以及减少能源消耗的常规研究外，还涉及对野生动物栖息地的研究。城市绿色空间是维持和保护生物多样性的重要场所，特别对鸟类更是如此。Savard（2000）研究表明，城市生态系统中生物多样性的提高对城市居民生活质量有正面影响，并提出提高鸟类生物多样性的规划、设计和管理方案。Mortberg 和 Wallentinus（2000）在瑞典首都斯德哥尔摩不同生境鸟类调查发现，绿地空间廊道是生物多样性的重要场所。

在环境健康影响价值评估方面，蔡春光等（2007）用条件价值评估方法对北京市空气质量改善产生的健康效益进行了评估。结果表明，北京市居民每户的平均最大支付意愿为 652.33 元 /a，居民健康总经济效益现价为 61.08 亿～ 75.41 亿元，占北京市国内生产总值的 0.88% ～ 1.09%。后来，蔡春光（2009）将空气污染健康损失的条件价值法和人力资本评估法进行了比较，并以北京市为例进行了实证研究。结果表明，2005 年北京市空气污染降低 50% 的健康效益用人力资本法为 21.83 亿元，而采用条件价值法为 108.91 亿元。

不过，城市绿地生态环境功能与绿地的类型和空间分布密切相关。不同类型的绿地在维持生物多样性、改善环境、维持群落稳定性等方面具有一定的差异。如陈自新等（1998）研究表明：北京不同类型的绿地其生态效益差别很大，公共绿地的综合生态效益最高，其次是单位附属绿地、道路绿地和居民绿地，最差的是片林。城市绿地绿量对其生态服务功能有着直接影响。吴菲等（2006）选择北京紫竹院公园 4 块不同绿量的乔灌草型绿地为研究对象，通过测定分析，得出了不同绿量的园林绿地水平温度、垂直温度、水平湿度和垂直湿度的变化规律，并探讨了绿量及乔灌草绿量比对环境温度、湿度的改善作用。上海市率先开展了关于城市绿量的研究，周坚华（2001）提出了“绿化三维量”的概念，即绿色植物茎叶所占据的空间体积，随后又提出了以彩红外航片和计算机模拟技术来测算绿量的一套理论和方法。

5.1.4　促进房产增值

早在 19 世纪上半叶，公园促使邻近地区房产价格升值的观点就已存在并受到重视，尤其在经济学和房产领域开展了大量实证研究（Des Rosiers et al.，1999）。Payne（1973）发现美国阿默斯特（Amherst）周围有树木的房产要比没有树木的房产售价平均高出 7%；Anderson 和 Cordell（1988）调查了美国雅典（Athens）1978—1980 年 844 个房产交易数据，发现树木景观能提升附近房价 3.5% ～ 4.5%；而 Crompton（2001）综合对比了美国公园绿地影响房产价值的 30 多个案例，结果发现城市绿地对周围房产的增值系数在 8% ～ 20%。在荷兰的兰斯台德（Randstad），Luttik（2000）收集了 8 个镇区 1989—1992 年近 3 000 个房屋交易数据，采用享乐价格模型评价了环境景观对房价的影响。结果表明，优美景观的确能提升房价，其中水景能促进房价增值 8% ～ 10%，绿色开敞空间能增值 6% ～ 12%。在加拿大魁北克（Quebec），Theriault 等（2002）搜集分析了 1993—2001 年多项房产属性数据（包括 640 位购房者的问卷调查、成交价格、植被特征调查、社会经济特征、户口调查以及到绿地距离），利用享乐价格法分析发现，树木对房价的影响受购房者的社会经济特征影响，高收入小区树木能促进房价增值 4% ～ 15%。还有，CabeSPACE（2005）选取英国 8 个城市公园研究公园绿地与房产价值关系，发现公园对房产价值的增值效应在 7.3% ～ 11.3%。

国内开展绿地资源对房产价值影响的研究相对较晚，主要集中在大型公园绿地。如王德等（2007）对上海 210 个住宅实际成交价格做了定量分析，结果表明，有黄浦江视线的住宅总价高 33.96%，约 38 万元，有公园视线的住宅总价高 17.86%，约 20 万元。钟海玥等（2009）采用特征价格法分析了武汉南湖景观对周边住宅价值的影响。结果表明，在 700 m 范围内，到南湖公园的距离每减少 100 m，房产价值增加 5.65%；石忆邵和张蕊（2010）以上海黄兴公园绿地为例，综合运用市场比较法、特征定价法和多元回归分析法，研究了公园绿地对住宅价格的时空影响效应。结果发现，随着距公园绿地的距离增加，其增值幅度下降，最大影响半径为 1.59 km；此外，基于 1 471 个房产交易案例，Jim 和 Chen（2010）采用享乐价格法评估了香港社区公园对房产价格的影响，发现社区公园对房产价值的增值系数可达到 16.88%。

总体来看，尽管不同地区不同研究案例得出的结论差异较大，但是大多数研究证实，城市绿地能促进附近房产价格增值，其增值系数集中分布在 5% ～ 20%（张彪等，2013）。但是也有个别案例不支持这一观点。比如在美国图森（Tucson）的研究表明，临近繁忙区域中心和街区公园的房产价格分别下降 79 美元和 457 美元，相比之下，大块自然保留地和野生生境分别提高房价 65 美元和 345 美元（Shultz et al.，2001）；Theriault 等（2002）在加拿大魁北克（Quebec）的研究证实，低收入社区内树木对房产价值的影响为负效应。还有研究表明，规划设计或管理不善的绿地对房产增值效果不明显，甚至存在负面影响。例如，Mooney 和 Eisgruber（2001）在美国波特兰（Portland）的研究发现，尽管城市滨水区的树木缓冲带有助于提高环境质量，但是遮挡了滨河景观视线，反而使周边的房产价格下跌 3%。

5.1.5 休闲游憩景观服务

景观质量是绿地景观美学评估的基础。国外对景观质量评价研究起步较早，在评价方法上形成了目前较为公认的四大学派：专家学派、心理物理学派、认知学派（或称心理学派）和经验学派（也称现象学派）（俞孔坚，1987）。专家学派认为凡是符合形式美的原则的风景都具有较高的风景质量，强调形体、线条、色彩和质地四个基本元素在决定风景质量时的重要性，并以“丰富性”“奇特性”“统一性”等原则作为评价指标，也有以生态学原则作为评价依据（Litton，1968；Magill，1986）。利用专家学派进行风景评价工作的一般由少数专业人员来完成，美国、加拿大等国的土地管理部门、林务部门及交通部门多采用专家途径进行风景评价（俞孔坚，1986）。心理物理学派则把“风景—审美”的关系看作是“刺激—反应”的关系，以群体普遍的审美趣味作为衡量风景质量的标准，通过心理物理学的信号检测方法，制定一个反映“风景—美景度”的关系量表，测定公众对风景的审美态度，然后将其同风景要素间建立定量化的数学关系模型——风景质量估测模型（Daniel，1976；Buhyoff，1980）。认知学派把风景作为人的认识空间和生活空间来理解，强调风景对人的认识及情感反应，试图用人的进化过程及功能需求解释对风景的审美过程。此学派较为代表性的理论和模型有“瞭望—庇护”理论、“风景审美模型”、“情感 / 唤起”反应理论（俞孔坚，1987）。经验学派则用历史的观点，以人及其活动为主体来分析景观的价值，对景观本身并不重视（Lowenthal，1977）。

国外非常注重城市绿地的休闲娱乐价值。早在 20 世纪 70 年代，美国学者已对城市公园的娱乐价值进行了研究（Darling，1973）。Dwyer（1989）对城市休闲区的树木进行了居民支付意愿调查。Erkip（1997）对土耳其首都安卡拉的公园及其休闲服务功能以及用户特点进行了研究和评价，指出附近公园和娱乐设施的使用由个人收入水平和离公园的距离所决定。Tyrväinen 和 Vaananen（1998）用意愿调查评估法对芬兰 Joensuu 的 3 个森林公园的休闲游憩价值进行评估，调查问卷的结果显示，超过 2/3 的居民愿意为公园的休闲游憩功能付费，3 个森林公园的休闲游憩价值介于每年 435 万～ 858 万芬兰币。

在景观游憩价值方面，贺征兵（2007）运用 CVM 评估了太白山国家森林公园的景观游憩价值，结果表明，2004 年太白山森林公园的游憩价值为 5 242 万元。但在方法的选择上，相当数量的学者将条件价值法和旅行费用法相结合，如肖平（2007）、刘亚萍（2006）分别对中山陵风景名胜区和武陵源风景区的游憩价值进行了评估，其研究结果分别为 15.94 亿元和 29.46 亿元。

5.2 雨水调节功能评估

5.2.1 概念界定

城市人口的快速增加和城市规模的不断扩张，使得城区面积不断扩大，经过人工改造的城市下垫面不透水面积急剧增加，强烈改变了自然水分循环过程，促使城市地区的生态、经济以及社会因素发生复杂变化，主要表现在城区排水压力增大，地下水来源补给减少以及地表径流携带污染物等。降雨带来的水文和水质问题对城市水体的影响越来越大。

绿地在减少城区暴雨径流、节省市政排水设施以及净化雨水等方面具有重要作用。在植被覆盖的城市地区，只有 5% ～ 15% 的降水形成地表径流，其余降水都被植被拦截，而没有植被的城市区域，大约降雨中的 60% 以地表径流的形式排到城市下水道（Bernatzky，1983）；Gill 等（2007）在大曼彻斯特（Greater Manchester）的模拟表明，居民区绿地覆盖增加 10% 可减少地表径流的 4.9%，再增加 10% 类似绿地覆盖，可减少地表径流的 5.7%。高速公路两侧绿带可减少 85% 的悬浮物，31% ～ 61% 的总磷、总铅和总氮（Barrett et al.，1998）。

目前正在建设世界城市的北京，不仅人口高度集中，建成区面积不断扩大，而且地下水位明显下降，面临严重水资源紧缺和城区洪涝灾害增加的困境。城市硬化地表的增加和单一的雨洪管理方式，不仅容易造成城市排水压力加大，雨水资源白白流失，而且经常携带城市地表污染物进入地表水体。近年来，城区只要 2 ～ 3 h 出现 80 ～ 100 mm 降水，就出现多处内涝。据 1985—1997 年统计，扣除过境水量，多年平均汛期径流出境水量约 7.13 亿 m^3，其中大部分为城市产生的地表径流。而城市地区的洪水过程，其主体部分主要由地表径流形成。有资料表明，北京市主城区排水河道其洪峰流量比 20 世纪 50 年代大 3 ～ 4 倍。

因此，充分利用雨水资源成为缓解城市缺水和改善环境的有效手段。叶水根等（2001）认为，下凹式绿地（下凹 50 ～ 100 mm）每年仅有 2 ～ 3 次暴雨产生溢流，绝大部分雨水径流蓄渗在绿地中，表现出很好的蓄渗效果；侯爱中等（2007）在北京市奥林匹克公园的研究表明，下凹式绿地和蓄水池可以有效削减洪峰，减小径流系数，从而增加雨洪资源利用量。田仲等（2008）研究表明，城市绿地降雨量、降雨强度与径流量存在一定关系，坡面绿地雨水径流的收集利用能力较大。

5.2.2　评估方法

（1）绿地滞蓄雨水功能量

城市绿地调蓄雨水径流的功能主要表现为暴雨发生时雨水径流的滞蓄和净化。城市绿地对雨水的滞蓄能力受土壤性质、土壤水分特性、饱和导水率、降雨特性等方面的影响。土壤渗透性是描述土壤入渗快慢的重要土壤物理特征参数，在其他条件相同情况下，土壤渗透性能越好，地表径流越少。根据数据实际获取情况，采用不同地区年降雨量与各类绿地土壤稳渗率参数评估绿地调蓄径流量，计算公式为：

$$W=\sum_{i=1}^{n}\alpha_i\cdot(1-r_i)\cdot R_i\cdot A_i\cdot 10^{-3} \tag{5-1}$$

式中，W为绿地年调蓄雨水径流量，m^3/a；α_i为土壤渗透性参数，见表5.1；r_i为不同绿地径流系数；R_i为不同地区年降水量，mm；A_i为绿地图斑面积，m^2。

表 5.1　北京市不同绿地类型土壤渗透性参数

绿地类型	土壤渗透率 /（mm/min）	土壤渗透性参数
公共绿地	8.25	0.82
道路绿地	3.95	0.39
居住区绿地	10.09	1
附属绿地	8.23	0.82
防护绿地	7.38	0.73
生产绿地	8.7	0.86

注：参考自马秀梅（2007）。

（2）绿地滞蓄雨水价值量

城市化发展迅速，使排水河道防洪负担成倍增加。而绿地生态系统可以有效阻挡降水、延迟降雨在地表积聚的时间，减少地表径流流量和推迟洪峰形成的时间，并削减洪峰流量，减少暴雨冲毁房屋建筑、排水设施以及其他市政基础设施造成的损失以及维修费。因此，城市绿地相当于绿色水库，不仅能够有效减少地表径流外排量，而且能够增加降雨向土壤水的转化量，有效补给地下水。同时，在绿地滞蓄雨洪时，会有部分悬浮物随雨水进入土壤中滞留下来，土壤对雨水能起到一定程度的净化作用。侯立柱等（2006）研究表明，绿地径流的电导率、高锰酸钾指数、硫酸盐、氯化物等指标都低于其他下垫面的径流，说明绿地对其有净化作用，部分污染物在降雨过程中已随下渗雨水进入土壤。天然降水、绿地径流和屋面径流水质较好，基本能达到地表水Ⅴ类水水质标准，绿地径流水质虽属Ⅴ类标准，但与Ⅲ类标准相比，仅有氨氮超标。根据北京市中水水质标准，绿地净化后的径流水质与中水大体相同，因此绿地滞蓄雨水与净化水质的价值可以采用水库造价和中水价格分别作为相应的影子价格，其计算公式如下：

$$V = \sum_{i=1}^{n} W_i \cdot (P_1 + P_2) \qquad (5\text{-}2)$$

式中，V 为绿地调蓄雨水径流价值，元 /a；W 为第 i 个绿地图斑的调蓄雨水径流价值，元 /a；P_1 和 P_2 分别表示北京地区水库的造价和中水的价格，元 /m^3。

5.2.3　结果分析

（1）市域绿地滞蓄雨水服务

根据北京市水资源公报数据，2014 年北京市降水量 448 mm，其中平谷区降水量最大，为 578 mm；门头沟区最小，为 342 mm。北京地区绿地径流系数为 0.1，硬化地表径流系数为 0.8（殷社芳，2009）。计算得到，2014 年北京城市绿地生态系统调蓄雨水径流 2.03 亿 m^3，约合单位面积绿地调洪净污 2 494 m^3/hm^2，绿地对雨水径流的调蓄作用不可忽视。据研究（吴勇和苏智先，2002），我国城市森林单位面积涵养水源 3 000 m^3/hm^2，考虑到北京地区植被蒸发散量较大，加上林草结构植被可能比森林结构涵养水源能力差些，间接说明该结果基本可信。根据文献资料，目前北京地区水库造价 7.73 元 /m^3（Zhang et al.，2010），中水价格为 1 元 /m^3（刘婕和储媚，2007），计算得到北京城区园林绿地年调蓄雨水径流价值 17.72 亿元，约合 2.18 万元 /hm^2。

（2）各区绿地滞蓄雨水服务

从不同地区来看，北京各区绿地调蓄雨水功能存在差异较大。其中以朝阳区最强，其绿地调蓄雨水量高达 4 130 万 m^3；海淀区次之，为 3 481 万 m^3；其次为顺义区、丰台区和通州区绿地调蓄雨水功能量较大；门头沟区最低，仅为 181 万 m^3。但从单位面积绿地调蓄能力来看，西城区城市绿地最强，达 2 790 m^3/hm^2，东城区次之，石景山区、朝阳区和海淀区绿地的雨水调蓄能力均较高，而怀柔区、门头沟区、房山区等园林绿地调蓄雨水能力较低，延庆区最差，仅为 1 850 m^3/hm^2（图 5.1），这主要与不同区园林绿地组成结构有关，北京城区园林绿地群落结构复杂，乔灌草搭配完整，有助于提高单位面积绿地的雨水调节能力；而郊区园林绿地注重大面积景观草坪建设，群落结构相对简单，制约了绿地雨水调蓄功能。

不同地区绿地调蓄雨水径流价值主要受其面积影响。北京市绿地资源主要集中分布在朝阳区、海淀区和顺义区，绿地面积占到北京市绿地的 45.7%。其中，朝阳区绿地年调蓄雨水总价值为 3.61 亿元，贡献了 20% 的调蓄雨水价值，其次为海淀区和顺义区，其调蓄雨水价值分别为 3.04 亿元和 2.12 亿元，占到了绿地调蓄雨水总价值的 17% 和 12%。其余区绿地提供的雨水调蓄价值较小（图 5.1）。不过，从单位绿地面积调蓄雨水价值来看，东城区、西城区绿地单位面积调蓄雨水价值最大，均为 2.4 万元 /hm^2，其他区绿地单位面积调蓄雨水价值分布在 2 万元 /hm^2 左右，而延庆区、怀柔区和昌平区绿地单位面积调蓄雨水价值较低。

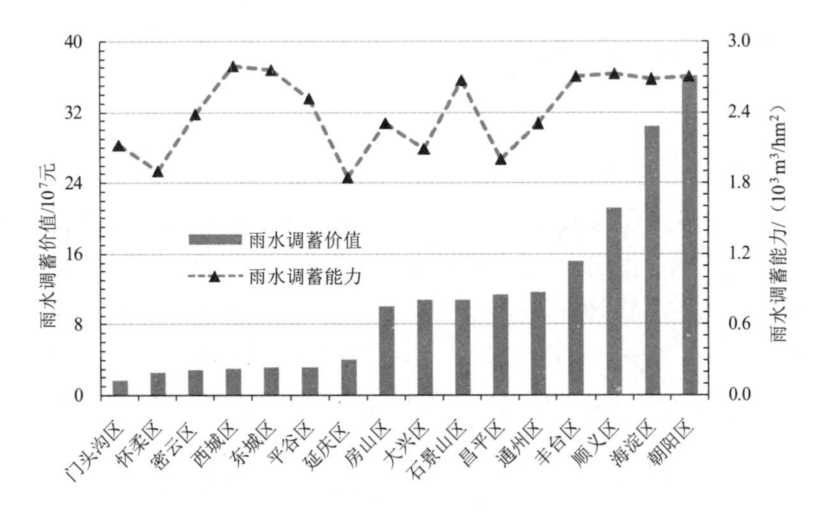

图 5.1 北京各区绿地资源的雨水调蓄功能

（3）不同类型绿地滞蓄雨水服务

不同类型绿地对雨水调蓄作用差异较大。公园绿地调蓄雨水总量最大，年滞蓄雨水 6.32×10^7 m³；防护绿地和居住区绿地次之，分别为 4.46×10^7 m³ 和 4.18×10^7 m³；生产绿地最低，为 0.42×10^7 m³。不过，从单位面积绿地雨水调蓄能力来看，居住区绿地最高，公园绿地、防护绿地和生产绿地次之，道路绿地最弱（图 5.2）。

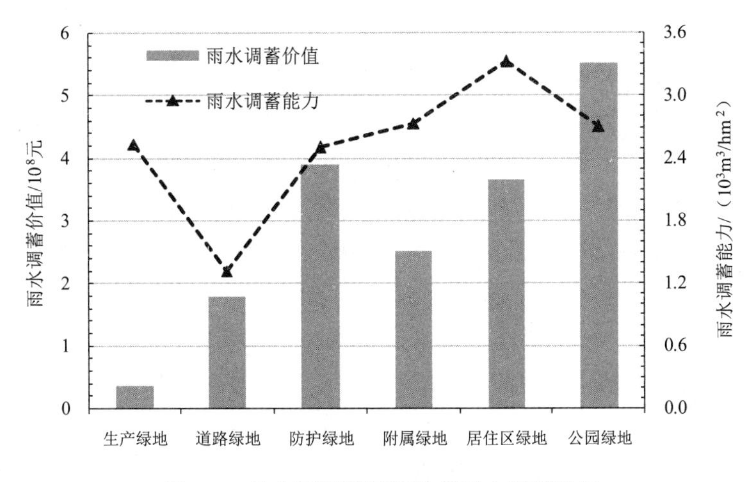

图 5.2 北京不同类型绿地的雨水调蓄服务

不同绿地类型的雨水调蓄价值也不同。2014 年北京市公园绿地调蓄雨水价值最大，达 5.52 亿元，防护绿地和居住区绿地年调蓄雨水价值分别为 3.89 亿元和 3.65 亿元，附属绿地和道路绿地调蓄雨水价值较小，分别为 2.51 亿元 /a 和 1.78 亿元 /a，而生产绿地调蓄雨水价值最小，为 0.37 亿元 /a（图 5.2）。不过，从单位绿地面积调蓄雨水价值来看，居住区绿地最高，为 2.9 万元 /hm²；其次为附属绿地和公园绿地，单位面积调蓄雨水价值均为 2.4 万元 /hm²，而道路绿地单位面积调蓄雨水价值最低，为 1.15 万元 /hm²。

5.3 蒸腾降温功能评估

5.3.1 概念界定

随着城市化建设步伐的加快，以热岛效应为代表的热环境变化成为影响城市生态环境质量的重要因素，尤其在夏季，高温已经严重影响了人们的正常生活。研究资料表明，北京夏季城区平均气温比郊区高 3 ～ 4℃，北京热岛效应已经到了相当严重的程度。2000 年夏季，北京市持续高温时间超过一周，最高气温曾高达 42℃，一度成为华北乃至全国高温中心之一（李延明，2005）。乔灌木紧密的树冠层虽能透过太阳照射的大部分热能，但因树叶反射的热能比硬质物质表面反射的热能要多，加之植物光合作用消耗部分有效太阳辐射，同时其蒸腾作用又消耗太阳辐射的能量，使城市绿地具有良好的调温功能。绿色植物的固有生理特征对城市空气湿度、空气流动与风速也有明显的作用。因此，城市绿地的降温增湿作用明显，有助于改变城市内部的小气候环境（郭伟等，2008）。由于绿地蒸腾降温效果主要体现在夏季高温时期，且降温与增湿效应同属于植物蒸腾过程，因此，本书重点研究城市绿地的夏季蒸腾降温功能。

在北京元大都遗址公园开展的绿地夏季温湿效应研究表明（刘娇妹等，2008），在夏季高温时段，绿地的温度随覆盖率的增加而降低，乔灌草复合型绿地的降温增湿效应好于草坪。因此，合理的绿化结构及植物配置能使城市园林绿地较好地发挥夏季降温增湿效应，有助于改善城市热环境，减缓城市热岛效应。

5.3.2 评估方法

（1）降温能力测定

为准确掌握北京不同绿地类型降温增湿的作用，于 2010 年 7 月 20 日—8 月 2 日采用温湿度仪（德国产 TESTO 608H1）对北京市绿地进行实地测定。选择马甸公园、元大都遗址公园、紫竹院公园绿地作为样地，以及相应空旷地作为对照点，环境温度连续测定时间为 9:00—17:00，每隔 2 h 每个地点每种绿地类型两次重复。测定高度为距地面 1.3 m，测定的绿地类型包括水域、乔木林、乔草、乔灌、乔灌草、灌木林、竹丛、草坪。

测定研究表明，不同绿地类型的降温效果差异明显（图 5.3 至图 5.5），白天降温范围为 0.35 ～ 12.85℃，但大部分时刻不同绿地类型的降温范围平均为 3.5℃左右。这一结果与前人研究绿地能够降温 2 ～ 5℃基本一致。同时还发现，有一定的乔木比例的绿地类型，其降温效果明显高于草坪和水域，这可能与乔木树冠大且绸密、叶面积大、蒸腾作用强烈有关。

（2）降温吸热功能量

根据北京地区绿地降温增湿效果的实际测定，同时结合其他研究成果（陈自新等，1998），采用株数—面积能力法计算北京城区园林绿地吸热降温功能量，公式如下：

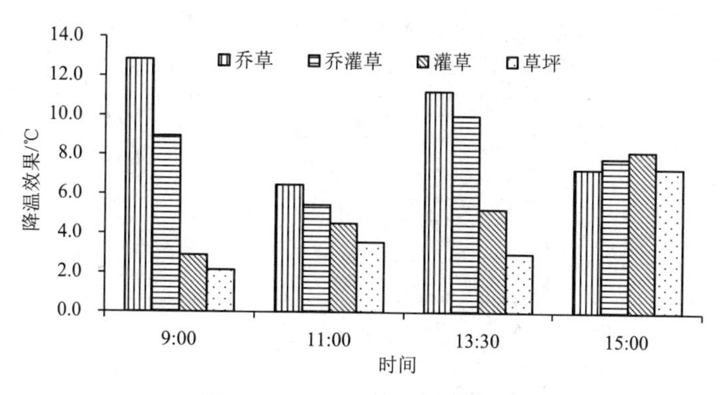

图 5.3 马甸公园不同绿地降温效果

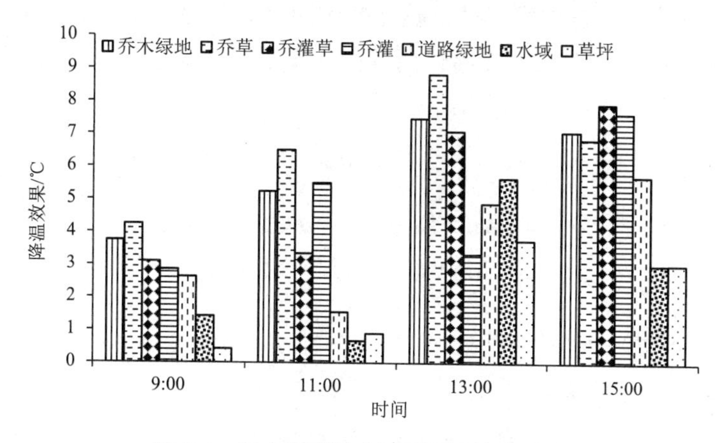

图 5.4 元大都遗址公园不同绿地降温效果

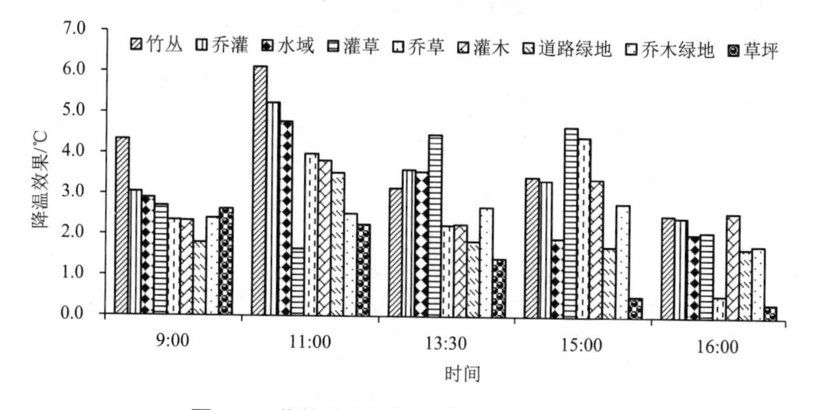

图 5.5 紫竹院公园不同城市绿地降温效果

$$Q_{\mathrm{t}} = \sum_{i=1}^{n} Q_i \times N_i \times D_{\mathrm{k}} \tag{5-3}$$

式中，Q_{t}为城区绿地每年高温期蒸腾吸热量，kJ；Q_i为乔灌木（单株）或草坪（1 m^2）日平均蒸腾吸热量，kJ/d，见表 5.2；N_i为各绿地斑块内乔灌木株数（单株）或草坪面积（m^2）；D_{k}为北京夏季高温期（按照每年夏季 6 月、7 月和 8 月共 90 天测算）。

表 5.2 北京城区园林绿地日蒸腾吸热与蒸腾水量系数

植被类型	株数（株）/ 面积（m^2）	蒸腾吸热 /（kJ/d）
落叶乔木	1	706.6
常绿乔木	1	586.8
灌木类	1	31.95
花竹类	1	7.88
草坪	1	21.92

数据来源：陈自新等（1998）。

（3）蒸腾降温价值量

城市绿地夏季降温功能减缓了城市热岛效应的危害，提高了人居环境的舒适度。根据费用支出法，如果将城市绿地降温作用等同于夏季居民空调制冷所带来的舒适环境，即可估算绿地夏季降温价值，计算公式如下：

$$V_t = \sum_{i=1}^{n} 2.778 \times 0.5 \times 10^{-4} \times Q_t \quad (5\text{-}4)$$

式中：V_t 为城区绿地夏季降温价值，元；Q_t 为北京城区绿地蒸腾吸热量，kJ；0.5 为电费单价，0.5 元 /（kW · h）；2.778×10^{-4} 为能量转换系数，1 kJ = 2.778×10^{-4} kW · h。

5.3.3 结果分析

（1）市域绿地蒸腾降温服务

估算结果表明，北京城区绿地夏季吸热降温效果显著，总蒸腾吸热量达 4.20×10^{12} kJ，平均单位绿地面积每天蒸腾降温增湿量分别为 57.5 kJ/m^2。价值测算结果表明，北京城区园林绿地蒸腾降温价值为 5.84 亿元，约合单位绿地面积提供蒸腾降温价值 1.03 万元 /hm^2。不过需要注意的是，城市绿地不仅能够通过蒸腾吸热过程降低周围环境温度，林冠遮阴和植被覆盖对居住环境和地表气温也有明显影响，尤其是高温季节高大乔木的遮阴效应对于提高人体舒适感有重要意义。

（2）各区绿地蒸腾降温服务

从北京市各区城区园林绿地降温效果来看，朝阳区绿地蒸腾吸热量最高，为 11.02×10^{12} kJ；其次为海淀区和丰台区绿地，降温吸热总量均在 5.5×10^{12} kJ 左右；延庆区绿地降温吸热量最低，为 1.79×10^{11} kJ；不过，从单位面积绿地降温吸热效果来看，门头沟区绿地单位面积蒸腾吸热能力最高，为 143.38 kJ/（m^2 · d），其次为怀柔区、平谷区和房山区绿地，单位面积降温吸热能力分别为 113.52 kJ/（m^2 · d）、103.14 kJ/（m^2 · d）、101.79 kJ/（m^2 · d），顺义区绿地单位面积降温吸热能力最小，仅为 10.49 kJ/（m^2 · d）（图 5.6）。

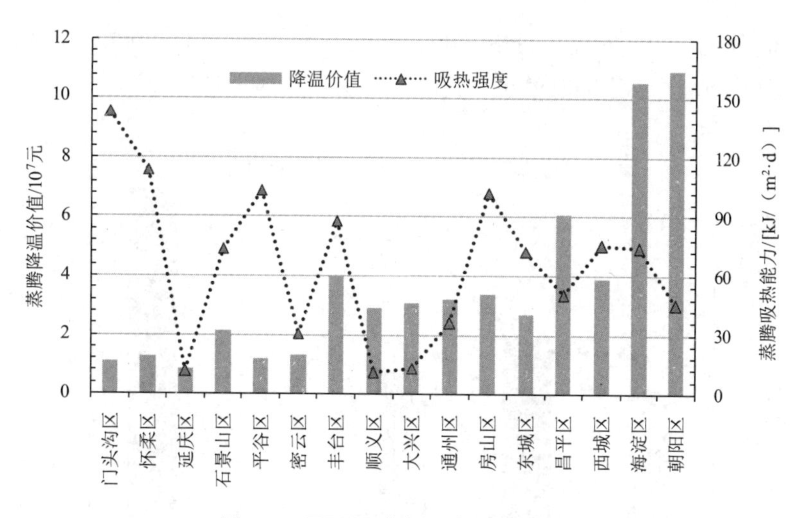

图 5.6　不同区城市绿地的降温服务

测算绿地蒸腾降温服务价值发现，不同区绿地降温服务价值差异明显。朝阳区和海淀区园林绿地夏季降温服务价值最高，分别为 1.09 亿元和 1.05 亿元；其次为昌平区、丰台区和西城区，园林绿地夏季降温服务价值分别为 0.61 亿元、0.40 亿元和 0.38 亿元；怀柔区、密云区、平谷区、门头沟区等其他区园林绿地降温服务价值较低，延庆区城市绿地夏季降温服务价值最小，仅为 0.08 亿元（图 5.6）。

（3）不同类型绿地降温吸热服务

北京城区不同绿地类型降温吸热效果差异明显（表 5.3），附属绿地蒸腾吸热量最高，为 14.16×10^{11} kJ；防护绿地次之，为 12.71×10^{11} kJ，生产绿地最低，为 2.09×10^{11} kJ。不过，从单位面积绿地降温吸热能力来看，生产绿地蒸腾吸热量最高，为 144.18 kJ/（$m^2\cdot d$）；其次为附属绿地和防护绿地，其蒸腾吸热量均为 70 kJ/（$m^2\cdot d$）左右；公园绿地单位面积绿地降温吸热能力并不高，为 34.21 kJ/（$m^2\cdot d$）（表 5.3）。

表 5.3　北京市不同绿地类型降温增湿效果

绿地类型	蒸腾吸热总量 /10^{11} kJ	单位面积吸热量 / [kJ/（$m^2\cdot d$）]
道路绿地	5.72	39.86
防护绿地	12.71	72.2
附属绿地	14.16	77.64
公园绿地	7.32	34.21
生产绿地	2.09	144.18
总计	42.01	57.5

从不同绿地类型来看，附属绿地降温服务价值为 2.22 亿元，其次为防护绿地、公园绿地和道路绿地，夏季降温服务价值分别为 1.33 亿元、1.12 亿元和 1.04 亿元，生产绿地降温服务价值最小，仅为 0.14 亿元（图 5.7）。从单位面积绿地降温服务价值来看，公园绿地最高，为 121.74 元 /（$hm^2\cdot d$），其次为附属绿地、防护绿地和道路绿地，单位面积

降温服务价值分别为 97.76 元 /（hm^2 · d）、75.22 元 /（hm^2 · d）和 72.13 元 /（hm^2 · d），生产绿地单位面积降温服务价值最小，为 52.07 元 /（hm^2 · d）。

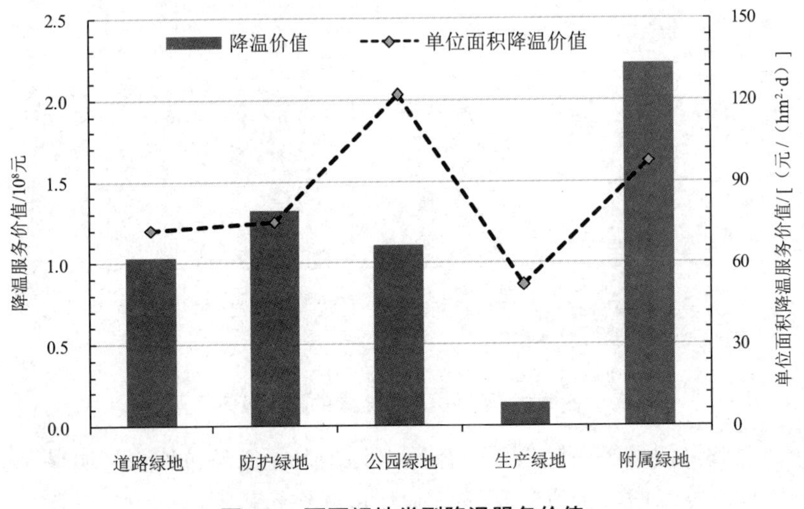

图 5.7 不同绿地类型降温服务价值

5.4 噪声控制服务评估

5.4.1 概念界定

噪声是一种无形的环境污染。噪声干扰人们正常的工作、睡眠和娱乐，甚至会影响人们的心理和生理健康。据研究，噪声在 50 dB 以下，对人没有什么影响；50 dB 时开始影响脑力劳动；当噪声达到 70 dB，对人会有明显危害（肖笃宁等，1997）。噪声干扰还能引起其他疾病，如神经官能症、心跳加速、心律不齐、血压升高、冠心病和动脉硬化等。绿地对噪声具有明显的降低作用，其原理主要是通过植物体对声波的吸收、反射和衍射等作用实现的。具体地说，主要通过以下四个方面的协同作用：当声波入射到植物体特别是叶片时，植物体具有屏障效应，导致声波的反射和衍射衰减；部分声波能被植物体吸收，并使植物体产生阻尼振动，转化为植物体的固有振动频率，导致声衰减；绿地土壤和地被植物能反射和吸收低频声波，产生声衰减；绿地形成的小气候导致温度、湿度的梯度变化也会产生声衍射（张庆费等，2004）。孙翠玲（1982）对北京市绿化减噪效果研究发现，绿化植被有明显的降噪效果，采用复层窄带多重（1 ～ 3 带）的绿化实体能起到减噪 5 ～ 15 dB 的效果，并且绿化实体的树种配置、结构和宽度等结构因子是减噪的主要影响因素。

5.4.2 评估方法

（1）绿地降噪能力测定

为准确量化北京市不同组成结构绿地对噪声的实际削减效果，于 2010 年 6 月 10—13 日在北京市主要交通道路选择 12 个样点（表 5.4），采用对比测量法进行了实地测定。首先根据道路绿地结构分为乔木类、灌木类、草坪类以及乔灌草四类，每类按绿地宽度分为 0 ～ 10 m、10 ～ 20 m、20 ～ 30 m、30 ～ 40 m 以及 40 m 以上五个级别，并在每个绿地宽度级别处选择合适样点进行实测，同时在附近空旷的水泥垫面上等距离处选取空白对照观测点，两者之差为净衰减值，然后计算降噪比例，即净衰减值 / 噪声源值。测量仪器为国产 HS5618 型脉冲式精密声级计，选择积分采集模式，每 20 min 读取 L_{eq} 值作为一个有效结果。测量时距地面高度为 1.2 m，并以球形泡沫防风罩套护。

表 5.4 绿地降噪实验样点概况

编号	地点	纬度 /(°)	经度 /(°)	噪声源	绿地结构
1	奥体公园	40.00	116.38	大屯路	草坪类
2	朝阳公园东 2 门	39.95	116.48	东四环	乔灌草
3	朝阳公园东 4 门	39.95	116.48	东四环	乔木类
4	朝阳公园	39.95	116.48	东四环	乔灌草
5	元大都遗址公园	39.97	116.39	北土城西路	乔木类
6	奥体公园	40.00	116.38	北辰西路	草坪类
7	北土城	39.98	116.39	北土城东路	草坪类
8	北土城	39.98	116.39	北土城东路	乔灌草
9	万秀园	39.96	116.37	北土城西路	乔灌草
10	马甸公园	39.97	116.37	八达岭高速	乔木类
11	海淀公园	39.98	116.29	万泉河快速路	乔木类
12	海淀公园	39.98	116.29	万泉河快速路	灌木类

实际测定不同结构与宽度道路绿地的降噪能力见表 5.5 和图 5.8。结果表明，每种绿地对噪声都有一定削弱作用，净衰减值介于 0.62 ～ 9.23 dB（A），而相对降噪值为 0.90% ～ 13.26%。从绿地结构来看，乔灌草结构绿地降噪能力最强，在不同宽度上均高出其他绿地结构 0.91% ～ 7.01%，且随着宽度的增加而降噪明显；其次为乔木类和灌木类，不过乔木类要好于灌木类，然而宽度在 20 m 和 30 m 时，灌木类略好于乔木类，可能是由于高大乔木的枝下高超过观测高度 1.2 m，距离较近时无明显障碍物，削弱噪声能力不及丛生的灌木类，而随着宽度的增加，其高大的枝叶部分开始发挥作用；草坪类降噪能力最差，远远低于其他结构。从绿地宽度来看，不同绿地结构的降噪能力都随着宽度的增加而增加，其中乔灌草结构绿地增加最快，宽度每增加 10 m，其相对降噪能力平均增加 2.49%，灌木类和乔木类其次，分别为 1.98% 和 1.83%，而草坪类最慢，平均只有 1.48%。

表 5.5 不同结构道路绿地降噪能力

绿地类型	绿地宽度 /m									
	噪声净衰减值 /dB（A）					相对降噪值 /%				
	10	20	30	40	＞40	10	20	30	40	＞40
乔木类	1.56	2.02	2.48	4.66	6.65	2.24	2.90	3.56	6.69	9.56
灌木类	0.99	2.22	3.12	4.30	6.49	1.42	3.19	4.48	6.17	9.32
草坪类	0.62	0.92	1.55	2.19	4.74	0.90	1.32	2.23	3.15	6.80
乔灌草	2.29	3.48	3.75	7.07	9.23	3.29	4.99	5.39	10.16	13.26

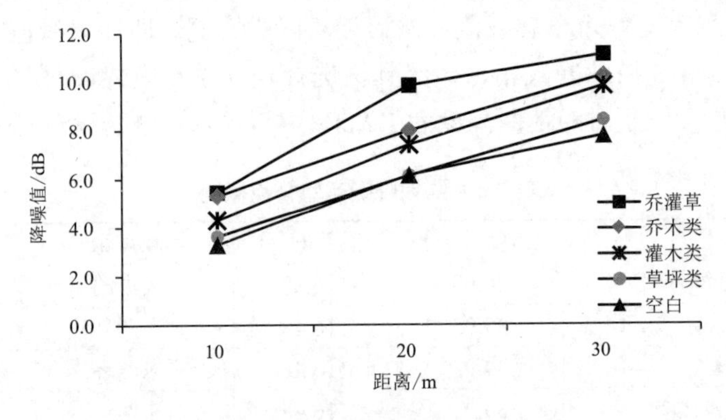

图 5.8 北京市不同绿地结构降噪效果

（2）绿地降噪服务测算

北京城市噪声主要表现为道路交通噪声和生活噪声，而生活噪声的噪声源、传播途径和接受点都比较复杂，所以本书重点评估绿地对交通道路噪声的削减作用。采用绿地长度 - 宽度降噪能力法，根据不同绿地结构类型、宽度以及相应降噪能力，评估主要道路绿地降低噪声值，计算公式如下：

$$F_n = \sum_{i=1}^{n} \gamma_i \times L_i \tag{5-5}$$

式中，F_n 为道路绿地降低噪声数，dB（A）；L_i 为道路绿地长度，m；γ_i为北京市不同绿地结构降噪能力值，dB（A）/m；由北京市 2014 年城区道路平均噪声值 [69.8 dB（A）] 乘以相对噪声系数得到（表 5.6）。

表 5.6 北京市不同绿地类型降噪能力　　单位：dB（A）/m

绿地类型	宽度 /m				
	10	20	30	40	＞40
乔木类	1.56	2.02	2.48	4.66	6.65
灌木类	0.99	2.22	3.12	4.30	6.49
草坪类	0.62	0.92	1.55	2.19	4.74
乔灌草	2.29	3.48	3.75	7.07	9.23

道路绿地降低噪声价值采用影子工程法，即以高速路旁建设隔声墙的成本替代计算。据报道，隔声墙的特殊材质能反射和吸收部分噪声，可降低 70% ～ 80% 的噪声。参考《森林生态系统服务功能评估规范》（LY/T 1721—2008），建设 4 m 高的隔声墙成本为 400 元 /m，道路绿地削减噪声价值即为减少同等噪声分贝数的隔声墙费用，计算公式如下：

$$V=(W/\beta)\cdot P \tag{5-6}$$

式中，V 为道路绿地削减噪声价值，元 /a；W 为道路绿地降低噪声总分贝数，dB（A）；β 为隔声墙降噪能力，dB（A）/m；P 为隔声墙建设成本，元 /m。

5.4.3 结果分析

（1）市域绿地降噪服务

北京市道路绿地年削减噪声 9.35×10^7dB（A）。其中，乔灌草型道路绿地年削减噪声 8.69×10^7 dB（A），占到绿地削减噪声功能的 93%，是北京市绿地降噪服务的主体；其次为乔木类绿地和灌木类绿地，二者年削减噪声分别为 652 万 dB（A）和 7 万 dB（A）；草坪类绿地削减噪声最少，为 1 820 dB（A）。北京市单位面积绿地降噪能力约为 2 万 dB（A）/hm^2，其中乔灌草降噪能力最高，为 2.35 万 dB（A）/hm^2，其次为乔木类和灌木类，分别为 8 049 dB（A）/hm^2 和 1 306 dB（A）/hm^2，草坪类最少为 1 261 dB（A）/hm^2（表 5.7）。

表 5.7　北京市不同结构园林绿地年降噪总量及降噪能力

绿地结构	草坪类	灌木类	乔灌草	乔木类	合计
降噪量 /dB（A）	1.82×10^3	7.26×10^4	8.69×10^7	6.52×10^6	9.35×10^7
单位面积降噪量 / [dB（A）/hm^2]	1.261×10^3	1.31×10^3	2.35×10^4	8.05×10^3	2.04×10^4

北京市城区道路绿地年降噪价值为 7.18 亿元。其中，乔灌草绿地削减噪声服务的价值最高，为 6.62 亿元 /a；其次为乔木类绿地，其削减噪声价值为 4 968 万元 /a；灌木类绿地年削减噪声价值 55 万元 /a；草坪类绿地降噪价值最少，仅为 1.39 万元 /a。北京市单位面积绿地降噪价值平均为 15.60 万元 /（$hm^2\cdot a$）。其中，乔灌草结构绿地削减噪声价值最大，为 17.91 万元 /（$hm^2\cdot a$）；其次为乔木类和灌木类，其单位面积降噪价值分别为 6.13 万元 /（$hm^2\cdot a$）和 1 万元 /（$hm^2\cdot a$），草坪类绿地单位面积降噪价值为 0.96 万元 /（$hm^2\cdot a$）（表 5.8）。

表 5.8　北京市不同绿地结构年降噪价值

绿地结构	草坪类	灌木类	乔灌草	乔木类	合计
降噪价值 /（万元 /a）	1.39	55.32	66 237.08	4 968.30	71 762.09
单位面积降噪价值 / [万元 /（$hm^2\cdot a$）]	0.96	1	17.91	6.13	15.60

（2）区绿地降噪服务

从不同区来看，海淀区道路绿地削减噪声功能最大，每年削减道路噪声 1 620 万 dB（A），其次为朝阳区道路绿地年削减噪声 1 390 万 dB（A），西城区道路绿地年降噪 999 万 dB（A），而门头沟区道路绿地削减噪声最少，仅有 184 万 dB（A）。从不同区单位面积道路绿地降噪能力来看，西城区道路绿地降噪能力最高，平均为 699 万 dB（A）/hm^2；其次为门头沟区和东城区，其道路绿地降噪能力分别为 555 万 dB（A）/hm^2 和 515 万 dB（A）/hm^2；通州区道路绿地降噪能力最低，仅为 0.84 万 dB（A）/hm^2（图 5.9）。

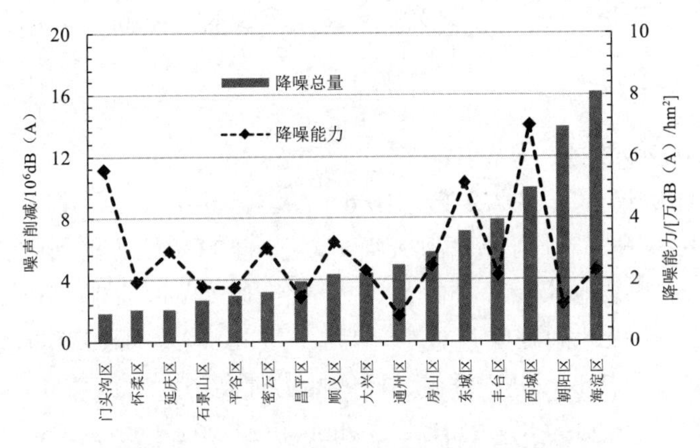

图 5.9　北京市不同区园林绿地噪声削减功能

从不同区道路绿地降噪价值来看，海淀区道路绿地削减噪声价值最高，年降噪价值为 1.23 亿元；其次为朝阳区道路绿地，年降噪价值 1.06 亿元；西城区、丰台区和东城区道路绿地削减噪声价值分别为 0.76 亿元 / a、0.6 亿元 /a 和 0.55 亿元 / a；门头沟区道路绿地削减噪声价值最少，仅为 1 398 万元 /a。不过，从单位面积绿地削减噪声价值来看，西城区道路绿地降噪价值最高，为 53. 24 万元 /（ hm^2 · a）；其次为门头沟区道路绿地，为 42.30 万元 /（hm^2 ·a）；通州区单位面积道路绿地降噪价值最小，仅为 6.42 万元 /（hm^2 ·a）（图 5.10）。

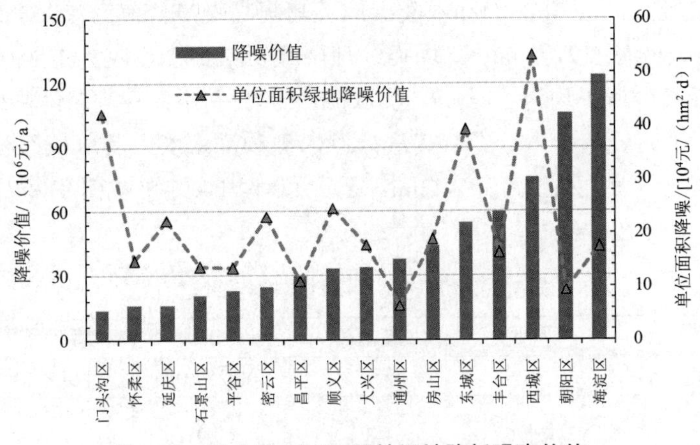

图 5.10　北京市不同区园林绿地降低噪声价值

5.5 防灾避险功能评估

5.5.1 概念界定

城市绿地尤其是公园绿地，由于具有较大的规模、相对完善的设施和内部建筑密度较低的特征，能够有效发挥防灾避险的功能，从而成为应急避险的良好场所（齐瑜，2005）。日本早在1986年就提出把城市公园绿地建成具有避难功能的场所，1993年进一步修订《城市公园法》，明确提出了“防灾公园”的概念；1998年制定了《防灾公园规划和设计指导方针》，将防灾列为城市公园的首要功能（李洪远和杨洋，2005）。1976年7月28日，北京地区为预防唐山地震余震的影响，有关部门将城市居民疏散到公园、城市绿地、林荫绿带、体育场，震后经抽样调查，疏散到公园、城市绿地、林荫绿带的城市居民约176.6万人（不含疏散到各种体育场的人员），其中仅陶然亭公园、天坛公园、中山公园三大公园接纳疏散群众达到17.4万人，陶然亭公园安置疏散居民6万人（杨文斌，2004）。2003年10月，北京市建成第一所防灾公园——北京元大都城垣遗址公园。它拥有39个疏散区的避难所，具备了应急避难指挥中心、应急避难疏散区、应急供水装置、应急供电网、应急简易厕所、应急物资储备用房、应急飞机坪、应急消防设施、应急监控和应急广播等10种应急功能（陈亮明和章美玲，2006）。截至2008年，北京市地震应急避难场所累计达33个，面积为510万m^2。

5.5.2 评估方法

从历史上来看，北京是一个自然灾害频发的城市。北京市、天津市和河北部分地区共同构成的首都圈是我国的主要地震活动区之一，未来不排除发生破坏性地震的可能。随着北京城市化进程的发展，城市空间逐渐被楼房、道路等挤占，加之人口数量的剧增，人口密度不断加大，一旦发生灾害性事件，人们将处于“无处可逃”的危险境地。城市绿地尤其是公园绿地，在灾害发生时，可以作为避难场所，具有典型的防灾避险功能。考虑到附属绿地一般距建筑物较近，在灾害发生时有倒塌的危险，不适合作为避险绿地，而生产绿地和防护绿地距居住区较远，因此，本书重点评估公园绿地的防灾避险服务。

（1）公园绿地防灾避险服务半径

不同类型公园绿地因其规模、设施、距居民区的距离的不同，发挥的防灾避险功能和服务范围不同。日本关于避险绿地区域给出了明确分级，比如距居民区最近的附属绿地、居住公园作为紧急避险时人们站立和人员疏散使用，距居民区稍远，步行10 min可以到达的公园作为躲避灾难的临时简易帐篷的搭建地，规模较大的市级、区域级公园作为灾后恢复期过渡性住宅场地。而一个城市的基本防灾避险体系至少包含“三圈一带”的基本结构，即临时避险圈、区域避险圈和广域避险圈以及防灾绿带，不同等级规模的城市绿地正是这一圈层结构的框架和重要组成部分（表5.9）。

表 5.9 城市基本防灾避险体系与绿地的对应关系

防灾场地种类	使用时间	到达时间及服务半径	规模要求	主要功能	对应绿地类型
临时避险圈	灾害发生时至数小时内	步行 5 min 之内，300 ～ 500 m	1 hm^2 以上，人均 1 ～ 2 m^2	人员紧急逃离、疏散、站立	小区游园、街旁绿地
区域避险圈	灾害发生数天至数周内	步行 10 ～ 20 min	10 hm^2 以上，不少于 4 hm^2/人	人员疏散、临时帐篷搭建、医疗救助、防灾据点	区域性公园、居住区公园等
广域避险圈	灾害发生数月及更长	1 000 ～ 2 000 m	50 hm^2 以上，10 ～ 12 hm^2/人	过渡性住所搭建、医疗、消防、警察、信息据点	全市性公园
防灾绿带	贯穿灾害发生		宽度在 20 m 以上	救援输送、消防通道、防止火势蔓延	带状公园、道路（河岸）绿地

根据城市基本防灾避险体系与绿地的对应关系，可以设定北京市不同类型公园绿地防灾避险服务半径（表 5.10）。

表 5.10 北京市不同类型公园绿地的防灾避险服务半径

绿地中类	绿地小类	主要防灾避险功能	防灾避险服务半径 /m
综合公园	全市性公园	过渡性临时住所搭建、医疗救助、消防、警察、救灾指挥中心	1 500
	区域性公园	临时帐篷搭建及维持基本生活空间、医疗救助、区域性的据点	1 000
社区公园	居住区公园	简易帐篷搭建、人员疏散	500
	小区游园	人员紧急撤离、疏散	300
专类公园		人员疏散、救灾物质集散	500
带状公园		人员疏散、避险通道	500
街旁绿地		人员紧急撤离、疏散	300
隔离地区生态景观绿地		防火、隔离有毒有害物质	300
其他公园绿地		人员站立及疏散	300

（2）公园绿地防灾避险服务面积

北京城区公园绿地防灾避险功能量评估首先筛选出可作为防灾避险的绿地面积，一般而言，作为防灾避险的绿地面积应在 1 hm^2 以上，宽度大于 20 m（李树华，2010）；然后借助 ArcGIS 的缓冲区分析工具，评价这些防灾避险绿地所覆盖的地域范围，计算公式为：

$$F_i = \sum_{i=1}^{n} \text{buffer}(r_i) \tag{5-7}$$

式中，F_i为公园绿地防灾避险的服务面积，hm^2；r_i为具有防灾避险功能绿地的覆盖半径，m。

（3）公园绿地防灾避险服务价值

公园绿地提供的防灾避险服务为城市居民提供了应急避难场所，保障了居民的生命安全，也相当于为居民提供了一份人身意外保险。因此，采用影子价格法，用居民用于人身意外保险的费用支出来衡量绿地的防灾避险服务，计算公式为：

$$V_{\mathrm{d}} = \sum_{i}^{n} \left(F_i \times p_i\right) \times \delta \tag{5-8}$$

式中，V_{d}为北京市公园绿地提供的防灾避险价值，元；F_i为北京城区公园绿地防灾避险服务面积，hm^2；p_i为不同防灾避险服务区的人口密度，人 /hm^2；δ为北京市居民每人每年的人身意外保险费，元 /（人 · a）。

5.5.3　结果分析

（1）市域绿地防灾避险服务

根据北京建成区园林绿地调查数据，在各种类型的公园绿地面积扣除其中的不宜作为避险用地的部分，如水域面积、建筑占地面积等，同时排除绿地宽度小于 20 m 且规模小于 1 hm^2 的绿地，得到北京市可用于防灾避险的绿地面积为 1.68 万 hm^2。运用 ArcGIS 中的 buffer 工具，以不同类型公园绿地防灾避险服务半径为缓冲区距离，得到各自对应避险服务范围，缓冲区域重合的部分采用 merge 工具进行融合，最后使用 Union 工具提取整个缓冲区域，缓冲区不包括绿地本身。结果表明，北京城区公园绿地可为 11.45 万 hm^2 地域范围的居民提供防灾避险服务。根据 PICC（中国人民财产保险股份有限公司）等保险公司不同保险项目及费用标准，城市居民每年的人身意外保险费约为 100 元 / 人，计算得到北京城区公园绿地的防灾避险价值为 6.11 亿元。

（2）各区绿地防灾避险服务

从各区公园绿地防灾避险服务面积来看，朝阳区公园绿地防灾避险服务面积最大，为 2.36 万 hm^2，其次为海淀区和顺义区，其公园绿地防灾避险服务面积分别为 1.45 万 hm^2 和 1.05 万 hm^2，门头沟区公园绿地提供的防灾避险面积最小，仅为 2 191 hm^2，这主要与不同区公园绿地面积有关（图 5.11）。

从各区来看，朝阳区公园绿地每年提供防灾避险的价值最大，为 1.84 亿元 / a，占到北京绿地防灾避险总价值的 30%；其次为海淀区、西城区、东城区、丰台区和石景山区的绿地防灾避险价值较大，分别为 1.1 亿元 / a、1.08 亿元 / a、7 739 万元 / a、5 992 万元 /a 和 2 775 万元 / a，其他区绿地的防灾避险价值较小。从单位面积绿地防灾避险价值来看，西城区绿地单位面积防灾避险价值最高，为 26.47 万元 /hm^2；其次为东城区绿地，单位面积防灾避险价值 15.06 万元 /hm^2；石景山区、丰台区、海淀区和朝阳区单位面积公园绿地防灾避险价值较大，在 4 万～ 5 万元 /hm^2；其他区单位面积绿地防灾避险的价值较低（图 5.11）。

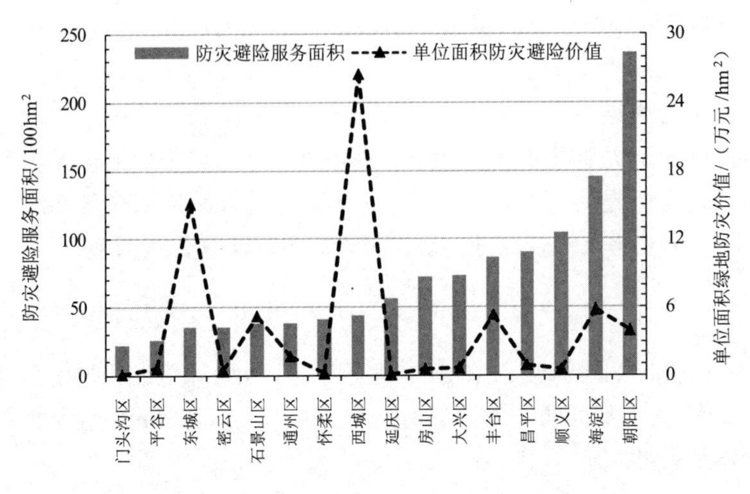

图 5.11　北京市各区绿地防灾避险服务

（3）不同类型绿地防灾避险服务

从不同绿地类型所提供的防灾避险服务来看，综合公园提供了 7.15 万 hm^2 的防灾避险服务，占到北京城区公园绿地防灾避险服务的 62.41%，其中全市性公园和区域性公园分别提供 3.07 万 hm^2 和 4.08 万 hm^2 的防灾避险地；社区公园能够提供 7 995 hm^2 的防灾避险地，占所有避险地的 6.98%，主要是居住区公园绿地所提供的防灾避险服务；此外，大量的街旁绿地能够提供 1.85 万 hm^2 的防灾避险地，占所有防灾避险绿地的 16.2%；其他类型绿地所提供防灾避险服务及其面积比重较小（表 5.11）。

表 5.11　不同绿地类型防灾避险服务面积及比例

绿地中类	绿地小类	缓冲区面积 /hm^2	所占比例 /%
综合公园	全市性公园	30 689.56	26.80
	区域性公园	40 777.54	35.61
	小计	71 467.1	62.41
社区公园	居住区公园	6 939.06	6.06
	小区游园	1 056.26	0.92
	小计	7 995.32	6.98
专类公园		5 694.26	4.97
带状公园		1 630.75	1.42
街旁绿地		18 549.80	16.20
隔离地区生态景观绿地		1 100.10	0.96
其他公园绿地		8 083.26	7.06
合计		114 520.58	100

从不同绿地类型来看，区域性公园的防灾避险价值最大，为 2.74 亿元 /a，占所有绿地防灾避险价值的 44.95%；其次为全市性公园，防灾避险价值为 2.04 亿元 / a，占绿地

避险价值的 33.34%；街旁绿地提供了 9.72% 的防灾避险价值，其他公园绿地所提供的防灾避险价值见图 5.12。此外，区域性公园单位面积的防灾避险价值最高，为 7.4 万元 /hm^2；全市性公园、居住区公园和街旁绿地单位面积防灾避险价值为 3 万～ 4 万元 /hm^2；其他绿地类型的单位面积防灾避险价值较低（图 5.12）。

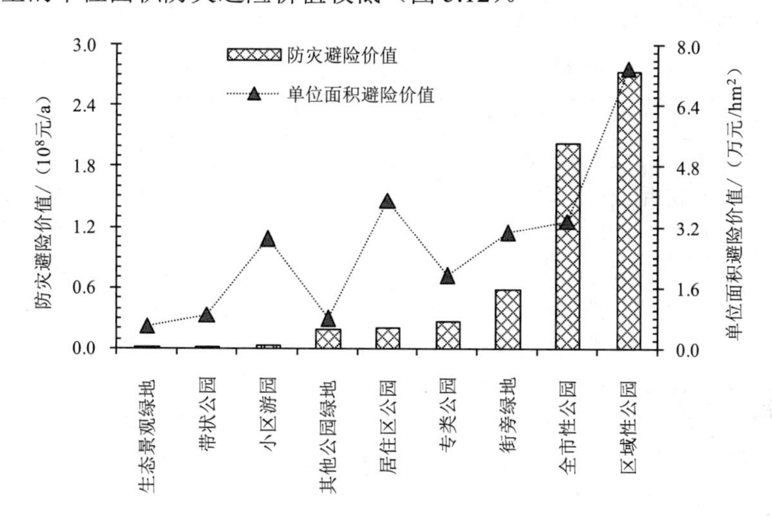

图 5.12 北京市不同绿地类型的防灾避险价值

5.6 房产增值功能评估

5.6.1 概念界定

城市绿地有助于美化改善居住环境，从而促进一定区域的土地价值提高，尤其表现在房产价值上。在国外，城市绿地公园对其周围土地价格有明显影响，城市绿地与房产价值的关系尤其受到关注（Kitchen & Hendon，1967；Correll & Lillydahl，1978；Morales，1980；Luttik，2000；Geoghegan，2002）。综合美国研究发现，理想的绿地覆盖可以使地产价格提高 5%，甚至 15%（黄晓鸾，1998）。尹海伟等（2009）对上海市某区域的研究表明，到最近公园、广场绿地、河流与开放式绿地的时间每增加 1%，房价分别下降 1.61%、0.50%、0.80% 和 0.70%，表明居民购房具有明显的“向绿、趋蓝”的偏好；距离最近公园、广场和开放式绿地的面积每增加 1%，房价分别平均增加 0.60%、1.21% 和 1.11%；城市绿地的聚集度每增加 1%，房价平均约增加 0.20%。近年来，在北京绿地资源不断减少与住宅建设面积不断扩大的矛盾，以及人口规模不断增加与居民可享受的绿地资源不断减少的矛盾均日益突出的形势下，如何权衡保留城市中绿地资源与房产开发的关系成为城市管理者关心的问题。因此，量化绿地资源对房产价值的影响区域及其程度，有助于揭示绿地资源建设与管理对房产经济的重要性，提高城市管理者和房产经营者对绿地资源的关注程度。

5.6.2 评估方法

目前，国内外评估公园绿地对房产价格影响主要有旅行成本法、抽样调查评估法和享乐估价法。不过，各种方法均有各自优势与缺点（表 5.12）。本书在进行问卷调查基础上，采用享乐估价法判定公园绿地对周围房产的影响范围及其增值能力。

表 5.12 绿地促进房产价值研究方法比较

方法	优点	缺点
抽样调查法（CVM）	CVM 是一个较为特殊的方法，在其他很多方法不能使用时，它却能使用，具有较强的适应性和弹性	调查问卷受到主观意愿的限制（包括研究者和被调查者），CVM 得出的结果很大程度上决定于问卷得到的数据的合理性，结果的可靠性有很大争议
旅行成本法（TMC）	研究距离较远的城市公园和保护区效果较好，并且在基础数据收集、市场模型的模拟、普适性等方面具有显著的优势	对多目标的旅行、时间成本等问题的处理上存在很大缺陷，在计算近距离景点市场价值时，存在较大的误差
效用估价法（HPM）	HPM 可以全面考虑各种对住宅价格产生影响的因素，从多种因素中提取公园绿地的影响。HPM 采用真实的数据模拟市场，可以避免主观意识的干扰，模型具有很强的灵活性	数据收集较烦琐；该模型的假设条件较多（需求等于供给）

（1）公园绿地对房价影响的实地调查

对北京市公园绿地与周围房产分布首先进行网上筛选，选取了朝阳公园、太阳宫公园、玉渊潭公园、颐和园等 8 个典型公园影响片区，这 8 个公园基本涵盖了《北京市公园绿地分类暂行标准》中的 5 大类。在确定目标公园绿地后，在链家地产和搜房网等网站，选取目标公园绿地可能有增值效应的房产，然后确定了 120 个样本点（调查小区）。然后通过项目组实地调查，发现 76 个有效样本点。针对 76 个调查小区，采用问卷方法调查各小区居住人员以及附近房屋中介人员，问卷内容包括小区建成年代、所处环路、离公园的距离、商圈、容积率、装修程度、公交状况、小区绿化率、房屋价格、公共设施等因素。

完成问卷内容后，将调查内容进行分级归一化处理，采用 SPSS 软件和享乐估价模型进行计算。结果表明，小区房价和距公园距离存在显著二次函数关系。其中，专类公园影响半径最大，为 1 604 m；综合性公园影响半径约 1 217 m；小区公园、生态隔离带、街边绿地等的影响半径较小，只有 850 m（表 5.13）。

表 5.13 北京市公园绿地对房产增值的影响半径

公园绿地类型	影响半径 /m
综合性公园	1 217
专类公园	1 604
小区公园和其他绿地	850
平均	1 376

（2）房产升值有效区域

公园绿地对房产的增值效应是客观存在的，但不是无限的，而是随着距离公园绿地距离的增大而衰减。也就是说，房产距离公园绿地越近，增值的效应越显著。本次评估对房产增值功能量的统计只考虑公园绿地，而生产绿地、防护绿地、附属绿地的房产增值效应并不显著，因此暂不加以考虑。不同公园绿地由于其影响半径的不同，房产增值的有效区域也不同。因此，公园绿地促进房产增值的功能量利用 ArcGIS 的缓冲区工具，计算其辐射区域面积，公式如下：

$$F_{\mathrm{h}} = \sum_{i=1}^{n} \mathrm{buffer}(r_i) \tag{5-9}$$

式中，F_{h}为园林绿地促进房产增值的区域面积，hm^2；r_i为第 i 个公园绿地对房产增值的影响半径，m（表 5.13）。

（3）房产增值系数

通过综合比较分析国内外关于城市绿地对房产价值的影响研究，发现城市绿地普遍存在对房产增值效应，其增值系数为 5% ～ 34%（表 5.14），不过，不同绿地的类型、面积以及绿地离住宅的距离，其增值效应不同。

表 5.14　城市绿地资源对房产的增值效益

参考文献	研究区域	自然景观类型	增值范围
Luttik（2000）	荷兰	花园和水域	5% ～ 28%
王德（2007）	上海	公园和水域	17% ～ 34%
钟海玥（2009）	武汉南湖	水域	5.56%
吴冬梅（2008）	南京莫愁湖	水域	13%

对 76 个调查样本中 6 个影响因子（交通条件、容积率、装修程度、商圈繁华程度、绿化率以及距公园距离）与房价关系的分析，发现各种影响因子和房价线性均相关显著，其中公园绿地对房价的增值系数见表 5.15。

表 5.15　北京市公园绿地对房产的增值系数

环路	增值系数 /%
二环以内	14.1
二环到三环	11.8
三环到四环	8.6
四环到五环	3.7
五环到六环	0.5
六环以外	0.5
平均	10.9

（4）房产增值总量

在已知公园绿地对房产的增值系数情况下，采用增值区域内住宅价格，可评估公园绿地对房产增值的作用，计算公式为：

$$V_{h} = \sum_{i=1}^{n} F_{hi} \times z_{j} \times p_{j} \tag{5-10}$$

式中，V_h为北京城区公园绿地对房地产的增值价值，元 /a；F_{hi}为不同公园绿地对房产增值区域面积，hm^2；p_j为不同环路住宅土地平均价格，元 /m^2；按 70 年产权计算；z_j为不同环路内公园绿地对房产的增值系数（表 5.15）。

根据北京市国土资源局 2010 年公布资料，参考不同环路房产平均价格水平，得到北京市 2010 年不同环路上住宅用地的平均价格，见表 5.16。

表 5.16　2010 年北京市各环路住宅用地平均地价

环路	住宅用地平均价格 /（元 /m^2）
二环以内	14 119.32
二环到三环	11 858.89
三环到四环	8 267.17
四环到五环	6 714.96
五环到六环	3 957.67
六环以外	2 214.49

5.6.3　结果分析

（1）市域绿地房产增值服务

计算结果表明，北京城区公园绿地能促进 17.87 万 hm^2 区域房产升值，约占行政区面积的 10.89%。根据北京市不同环路住宅用地平均价格以及相应增值系数，乘以公园绿地的增值区域面积，并除以 70 年产权，计算得到北京城区公园绿地促进房地产增值为 57.37 亿元，单位面积公园绿地年增值房产价值平均约合 31.75 万元 /（$hm^2 \cdot a$）。

（2）各区绿地房产增值服务

整体来看，朝阳区公园绿地促进房产增值的区域面积最大，为 3.64 万 hm^2，占到其行政区面积的 80%；其次为海淀区公园绿地增值面积为 2.13 万 hm^2，覆盖了 50% 的管辖面积；丰台区、昌平区、房山区和顺义区公园绿地对房产增值的面积也较大，均在 150 万 hm^2 左右；东城区公园绿地增值区域面积最小，为 3 634 hm^2，但是覆盖了 87% 的管辖面积（图 5.13）。

从不同区公园绿地对房产增值来看，朝阳区公园绿地每年促进房产增值的价值最大，为 18.44 亿元 /a，占到公园绿地促进房产增值总量的 32%；其次为西城区和东城区公园绿地，年促进房产增值分别为 12.7 亿元和 10.95 亿元，海淀区和丰台区公园绿地促进房产增值的效益也较大，分别为 9.19 亿元和 3.37 亿元，其他区公园绿地对房产增值的效果较小，通州区、顺义区、延庆区和密云区公园绿地每年对房产增值的幅度均在 2 000 万元以下（图 5.14）；不过，从单位面积公园绿地对房产增值的幅度来看，西城区和东城区单位面积公园绿地的增值效果最明显，分别为 288 万元 /hm^2 和 192 万元 /hm^2，其次为海

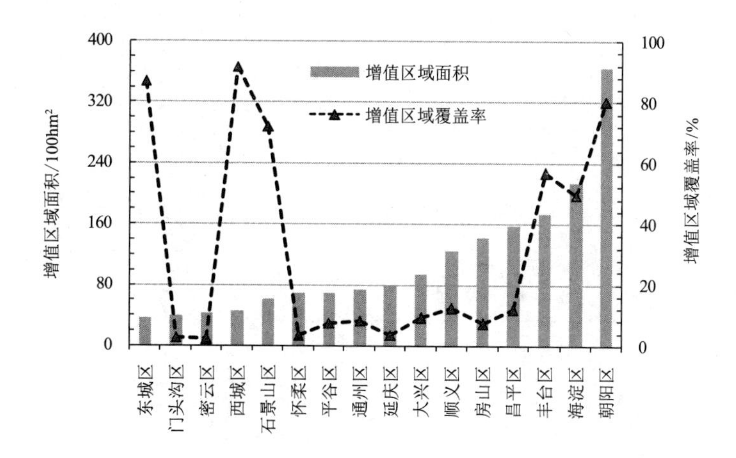

图 5.13 北京市各区公园绿地房产增值面积及占行政区面积比重

淀区、朝阳区和丰台区公园绿地，延庆区和顺义区公园绿地单位面积促进房产增值效果最小（图 5.14）。

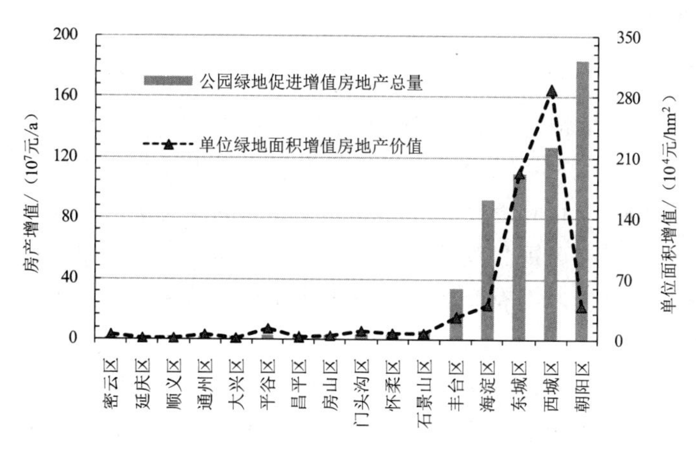

图 5.14 北京市各区公园绿地对房产增值

（3）不同类型绿地房产增值服务

不同公园绿地类型对房产增值的影响不同。综合公园促进房产增值的范围最大，为 5.31 万 hm^2，占到增值区域总面积的 29.7%；专类公园、区域公园和其他公园绿地提供房产增值区域均为 2 万 hm^2 左右；带状公园促进房产增值面积较小，为 5 248 hm^2；隔离地区景观绿地促进房产增值区域最小，仅为 3 360 hm^2，约占增值区域总面积的 1.88%。从绿地促进房产增值的价值总量来看，综合公园促进房产增值最大，为 15.38 亿元 /a；区域公园和专类公园每年分别促进房产增值 4.48 亿元和 3.6 亿元，隔离地区景观绿地与带状公园对房产价值的增值效益较小（图 5.15）。

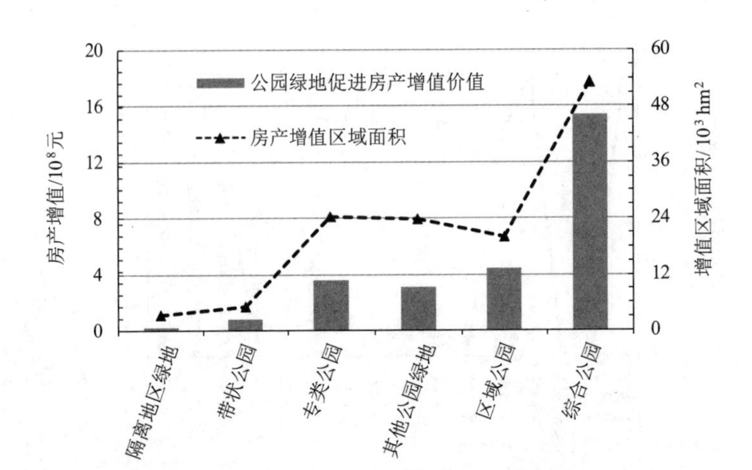

图 5.15 北京市不同类型公园绿地对房产增值价值

5.7 景观游憩功能评估

5.7.1 概念界定

城市园林景观是自然因素与人工因素相互作用构建的城市空间景象，是人工环境与自然环境有机结合的连续表现（刘磊，1999）。公园绿地的景观设计给人们带来美学体验，影响人们的心理和精神状态。城市园林绿地的景观美学主要来自人们可以体验到绿地植被的不同颜色、结构、形状和密度，有时甚至一棵树的位置都对它所在环境的景观美学质量具有重要的影响。而可视景观的变化被认为是美学体验的关键影响因素。北京作为我国首都城市和历史名城，拥有众多的中国古典园林绿地景观，比如著名的圆明园、颐和园和大观园等。

19 世纪早期，城市绿色空间中的休闲游憩活动是欧洲中产阶级一种文化现象。19 世纪晚期到 20 世纪中期，城市工人阶层的生活水平显著提高，休闲时间不再是上层人士的奢侈品。城市绿色空间逐渐开始作为人们体育和户外休闲活动的场所。其中，森林、公园、绿地成为最具吸引力的选择。在公园绿地中人们除了可以欣赏到美丽的景色，还可以进行各种休闲活动，如慢跑、自行车、野餐等。此外，公园中也有运动设施，供人们进行体育锻炼。近年来，北京居民在园林绿地内开展的休闲游憩活动日益增加，更多的人开始走进香山公园、天坛公园等绿地开展休闲健身、娱乐和游憩等活动。根据北京市园林绿化的统计资料，截至 2009 年年底，全市共有 152 个公园及风景名胜区，全年旅游人次 2.3 亿人次，公园及风景名胜区门票收入为 13.61 亿元。

5.7.2 评估方法

（1）景观游憩实物量

城市园林绿地资源提供景观游憩的功能主要是指以绿地美学景观为主的各类绿地为

人们休闲娱乐活动所提供的服务。其功能量可通过这些具有景观游憩功能的绿地资源面积来表示。根据园林绿地组成分类，首先公园绿地是以游憩为主要功能、向公众开放的绿地，其主要生态功能即为景观游憩；而其他类型的绿地（包括生产绿地、防护绿地、附属绿地），尽管具备一定的景观价值，但是其主导生态功能并非景观游憩。因此，本评估方法中绿地景观游憩功能量仅指公园绿地面积，公式为：

$$F_r = \sum_{i=1}^{n} A_i \tag{5-11}$$

式中，F_r为园林绿地景观游憩服务面积，hm^2；A_i为第 i 个公园绿地斑块面积，hm^2；n 为公园绿地资源斑块数。

（2）景观游憩价值量评估

自 20 世纪 50 年代，国内外开展景观游憩经济价值评价研究至今，应用最广泛的评价方法有阿特奎逊法、直接成本法、平均成本法、游憩费用法、机会成本法、市场价值法、旅行费用法和条件价值法等 8 种。其中应用最多的是游憩费用法、旅行费用法和条件价值法。尽管目前景观游憩价值评价方法较多，但是各有优势和局限性。本评估既要反映公园绿地的景观游憩价值，又要反映出这些景观游憩价值的空间分布。而且公园绿地景观游憩价值不仅要体现有门票收入的游憩价值，还要反映免门票公园的景观游憩价值，因此采用多种方法的综合：首先估算所有公园绿地景观游憩总价值，然后借助主要影响因子将景观游憩价值分配到所有公园绿地斑块上。

根据旅行费用法，旅行成本和门票支出是公园景观游憩价值的主要体现。但是在北京地区，多数公园是不以盈利为目的的社会公益事业单位，不收门票或者门票很低，比如团结湖公园，但是这些公园的景观游憩价值都是真实存在的，只不过是由政府埋单了而已。而出行费用主要体现在长距离、长时间的旅游产品消费上，而且这部分价值对交通部门受益较大。考虑到本书主要评估北京市民对居住区周围公园绿地的经常性的景观游憩消费行为，因此首先基于北京市收费公园门票收入与游园人次统计资料，计算出每人次游园平均消费支出，然后根据北京所有公园年游园人次，计算所有公园绿地景观游憩价值，公式如下：

$$V^l = Q \times P' \tag{5-12}$$

式中，V^l为北京市公园绿地景观游憩总价值，元；Q为公园绿地年游园总人次；P' 为收费公园每人次平均消费支出，元 /（hm^2 · 人次）。

城市公园绿地的景观游憩功能主要是为城市居民在闲暇时间提供休闲、健身、娱乐等服务。公园的区位、类型、景观质量是决定公园绿地游憩价值的主要因子。首先，区位因素是影响公园旅游人次的重要因素，因为居民一般前往住所附近的公园绿地游憩。相对于人口较为稀疏的地区，人口密集地区的公园绿地的使用频率更高，人们对公园景观游憩的支付意愿也越大；其次，不同规模等级的公园绿地服务空间范围不同。一般而言，规模较大的区域性公园服务人口的数量明显大于居住小区公园，因此公园类型也是影响公园绿地游憩价值的因素；此外，公园绿地本身的景观质量也影响游客的吸引力，从而影响对其景观游憩服务的支付意愿。因此，选取公园绿地的区位系数、类型系数和景观质量系数 3 个因子进行景观游憩价值的空间分配，计算公式为：

$$V_i^l = \frac{\alpha_i \times \beta_i \times \gamma_i \times A_i}{\sum_{i=1}^{n} \alpha_i \times \beta_i \times \gamma_i \times A_i} \times V^l \tag{5-13}$$

式中，V_i^l为第 i 个公园绿地的景观休闲游憩价值，元；α_i为公园绿地的区位系数；β_i为公园绿地类型系数；γ_i景观质量系数；A_i为不同公园绿地斑块面积，hm^2；n 为公园绿地斑块数。

区位因素主要涉及区域内人口数量。人口密度越大的地区，对公园的需求越大，支付意愿也越高，因此，可用单位面积公园的服务人口（人口数量 / 公园绿地面积）来表示，将北京市单位面积公园绿地的服务人口数量设为 1，各区与之比较，得到区位调整参数（表 5.17）。

表 5.17　北京市公园绿地景观游憩绿地区位系数

区	单位面积公园服务人口 / （人 /hm^2）	区位调整系数
北京市	641	1
东城区	1 676	2.62
西城区	3 021	4.71
朝阳区	385	0.60
丰台区	779	1.22
石景山区	443	0.69
海淀区	900	1.40
门头沟区	730	1.14
房山区	1 172	1.83
通州区	838	1.31
顺义区	320	0.50
昌平区	417	0.65
大兴区	362	0.56
怀柔区	622	0.97
平谷区	1 331	2.08
密云区	1 474	2.30
延庆区	182	0.28

公园类型的调整参数主要考虑公园的服务半径。根据城市公园绿地规划设计规范，全市性公园的服务半径为 2 000 ～ 3 000 m，区域性公园为 1 000 ～ 1 500 m，居住区公园的服务半径为 500 ～ 1 000 m，小区游园为 300 ～ 500 m，专类公园因其收费，使其服务范围受到一定的限制，因此专类公园的服务半径稍低于区域性公园，为 800 ～ 1 000 m，其他类型的公园绿地一般低于 500 m，将 1 000 m 服务半径定为类型调整参数 1（表 5.18）。

表 5.18 北京市公园绿地景观游憩绿地类型系数

公园类型	服务半径 /m	类型系数
全市性公园	2 000 ～ 3 000	3
区域性公园	1 000 ～ 1 500	1.5
居住区公园	500 ～ 1 000	1
小区游园	300—500	0.5
专类公园	800 ～ 1 000	0.8
带状公园	100 ～ 300	0.3
街旁绿地	100 ～ 300	0.3
隔离地区生态景观绿地	＜ 100	0.1
其他公园绿地	100 ～ 300	0.3

公园自身的景观质量也是影响游憩价值的重要因素。景观质量评价涉及多方面因素，既包括景观建筑设计，又包括景观的美学评价。一般情况下，植物种数越多，景观越具有多样性，人们感受到的颜色、结构、形状等也就越丰富，对景观的评价也就越高。因此，可以植物物种数量作为衡量景观质量的标准。根据北京园林绿地的调查数据，公园绿地的平均植物种数为 22 种，将此平均数设为 1，其他公园绿地斑块的景观质量调整系数与之相比较得到。

5.7.3 结果分析

（1）市域绿地景观游憩服务

根据北京市绿地资源调查结果，截至 2009 年年底，北京市建成区公园绿地 1.81 万 hm^2，共有 152 个公园及风景名胜区，其中免费公园个数达 107 个。2009 年公园及风景名胜区门票收入为 13.46 亿元，收费人次达 1.17 亿人次，可以估算出北京市收费公园的平均门票价格（P'）为 11.5 元 / 人次。根据北京市市公园管理中心和市公园绿地协会数据，2009 年以来北京市公园共接待游客（Q）2.5 亿人次，以此作为北京地区公园景观价值基准参数。2015 年公园绿地 2.95 万 hm^2，计算得到北京市建成区公园绿地景观游憩总价值 46.85 亿元，约合单位面积公园绿地景观游憩价值 15.88 万元 /（hm^2 · a）。

（2）各区绿地景观游憩服务

从空间上来看，北京城区园林绿地景观游憩资源主要分布在朝阳区和海淀区。其中朝阳区公园绿地分布最多，达 6 189.69 hm^2，占全市公园绿地的 21.98 %；其次为海淀区，共有 3 991.27 hm^2，占全市公园绿地的 13.53 %；大兴区、顺义区、丰台区、延庆区和昌平区公园绿地较多，而密云区、平谷区、通州区、门头沟区的公园绿地较少（图 5.16）。

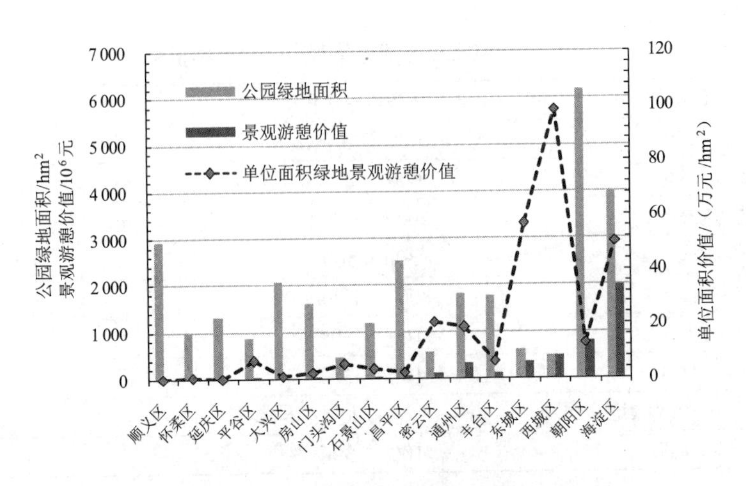

图 5.16　北京市各区绿地面积及景观游憩服务

从不同区来看，公园绿地的景观游憩价值差别较大。主要集中在海淀区、朝阳区、西城区和东城区公园绿地，其景观游憩价值分别为 20.09 亿元、8.09 亿元、4.80 亿元和 3.52 亿元，原因可能是这些区域的公园绿地面积较大，且被居民利用程度较高所致，尤其是西城区和东城区，公园绿地景观游憩服务的人口也多。不过从单位面积绿地的景观游憩价值来看，西城区和东城区公园绿地景观游憩价值较大，分别为 98.58 万元 /hm^2 和 56.79 万元 /hm^2，海淀区单位面积公园绿地景观游憩价值为 50.33 万元 /hm^2，朝阳区虽然公园绿地面积较大，但是其单位面积景观游憩价值并不很高，为 13.07 万元 /hm^2，还不如密云区公园单位面积景观游憩价值 20.85 万元 /hm^2 高；其他区绿地单位面积景观游憩价值较低（图 5.16）。

（3）不同类型绿地景观游憩服务

从景观游憩资源的组成类型来看，综合公园提供的景观游憩面积达 9 857.37 hm^2，占所有公园绿地面积的 54.55%；其次为其他公园绿地和专类公园，其景观游憩服务面积比例分别为 13.67% 和 12.74%，而生态景观绿地和带状公园提供的景观游憩服务面积较小。此外，综合公园的景观游憩价值最大，年提供景观游憩价值 42.73 亿元，占到北京城区园林绿地景观游憩价值的 91.19%，其次为专类公园景观游憩价值为 2.54 亿元 /a，占景观游憩总价值的 5.44%，其他类型公园绿地的景观游憩价值较小（表 5.19）。从单位绿地面积景观游憩的价值来看，综合公园单位面积景观游憩价值最大，为 26.6 万元 /hm^2，其次为专类公园和社区公园，单位面积景观游憩价值分别为 6.79 万元 /hm^2 和 4.87 万元 /hm^2，隔离地区生态景观绿地的游憩价值最小（表 5.19）。

表 5.19　北京市公园绿地景观游憩价值

绿地类型	景观游憩价值 / 亿元	贡献比例 /%	单位面积绿地景观游憩价值 /（万元 /hm^2）
综合公园	42.73	91.19	26.60
社区公园	0.55	1.17	4.87

绿地类型	景观游憩价值 / 亿元	贡献比例 /%	单位面积绿地景观游憩价值 /（万元 /hm²）
专类公园	2.54	5.44	6.79
带状公园	0.08	0.16	1.99
街旁绿地	0.54	1.16	1.55
隔离地区生态景观绿地	0.03	0.07	0.52
其他公园绿地	0.37	0.82	0.95

参考文献

[1] 张彪，谢高地，薛康，等 . 北京城市绿地调蓄雨水径流功能及其价值评估 [J]. 生态学报，2011，31（13）：3839-3845.

[2] Roy J W，Parkin G W，Wagner-Riddle C. Water flow in unsaturated soil below turfgrass：observations and LEACHM (with EXPRES) predictions[J]. Soil Science Society of America Journal，2000，64（1）：86-93.

[3] Shepherd J M. Evidence of urban-induced precipitation variability in arid climate regimes[J]. Journal of Arid Environments，2006，67（4）：607-628.

[4] Connellan. Australia's Water Use Efficiencies：Agriculture，Golf，Sportsfield，Parks & Recreation，Paper presented to Proceedings of the 23rd Australian Turfgrass Conference and Trade Exhibition，2007，24-26th July. Cairns.

[5] Deletic A. Sediment transport in urban runoff over grassed areas[J]. Journal of Hydrology，2005，301（1-4）：108-22.

[6] Bernatzky A. The effects of trees on the urban climate[A]//Trees in the 21st Century. Berkhamster：Academic Publishers，1983：59-76.

[7] Gill SE，Handley JF，Ennos AR，et al. Adapting cities for climate change：the role of the green infrastructure[J]. Built Environment，2007，33（1）：115-133.

[8] 侯立柱，丁跃元，张书函，等 . 北京市中德合作城市雨洪利用理论及实践 [J]. 北京水利，2004，4：31-33.

[9] 朱春阳，李芳，李树华 . 园林道路不同铺装结构对雨水入渗过程的影响 [J]. 中国园林，2008，91-96.

[10] 孟光辉，刘红，叶水根 . 设计暴雨条件下下凹式绿地的雨水蓄渗效果 [J]. 中国农业大学学报，2001（6）：53-58.

[11] 张思聪，惠士博，谢森传，等 . 北京市雨水利用 [J]. 北京水利，2003（4）：20-22.

[12] 侯爱中，唐莉华，张思聪 . 下凹式绿地和蓄水池对城市型洪水的影响 [J]. 北京水务，2007（2）：42-44.

[13] 田仲，苏德荣，管德义 . 城市公园绿地雨水径流利用研究 [J]. 中国园林，2008，24（11）：61-65.

[14] 陈华，杨凯，程江，等 . 上海城市绿地系统对雨水径流的调蓄效应初探 [J]. 上海建设科技，2007（4）：34-36.

[15] 程江，杨凯，徐启新 . 高度城市化区域汇水域尺度 LUCC 的降雨径流调蓄效应——以上海城市绿地系统为例 [J]. 生态学报，2008，28（7）：2972-2980.

[16] 聂发辉，李田，姚海峰 . 上海市城市绿地土壤特性及对雨洪削减效应的影响 [J]. 环境污染与防治，2008，30（2）：49-52.

[17] Oreskes N. The scientific consensus on climate change[J]. Science，2004，306（5702）：1686.

[18] Huang S C，Tsai Y F，Cheng Y S，et al. Vascular protection with less activation evoked by progressive thermal preconditioning in adrenergic receptor-mediated hypertension and tachycardia[J]. Chinese Journal of Physiology，2009，52（6）：419-425.

[19] Federer C A. Effects of trees in modifying urban microclimates[A]//Proceedings of the Symposium on Trees and Forests in an Urbanizing Environment. Co-operative Extension Service，Amherst：University of Massachusetts，1971.

[20] Bernatzky A. The contribution of trees and green spaces to a town climate[J]. Energy and Buildings，1982，5（1）：1-10.

[21] Taha H，Akbari H，Rosenfeld A. Heat island and oasis effects of vegetative canopies：micro-meteorological field-measurements[J]. Theoretical and Applied Climatology，1991，44（2）：123-138.

[22] 吴菲，李树华，刘娇妹 . 林下广场、无林广场和草坪的温湿度及人体舒适度 [J]. 生态学报，2007，27（7）：2964-2971.

[23] 张明丽，秦俊，胡永红 . 上海市植物群落降温增湿效果的研究 [J]. 北京林业大学学报，2008，30（2）：39-43.

[24] 刘娇妹，李树华，杨志峰 . 北京公园绿地夏季温湿效应 [J]. 生态学杂志，2008，27（11）：1972-1978.

[25] 苏泳娴，黄光庆，陈修治，等 . 城市绿地的生态环境效应研究进展 [J]. 生态学报，2011，31（23）：7287-7300.

[26] 张彪，高吉喜，谢高地，等 . 北京城市绿地的蒸腾降温功能及其经济价值评估 [J]. 生态学报，2012，32（24）：7698-7705.

[27] 冯海霞，朱爱民，何必，等 . 基于遥感反演的山东省森林资源调节温度服务的研究 [J]. 地理科学，2009，25（5）：760-765.

[28] 刘艳红，郭晋平 . 基于植被指数的太原市绿地景观格局及其热环境效应 [J]. 地理科学进展，2009，28（5）：798-804.

[29] 程好好，曾辉，汪自书，等 . 城市绿地类型及格局特征与地表温度的关系——以深圳特

区为例 [J]. 北京大学学报：自然科学版，2009，45（3）：194-201.

[30] 苏泳娴，黄光庆，陈修治，等 . 广州市城区公园对周边环境的降温效应 [J]. 生态学报，2010，30（18）：4905-4918.

[31] Imhoff M L，Zhang P，Wolfe R E，et al. Remote sensing of the urban heat island effect across biomes in the continental USA[J]. Remote Sensing of Environment，2010，114（3）：504-513.

[32] Bass B，Krayenhoff S. Mitigating the urban heat island with green roof infrastructure. North American Urban Heat Island Summit. Toronto，Ontario，2002.

[33] 佟华，刘辉志，李延明，等 . 北京夏季城市热岛现状及楔形绿地规划对缓解城市热岛的作用 [J]. 应用气象学报，2005，16（3）：357-366.

[34] 江学顶，夏北成 . 珠江三角洲城市群热环境空间格局动态 [J]. 生态学报，2007，27（4）: 1461-1470.

[35] Alexandri E，Jones P. Temperature decrease in an urban canyon due to green walls and green roofs in diverse climates[J]. Building and Environment，2008，43（3）：480-493.

[36] Hamada S，Ohta T. Seasonal variations in the cooling effect of urban green areas on surrounding urban areas[J]. Urban Forestry and Urban Greening，2010，9（1）：15-24.

[37] Whitfor V，Ennos A R，Handley J F. “City form and natural process” -indicators for the ecological performance of urban areas and their application to Merseyside，UK[J]. Landscape and Urban Planning，2001，57（2）：91-103.

[38] Shashua-Bar L，Hoffman M E. Quantitative evaluation of passive cooling of the UCL microclimate in hot region in surmer，case study：urban streets and courtyards with trees[J]. Building and Environment，2004，39（9）：1087-1099.

[39] Yu C，Wong N H. Thermal benefits of city parks[J]. Energy and Buildings，2006，38（2）：105-120.

[40] 贾刘强，邱健 . 基于遥感的城市绿地斑块热环境效应研究——以成都市为例 [J]. 中国园林，2009，12：97-101.

[41] 应天玉，李明泽，范文义，等 . 基于 GIS 技术的城市森林与热岛效应的分析 [J]. 东北林业大学学报，2010，38（8）：63-67，101.

[42] 栾庆祖，叶彩华，刘勇洪，等 . 城市绿地对周边热环境影响遥感研究——以北京为例 [J]. 生态环境学报，2014，23（2）：252-261.

[43] Jauregui E. Influence of a large urban park on temperature and convective precipitation in a tropical city[J]. Energy and buildings，1990-1991，15（3/4）：457-463.

[44] Des Rosiers F，A Nolduc，M Thériault. Environment and value：Does drinking water quality affect house prices?[J]. Journal of Property Investment and Finance，1999，17（5）：444-463.

[45] Payne BR. The twenty-nine tree home improvement plan[J]. Natural History，1973，82：

74-75.

[46] Anderson LM，H K Cordell. Influence of trees on residential property values in Athens，Georgia（U.S.A.）：a survey based on actural sales prices[J]. Landscape and Urban Planning，1988，15：153-164.

[47] Crompton J L. The impact of parks on property values：a review of the empirical evidence[J]. Journal of Leisure Research，33（1）：1-31.

[48] Luttik Joke. The value of trees，water and open space as reflected by house prices in the Netherlands [J]. Landscape and Urban Planning，2000，48：161-167.

[49] Theriault M Y Kestens，F Des Rosiers. The impact of mature trees on house values and on residential location choices in Quebec City[A]//Rizzoli AE，Jakeman AJ. Integrated Assessment and Decision Support，Proceedings of First Biennial Meeting of the International Environmental Modeling and Software Society，2002，2：478-483.

[50] CabeSPACE. Does money grow on trees? Report by the Commission for Architecture and the Built Environment，London. 2005.

[51] 钟海玥，等 . 武汉市南湖景观对周边住宅价值的影响——基于 Hedonic 模型的实证研究 [J]. 中国土地科学，2009（12）：63-68.

[52] 王德，黄万枢 . 外部环境对住宅价格影响的Hedonic法研究——以上海为例 [J]. 城市规划，2007，31（9）：34-41.

[53] 石忆邵，等 . 大型公园绿地对住宅价格的时空影响效应——以上海市黄兴公园绿地为例 [J]. 地理研究，2010（3）：510-519.

[54] Jim C Y，Chen W Y. External effects of neighbourhood parks and landscape elements on high-rise residential value[J]. Land Use Policy，2010，27：662-670.

[55] 张彪，王艳萍，谢高地，等 . 城市绿地资源影响房产价值的研究综述 [J]. 生态科学，2013，32（5）：660-667.

[56] Shultz S D，King D A. The use of census data for hedonic price estimates of open-space and land use[J]. Journal of Real Estate Finance and Economics，2001，22：239-252.

[57] Mooney Sian，Eisgruber Ludwig M. The influence of riparian protection measures on residential property values：the case of the Oregon plan for Salmon and watershed[J]. Journal of Real Estate Finance and Economics，2001，22（2/3）：273-286.

[58] 蔡春光，郑晓瑛 . 北京市空气污染健康损失的支付意愿研究 [J]. 经济科学，2007（1）：107-115.

[59] 蔡春光 . 空气污染健康损失的条件价值评估与人力资本评估比较研究 [J]. 环境与健康杂志，2009，26（11）：960-961.

[60] 陈自新，苏雪痕，刘少宗，等 . 北京城市园林绿化生态效益的研究（3）[J]. 中国园林，1998，14（57）：53-56.

[61] 周坚华 . 城市绿量测算模式及信息系统 [J]. 地理学报，2002，56（1）：14-23.

[62] 俞孔坚 . 论景观概念及其研究的发展 [J]. 北京林业大学学报，1987，9（4）：433-439.
[63] 肖笃宁，李秀珍 . 当代景观生态学进展和展望 [J]. 地理科学，1997：17（4）：356-364.
[64] 张庆费，肖姣姣 . 降噪绿地：研究与营造 [J]. 建设科技，2004，21：30-31.
[65] 孙翠玲 . 北京市绿化减噪效果的初步研究 [J]. 林业科学 , 1982，18（3）：329-334.
[66] 齐瑜 . 北京市应急避难场所规划与建设 [J]. 中国减灾，2005，12（1）：34-36.
[67] 李洪远，杨洋 . 城市绿地分布状况与防灾避难功能 [J]. 城市与减灾，2005（2）.
[68] 杨文斌，韩世文，张敬军，等 . 地震应急避难场所的规划建设与城市防灾 [J]. 自然灾害学报 . 2004，13（1）.
[69] 陈亮明，章美玲 . 城市绿地防灾减灾功能探讨——以北京元大都遗址公园防灾绿地建设为例 [J]. 安徽农业科学，2006，34（3）.
[70] 李树华 . 防灾避险型城市绿地规划设计 [J]. 北京：中国建筑工业出版社，2010.

6 北京市湿地重要生态系统服务

6.1 湿地生态服务功能研究概述

6.1.1 水质净化功能

湿地生态系统能够通过自身的生态过程和物质循环作用，将水体中的污染物质（如氮、磷等富营养化物质）吸收、转化以及再分配，从而具备了水质净化能力。比如在向海自然保护区内，碱地泡子湿地对 22 个水质参数有净化作用，平均净化率为 52%（李云鹏等，2001）。由于湿地生态系统是一种介于水生植物处理和土地处理之间的自然污水处理系统，一般认为，其去除污染物质功能是物理、化学及生物化学作用协同影响的结果。其中，物理作用主要包括机械吸附、过滤和沉积；化学作用主要包括离子交换、络合和水解等；生物化学作用主要包括微生物的分解作用和植物根系的吸收作用等。

自 20 世纪 50 年代全球已开始重视湿地净化功能研究（郝敏等，2006）。表 6.1 列举了国内湖泊湿地净化氮磷的部分研究成果，总体上表明湖泊湿地净化氮磷的能力显著。不过，对天然湿地水质净化功能研究，目前还处于起步阶段，多采用室内试验和野外模拟等方法，或在湿地进出口处做水质监测，通过水质对比来反映天然湿地的水质净化功能。

表 6.1 国内湖泊湿地净化氮磷研究的部分成果

研究对象	研究方法	研究结果
洞庭湖（康文星等，2008）	贮留净化率	TN 和 TP 贮留净化率分别为 17.31% 和 16.77%
洞庭湖（尹发能，2004）	氮磷输入输出平衡	TN 和 TP 去除率分别为 21.74% 和 23.24%
乌梁素海（宋君，2010）	入湖氮磷守恒	TN 和 TP 去除率分别为 35.6% 和 40.8%
太湖（陈小峰等，2012）	质量守恒定律	氮素自净量 3.2 万 t，其中反硝化 3.02 万 t，沉积物吸附 0.2 万 t
太湖（韩涛等，2013）	EcoTaihu 模型	2010 年氮素自净 4.11 万 t，磷素自净 1 712 t
白洋淀（尹澄清等，1995）	野外模拟实验	水陆交错带芦苇根区土壤对地表径流 TN 和 TP 截留率分别为 65% 和 92%
洪湖（王学雷等，2003）	进出湖水质浓度对比	氨氮、亚硝态氮和总磷减少率在 10% ～ 50%

注：引自李锋等（2014）。

正确认识和评估湿地生态价值有利于正确对待湿地保护、开发、建造和利用问题。科学地对湿地水域纳入能力进行量化，是水资源保护中需要高度重视的一个关键技术问题。陈鹏（2006）测算发现，福建省厦门市湿地水质净化污染物价值约 135.54 亿元 /a，约合单位面积价值 0.26 亿元 /（$km^2 \cdot a$）；崔丽娟（2004）评估结果表明，鄱阳湖湿地降解污染物功能可达 139.6 亿元，单位面积价值为 0.04 亿元 /（$km^2 \cdot a$）。

湿地净化水质功能的主要影响因素包括植物、水文条件、微生物、土壤和污染物负荷等，这些因素之间也存在相互影响、相互制约关系。特别需要注意的是，湿地的净化功能是有限的。随着人类活动的加剧和经济的快速发展，大面积湿地成为工农业废水、生活污水的承泄区，湿地降解污染、净化水质的功能明显衰退。

6.1.2 洪水调蓄功能

洪水调蓄是湿地生态系统自身水循环的一个过程，能够起到自身调节作用，间接为人类减轻洪水威胁，减少洪水和暴雨带来的更大范围的损失。水库、湖泊、塘坝等蓄滞洪区具有蓄洪、泄洪、削减洪峰的作用，同时植物吸收、渗透降水，使得降水进入江河的时间滞后，入河水量减少，也能够减少洪水径流量，达到削减洪峰的目的。水库、湖泊洼淀暂时蓄纳入湖洪峰水量，而后慢慢泄出，对洪水进行调蓄。由河道洪水泛滥形成的洪泛区在承纳和调蓄超出河流行洪能力的洪水时，也具有降低洪水流速、削减洪峰流量的作用（刘维志等，2008）。

湖泊是抵御湖区水系洪水灾害的天然屏障，而水库则是现代防洪工程体系的重要组成部分，二者在减少我国洪水灾害、保障区域防洪安全方面发挥着极为关键的作用。饶恩明等（2014）研究发现，我国湖泊可调蓄水量和水库防洪库容分别为 1 475.47 亿 m^3 和 2 506.85 亿 m^3，湖库洪水调蓄功能可达 3 982.33 亿 m^3。景观格局能够影响并决定湿地水文调蓄过程和功能。刘娜等（2012）利用灰色关联分析，发现洞庭湖区景观格局指数与调蓄功能存在不同程度的相关性，其中调蓄量与最大斑块指数和聚合度指数关联度最大，说明景观中优势斑块大小以及同质斑块间的连通性有利于湖区调蓄能力的增加。

因此，湿地是水资源的时空分配器，是具有明显的代谢特征和特殊的储水、输水、供水和调节价值的有机整体，与江河陆地环境有着相互依存、相互制约的复杂关系，是陆上淡水资源的重要时空分配器（庄大昌，2004）。

6.1.3 景观游憩功能

湿地景观游憩功能是指湿地生态系统具有自然观光、旅游、娱乐等方面的价值和功能，蕴涵着丰富秀丽的自然风光，成为人类提供观赏旅游的场所，也常常被称作是湿地美学价值（吴玲玲等，2003）。湿地具有独特的地形、地貌、生物特性和生态特征，形成了“新”“奇”“特”“野”的美学特征，奇特的自然风光和多姿多彩的动植物资源以及丰富的民俗文化，形成了丰富且独具特色的旅游景观。比如水田湿地中纵横交错的沟渠系统在提供生物栖息地的同时，也增加了农田景观多样性，具有田园风光美感享受和旅游休闲功能。河流湿地景观独特，具有很好的休闲娱乐功能。河流纵向上游森林、草地景观和下游湖滩、湿地景观相结合，使其景观多样性明显，横向高地—河岸—河面—水体镶嵌格局使其景观特异性显著。同时，河流生态系统的文化孕育功能对人类社会的生存发展也具有重要的作用。以湖泊为载体的水上活动不仅具有强身健体的功能，又具有休闲放松的作用，所以湖泊已成为众多旅游者重要的休闲娱乐观光场所。现代大都市的形象也要求提高城市水文化，增加水景面积，使人工水系与自然水景相互交融，让人更多地接近自然，享受自然。此外，许多水库都已成为著名的风景区，吸引了大量旅游者来参观访问，促进了旅游业的发展。

目前，对湿地景观游憩价值估算多采用费用支出法，用旅游者费用支出的总和作为湿地旅游休闲服务功能的价值，即景观游憩价值为旅行费用支出、消费者剩余、旅游时间价值、其他花费之和（段晓男等，2005）。旅行费用支出主要包括游客从出发地至景点的直接往返交通费用等。消费者剩余的计算主要取决于旅游费用与人次，而游客人次的多少则受多因子制约。旅游时间价值指由于进行旅游活动而不能工作损失的价值，也是对旅游投入的一部分。其他花费包括用于购买旅游宣传资料、纪念品、摄影等。

湿地资源在提供景观美学和休闲娱乐载体的同时，还具有历史文化传承和提升周边房产价值的作用。比如，Luttik（2000）在荷兰兰斯台德（Randstad）8 个镇区近 3 000 个房屋交易数据发现，水景观能促进房价增值 8% ～ 10%；王德等（2007）对上海 210 个住宅实际成交价格研究发现，有黄浦江视线的住宅总价高 33.96%；而钟海玥等（2009）分析了武汉南湖景观对周边住宅价值的影响，结果表明，在 700 m 范围内，到南湖公园的距离每减少 100 m，房产价值增加 5.65%。

6.1.4 气候调节功能

湿地生态系统中分布着大面积的水面、植被和湿润土壤，特殊的热力学性质使得湿地生态系统不断与大气之间进行热量、水分以及气体交换，不仅实现碳氧平衡，而且调节空气温度和湿度。沼泽湿地中绿色植物通过光合作用，不断吸收二氧化碳，放出氧气，而异养生物则不断消耗氧气，产生二氧化碳，两者之间相互平衡，使得地球大气成分维持稳定。河流湿地与大气有大面积的接触，降雨通过水汽蒸发和蒸腾作用，又回到天空，可对气温、云量和降雨进行调节，在局部尺度上对气候有一定程度的影响。河流湿地中的生物通过吸收大气中的二氧化碳，释放氧气，将生成的有机物质储存在自身组织中，从而达到调节气候的作用。湖泊水体具有较大的热容量，可通过吸收和放热调节气温的变化，减少昼夜温差，从而在湖的周围形成一个适宜的局部小气候。湖泊湿地中的水生、陆生植物吸收大气中的二氧化碳，释放氧气，将生成的有机物质储存在自身组织中，实现大气组分调节，从而达到生态调节的作用。水库湿地在一定尺度上影响局部气候，如水库筑坝形成的大型人工湖，改善了局部小气候环境，有利于水库周围区域农业的发展。

6.1.5 生物多样性维护功能

湿地位于陆面与水体的交界处，一方面，湿地具有水生生态系统的某些性质，如藻类、底栖无脊椎动物、游泳生物、厌氧机制和水的运动，另一方面，湿地也有维管束植物，其结构与陆地系统植物类似，由此湿地具有巨大的食物链，为众多野生动植物提供独特的生境，是鸟类的重要栖息地，也是鱼类丰富多样的产卵和索饵场。湿地具有高度丰富的物种多样性，是重要的物种基因库。如以沼泽湿地植物的密度来表示生物多样性的丰富程度，沼泽湿地植物的密度（0.005 6 种 /km^2）是我国植物密度（0.002 8 种 /km^2）的 2 倍，甚至比植物种类最丰富的巴西还高（吕宪国，2004）。

目前湿地生多样性维持服务价值的量化仍是一个难题，当前主要有生物物种价格法和条件价值法（CVM）。生物物种价格法是指根据评估区域动植物（一般是珍稀物种）数量与物种价格推出有关价值方面的信息。比如周博（2011）测算野鸭湖湿地生物多样性价值（包括珍稀鸟类和植物物种保育）为 1.451 亿元（约合 3.68 万元 /hm^2）。虽然该方法理论上较为准确与可信，但需要详细的生物物种野外调查与珍稀动植物替代市场价格，评估过程比较复杂且成本较高，结果往往高于人类实际支付能力。由于湿地生态系统价值主要包括使用价值和非使用价值，而非使用价值主要涵盖生物多样性及未来未可知价值，因此，部分学者使用条件价值法（CVM）评估湿地非使用价值来反映其生物多样性维护服务的价值。比如肖艳芳等（2011）采用 CVM 法调查发现，北京市湿地生态系统非使用价值 2.65 亿元 /a [约合 5 156 元 / （$hm^2 \cdot a$）]，其中城区为 1.99 亿元 /a，郊区为 0.66 亿元 /a。该方法主要通过调查人类对生态系统非使用价值的支付意愿来间接反映其存在价值。虽然该方法取决于被调查人群的环境意识与支付能力等诸多因素，但是较为简便且成本较低，评估结果往往低于生物多样性实际价值。

6.2 北京湿地洪水调蓄服务评估

6.2.1 概念界定

湿地是巨大的蓄水库和天然水资源库，在汛期能够储存过量的降水，均化洪水径流，湿地植被可以减缓洪水流速，减低下游洪峰水位，并使之平缓下泄，最终使洪峰时间滞后，从而减少洪水灾害，因而具有巨大的蓄水调洪价值。同时，储存在湿地中的洪水可以缓慢释放出来，可向下游的工农业和城乡居民均衡供水，并通过下渗提高地下水储量，满足枯水期的饮用水、工业用水和农业灌溉用水的需要。因此，湿地调蓄洪水功能是指湿地资源通过自身水循环过程所实现的洪水容纳调蓄作用。

北京地处华北平原的西北隅，西北部群山环抱，东南部是平原，西北高、东南低的特殊地形，有利于暴雨增幅，并触发强烈对流天气，使暴雨高值区沿山前分布。而山前区坡度大、植被差，泥石流易发区广布，如遇暴雨，极易发生山洪和泥石流。加上山区和平原高差大，坡陡流急，山区洪水大量涌入平原，而平原地势平坦，又多低洼地区，排水不畅，易受洪灾影响。根据北京市水务局资料（表 6.2），具有调蓄能力的河道主要包括潮白河、温榆河、永定河和六环内河道，初步估算主要河道能调蓄水量 6.96 亿 m^3，北京市 18 座大中型水库防洪总库容为 13.22 亿 m^3（孟庆义等，2012）。

表 6.2 北京市主要河道与水库蓄水量 单位：万 m^3

河道名称	调蓄量	河道名称	调蓄量	河道名称	调蓄量	水库名称	防洪库容	水库名称	防洪库容
潮白河	22 602.36	青年路沟	12.75	通惠排干	60	密云水库	92 700	十三陵水库	4 321
温榆河	4 317.08	望京中心沟	7.2	通惠河	86.37	怀柔水库	10 450	大水峪水库	380
永定河	41 839.2	六环内河道	70.75	凉水河	82.92	海子水库	2 835	北台上水库	1 665
北小河	43.59	南护城河	60.52	东直门干渠	8.3	天开水库	1 135	黄松峪水库	840
坝河	89.10	东南郊灌渠	10.4	万泉河	9.48	斋堂水库	4 076	西峪水库	643
亮马河	21.39	大柳树沟	14.94	小月河	14.17	大宁水库	3 611	遥桥峪水库	540
清河	118.55	萧太后河	19.58	朝阳干渠	13.05	沙厂水库	550	半城子水库	688
土城沟	9	东小口沟	11	北护城河	12.61	珠窝水库	280	永定河滞洪水库	4 392
小场沟	10.764	大羊坊沟	27.2	清洋河	17.94	崇青水库	2 200	白河堡水库	900
河道蓄水量合计：69 593.82						水库防洪库容合计：132 206			

6.2.2 评估方法

北京市湿地提供水源调蓄服务的资源类型包括河道、水库以及湖泊（含城市公园湿地）、沼泽、人工水渠和坑塘等，其中河道调蓄水量和水库防洪库容根据北京市水文统计资料确定，湖泊、坑塘、沼泽以及水田等湿地按照其面积和平均水深估算，计算公式为：

$$W_r = \sum_{i=1}^{4} A_i \cdot H_i \tag{6-1}$$

式中，W_r为湿地年调蓄水资源量，m^3/a；A_i为第 i 种湿地资源面积，m^2；H_i为湿地资源平均水深，m；i 为湿地资源类型（包括湖泊、坑塘、沼泽和水田湿地 4 种，河道与水库调蓄量来自统计数据）。

湿地调蓄洪水价值采用替代工程法测算，即修建同等洪水调蓄功能的水库所付出的经济成本，计算公式为：

$$V_r = W_r \cdot P_r \tag{6-2}$$

式中，V_r为湿地年调蓄水源价值，元 /a；P_r为北京市水库建设成本，元 /m^3。

6.2.3 结果分析

（1）北京市湿地调蓄洪水服务

如果湖泊、坑塘、沼泽和水田湿地平均水深分别按照 1.5 m、0.5 m、0.5 m 和 0.3 m 估算，北京市湿地资源能调蓄洪水 20.75 亿 m^3/a，仅仅反映湿地资源调蓄洪水服务的潜力，并非其每年实际发挥的洪水调蓄功能；北京地区水库单位造价 7.66 元 /m^3，按此测算湿地资源调蓄洪水服务价值为 159.61 亿元 /a，约合 30.9 万元 /（$hm^2 \cdot a$）。

（2）不同类型湿地的调蓄洪水服务

测算结果表明，北京市 18 座大中型水库防洪总库容为 13.22 亿 m^3（孟庆义等，2012），占北京市湿地洪水调蓄总量的 64%；主要河道蓄水量 6.96 亿 m^3（孟庆义等，2012），占湿地调蓄总量的 33%；坑塘和湖泊湿地分别调蓄洪水 3 073 万 m^3 和 1 545 万 m^3，而水田和沼泽湿地调蓄洪水总量较少，分别为 657 万 m^3 和 430 万 m^3，不到湿地调蓄洪水总量的 1%（图 6.1）。因此，北京市湿地资源调蓄洪水服务主要来自水库湿地和河流湿地。

此外，水库湿地的洪水调蓄服务价值 101.27 亿元，河流湿地提供的洪水调蓄服务价值 53.31 亿元，坑塘湿地和湖泊湿地分别提供了 2.35 亿元和 1.18 亿元的洪水调蓄服务价值，由于沼泽湿地和水田湿地面积较少，仅能分别提供 3 291 万元和 5 033 万元的洪水调蓄服务。而且，单位面积湿地资源调蓄洪水服务价值也基本保持相同态势，水库湿地单位面积调蓄价值最高，其次为河流湿地和湖泊湿地，沼泽湿地与坑塘湿地调蓄洪水服务价值相差不大，而水田湿地单位面积调蓄洪水价值最低（图 6.1）。

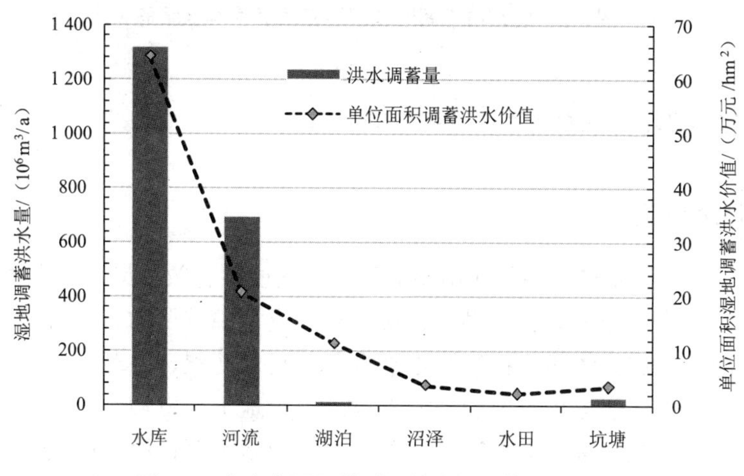

图 6.1 北京市不同类型湿地资源调蓄洪水服务

（3）不同区域湿地的调蓄洪水服务

北京市不同区湿地调蓄洪水服务存在明显差异。密云区湿地调蓄洪水总量最高（7.98 亿 m^3/a），约占北京市湿地调蓄洪水总量的 38.44%；其次为延庆区和房山区，其湿地资源分别调蓄洪水 1.93 亿 m^3/a 和 1.92 亿 m^3/a；怀柔区、门头沟区、大兴区和通州区湿地资源调蓄洪水数量均在 1.00 亿 m^3/a 以上；海淀区、朝阳区、丰台区和顺义区湿地资源调蓄洪水服务较低；东城区、西城区和石景山区湿地调蓄洪水总量最低（图 6.2）。

不过从单位面积湿地调蓄洪水能力来看，密云区调蓄服务最高（56.30 万元 /hm^2），其次为延庆区、怀柔区、昌平区和房山区，其单位面积湿地调蓄洪水服务的价值分别为 39.94 万元 /hm^2、37.84 万元 /hm^2、33.17 万元 /hm^2 和 30.22 万元 /hm^2；大兴区、顺义区、平谷区和石景山区湿地调蓄洪水服务能力较低，而东城区、西城区和通州区湿地调蓄洪水服务明显低于其他区域（图 6.2），通州区湿地调蓄洪水服务能力较低的原因主要与其坑塘湿地面积较大有关。

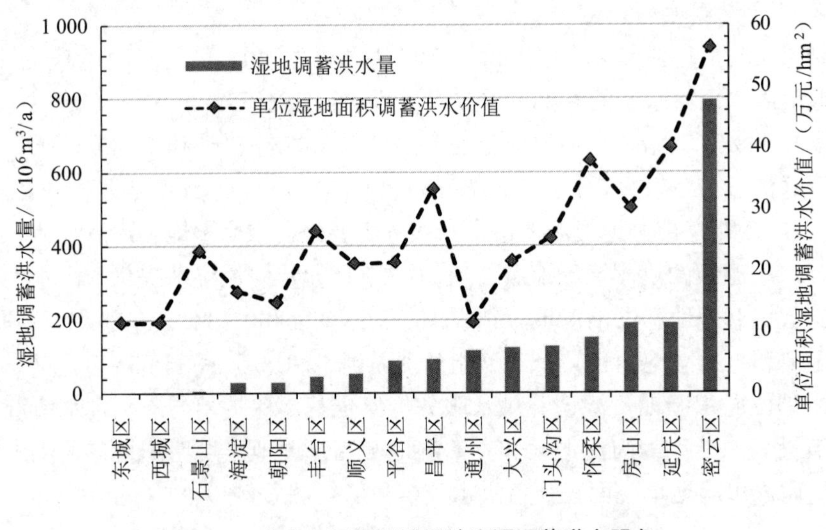

图 6.2　北京市不同区域湿地资源调蓄洪水服务

6.3　北京湿地水源供给服务评估

6.3.1　概念界定

湿地生态系统在淡水循环中的作用不能忽视，其能够有效维持地球水资源的质与量，是全球巨大的蓄水库，能为人类提供的直接可利用资源中首要的、最直接的产出就是水资源。因而，湿地生态系统的保护能够给水资源的科学配置、合理利用提供基本的保障作用，为人类的生产生活提供重要的资源支撑。由于地下水资源主要来自大气降水的入渗补给过程，是一个长期复杂动态过程，本书中的湿地水源供给功能仅讨论湿地生态系统调蓄供给地表水资源的过程，因此，湿地水源供给服务是指湿地生态系统为人类生活、工农业生产以及生态景观等提供地表水的功能。

根据北京市水资源公报，2014 年北京市地表水资源量 6.45 亿 m^3，地下水资源量 13.80 亿 m^3，水资源总量 20.25 亿 m^3，另外全市 18 座大中型水库可利用来水量 2.97 亿 m^3。可见北京市水资源量中地下水资源占明显优势。

6.3.2 评估方法

水资源总量是指降水形成的地表和地下产水量，是当地自产水资源量，未包括入境水量。而地表水资源量指河流、湖泊等地表水体可以更新的动态水量，用天然河川径流量表示。在降水形成地表径流被湿地生态系统拦蓄作为水资源储存的过程中，湿地潜在蓄水能力对拦蓄水资源量的大小有重要影响，因此，选用不同类型湿地调蓄潜力作为水资源供给服务的调整参数α：

$$\alpha_i = \frac{A_i \cdot H_i}{\sum_{i=1}^{n} A_i \cdot H_i} \tag{6-3}$$

$$W_i = \alpha_i \cdot W_w \tag{6-4}$$

式中，A_i为第 i 种湿地资源面积，m^2；H_i为湿地资源平均水深，m；W_w为地表水资源量，m^3/a；W_i为第 i 种湿地资源供给水资源量，m^3/a；i 为湿地资源类型。不过，水库湿地水源供给量需要加上水库年可利用来水量。

本书将地表径流形成的地表水资源量以及水库上游可利用来水作为河流、湖泊、水库、沼泽、坑塘等湿地生态系统拦蓄后提供给人类生产生活和维持生态环境的水资源量，其经济价值按照现行水价中的水资源费计算：

$$V_w = (W_w + W_r) \cdot P_f \tag{6-5}$$

式中，V_w为湿地水源供给价值，元 /a；W_w为地表水资源量，m^3/a；W_r为水库可利用来水量，m^3/a；P_f为北京市水资源费，为 1.26 元 /m^3。

6.3.3 结果分析

（1）北京市湿地水源供给服务

本书重点关注湿地生态系统对地表水资源的影响。按照地表水资源量以及水库可利用来水量作为河流、湖泊、水库等湿地生态系统供给水源量的假设测算，北京市湿地资源能提供水源供给 9.44 m^3/a，总经济价值为 11.89 亿元 /a，约合 2.31 万元 /（$hm^2 \cdot a$）。不过需要注意的是，本书并未考虑这些地表水资源的水质差异，而在现实生活中，水质较差的水资源并不能直接为人类生产生活服务，因而影响其水源供给服务的实现。

（2）不同类型湿地的水源供给服务

从不同类型湿地资源来看，水库湿地可调节地表径流供给水资源 7.08 亿 m^3/a，占湿地水源供给服务的 75%，其经济价值为 8.92 亿元 /a；河流湿地年供给水资源 2.15 亿 m^3，占湿地水源供给服务的 23%，其经济价值为 2.71 亿元 /a；湖泊湿地和沼泽湿地分别提供水资源 730 万 m^3/a 和 33 万 m^3/a，经济价值可达 920 万元 /a 和 41 万元 /a；坑塘湿地和水田湿地能够提供水源 1 086.25 万 m^3/a 和 203.38 万 m^3/a，虽然这部分水资源不能直接服务于饮用水源，但是间接补充了生态环境用水或农业用水，也具有一定的经济价值，分别为 1 369 万元 /a 和 256 万元 /a。由于不同类型湿地资源水源供给服务主要取决于其调蓄潜力，因此单位面积湿地水资源供给服务价值基本保持相同态势，即水库湿地单位面积水源供给价值最高，其次为河流湿地和湖泊湿地，沼泽湿地与坑塘湿地相差不大，而水田湿地单位面积水源供给价值最低（图 6.3）。

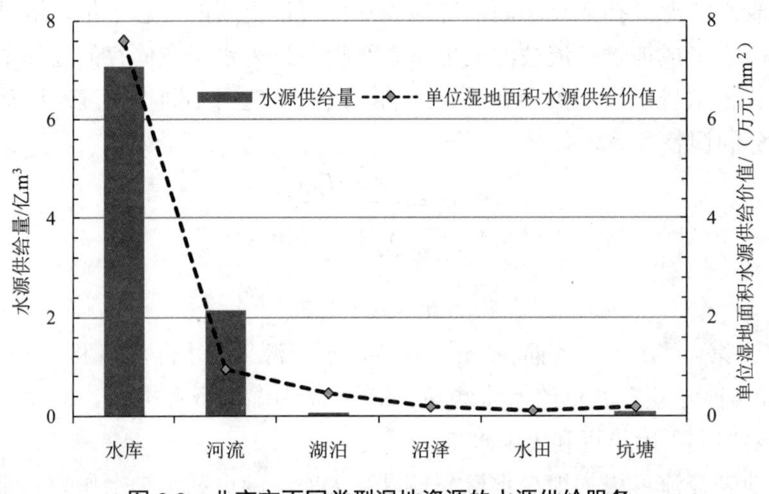

图 6.3　北京市不同类型湿地资源的水源供给服务

（3）不同区域湿地的水源供给服务

从不同区域湿地资源来看（图 6.4），密云区湿地供给水资源 4.15 亿 m^3/a，其经济价值为 5.23 亿元 /a，占到湿地水源供给服务的 20%；其次为延庆区、房山区和怀柔区，分别供给水资源 0.98 亿 m^3、0.83 亿 m^3 和 0.71 亿 m^3，分别占湿地水源供给服务的 4.72%、3.98% 和 3.41%，其经济价值分别为 1.23 亿元 /a、1.04 亿元 /a 和 0.89 亿元 /a；门头沟区、大兴区、通州区、昌平区和平谷区湿地资源供给水源服务也较多；顺义区、丰台区、朝阳区、海淀区和石景山区湿地资源供给水源服务较少，东城区、西城区供给水源最少。由于不同区

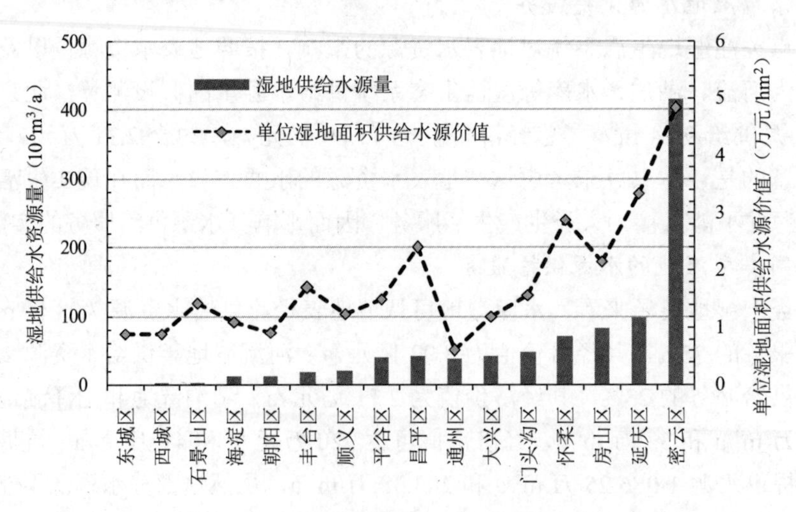

图 6.4　北京市不同区域湿地资源的水源供给服务

域湿地资源水源供给服务主要取决于其调蓄潜力，因此单位面积湿地水资源供给服务价值大体保持相同态势，密云区单位面积湿地资源供给水源能力最高，其次为延庆区、怀柔区、昌平区和房山区，东城区、西城区和朝阳区单位面积湿地供给水源服务能力较低，而由于水产养殖和水田等湿地资源较多，通州区单位面积湿地供给水源服务能力最低。

6.4 北京湿地水质净化服务评估

6.4.1 概念界定

特定水体在一定环境目标条件下对某种污染物有一定的承载能力(即容许排放容量)，包括水体对污染物的稀释能力和自净能力。稀释能力是现有水环境对某污染物进行稀释的物理过程所具有的承纳污染物的能力；而自净过程包括物理自净、化学和物理化学自净、生物和生化自净。该过程由弱到强，直到趋于恒定。自净能力是水介质拥有的、在被动接受污染物之后发挥其载体功能主动改变、调整污染物时空分布，改善水质以提供水体的再续使用。因此，湿地的水质净化功能是指水体对污染物稀释作用以及湿地中植物、微生物和细菌对污染物的沉积、分解或转化作用。一般来说，河流、湖泊、沼泽以及人工库塘等湿地类型均具有水质净化功能（赵欣胜等，2016）。

根据北京市水资源公报数据，2014 年全市地表水资源量为 6.45 亿 m^3，其中，潮白河水系径流量最大，为 2.76 亿 m^3，大清河水系径流量最小，为 0.24 亿 m^3。2014 年全市水库蓄水总量为 13.93 亿 m^3，官厅水库年末蓄水 2.69 亿 m^3，密云水库为 8.39 亿 m^3。相比 1956—2000 年北京市地表水平均值 21.75 亿 m^3，近年来地表水资源总量下降明显。2014 年北京市监测河段符合Ⅱ类水质标准（GB 3838—2002，下同）的河长 959.1 km，占总河长的 41%；符合Ⅲ类水质的河长 188.2 km，占 8%；符合Ⅳ类水质的河长 97.2 km，占总评价河长的 4%；符合Ⅴ类水质标准的河长 127.7 km，占总评价河长的 5%；劣Ⅴ类水质标准的河长 979.0 km，占总评价河长的 42%。大中型水库除官厅水库水质为Ⅳ类外，其他均符合Ⅱ～Ⅲ类水质标准。监测湖泊符合Ⅱ～Ⅲ类水质标准面积 431.6 hm^2，占评价面积的 60%；符合Ⅳ～Ⅴ类水质的湖泊 197.0 hm^2，占评价面积的 27%；劣Ⅴ类水质标准的面积 91.0 hm^2，占 13%。总体来看，北京市水库水质较稳定，而湖泊营养化现象仍较严重，水资源短缺和城市下游河道污染严重的局面未明显改变。

6.4.2 评估方法

污染物进入湿地后，在水体的平流输移、纵向离散和横向混合作用下，发生物理、化学和生物作用，使水体中污染物浓度逐渐降低，这是一个动态过程。因此湿地的水质净化能力也是动态的，不同的水平年、不同的保证率以及不同的水质条件下有不同的纳污量。在水文学中纳污能力计算程序一般是：首先，确定污染控制指标和进行相应的功能区划分；然后，根据河段的水文条件、水力学参数和主要净化机理等选择适当的水质模型，模拟水体中污染物的稀释、扩散、迁移和降解规律；最后，再根据环境要求的水质目标（水环境质量标准）计算出各河段所能容纳的最大污染负荷（李红亮等，2006）。

考虑到该研究的实际需要与数据可得性，以水体中 COD 含量为主要测算污染物（孟庆义等，2012），采用不同湿地水域的平均水深和面积估算其蓄水量（水库年蓄水量和河流年径流量采用 2014 年北京市水资源公报数据）。由于Ⅴ类水质以上水体基本丧失水的使用功能，以《地表水环境质量标准》（GB 3838—2002）中Ⅴ类水体中 COD 含量（40 mg/L）为上限，湿地资源各类水体所属水质等级与其相比，来估算其水质净化潜力，计算公式为：

$$W_{\mathrm{p}}=\sum_{i=1}^{n} H_{i}\cdot A_{i}\cdot(P_{\mathrm{V}}-P_{i}) \qquad (6\text{-}6)$$

式中，W_{p} 为湿地年净化水质总量，t/a；H_{i} 为湿地资源平均水深，m；P_{V}和P_i分别为Ⅴ类水体 COD 含量与待评估水体水质等级中 COD 含量，mg/L；A_i 为第 i 个湿地资源斑块面积，hm^2。

采用替代成本法计算湿地的水质净化价值，即采用工业方法去除污水中的污染物（选取 COD 作为净化指标）的费用来测算湿地的水质净化服务价值，计算公式为：

$$V_{\mathrm{p}}=W_{\mathrm{p}}\cdot p \qquad (6\text{-}7)$$

式中，V_{p} 为湿地净化水质服务的价值，元 /a；p为污水处理厂处理单位 COD 的成本，元 /t。

6.4.3 结果分析

（1）北京市湿地净化水质服务

不同类型湿地资源对污染物稀释自净能力不同（赵欣胜等，2016），本书重点测算河流、湖泊、水库和沼泽湿地的净化水质服务，而包括水产池塘、污水处理厂等水面的坑塘湿地未做估算。评估结果表明，北京市湿地资源能净化 COD 4.22 万 t/a。2010 年北京市污水处理厂削减单位 COD 成本为 3 512.6 元 /t（孟庆义等，2012），采用居民消费价格指数调整到 2014 年为 4 021 元 /t，测算得到北京市湿地资源净化水质服务价值为 1.69 亿元 /a，约合 3 295.62 元 /hm^2。在湿地净化水质过程中，不仅吸收滞留 COD，同时也对总氮、总磷、悬浮物等污染物进行稀释净化，因此，北京市湿地资源净化水质服务的实际数值必定高于本评估。不过需要注意的是，湿地净化水质服务与其现状水体流速、流量以及水质状况有重要关系，而河道断流干涸、河岸硬化以及水体发黑发臭等现象极大程度地制约了湿地资源的水质净化服务。

（2）不同类型湿地的净化水质服务

从不同类型湿地资源来看，水库湿地与河流湿地净化污染物（COD）数量较大，分别为 3.21 万 t 和 0.96 万 t，而湖泊湿地和沼泽湿地净化污染物总量较少，这主要是因为在北京市地表水资源主要集中在水库和河流中，与其相比，湖泊与沼泽湿地的蓄水总量较小。其中水库湿地与河流湿地分别提供 1.29 亿元 /a 和 0.39 亿元 /a，净化水质服务约占湿地净化水质服务的99%。但是从水质净化能力来看，沼泽湿地净化水质能力最高，其次为河流湿地和水库湿地，湖泊湿地净化能力最低（图6.5），这主要是北京市河流与湖泊湿地现有水质较差，已无较大环境容量所致。

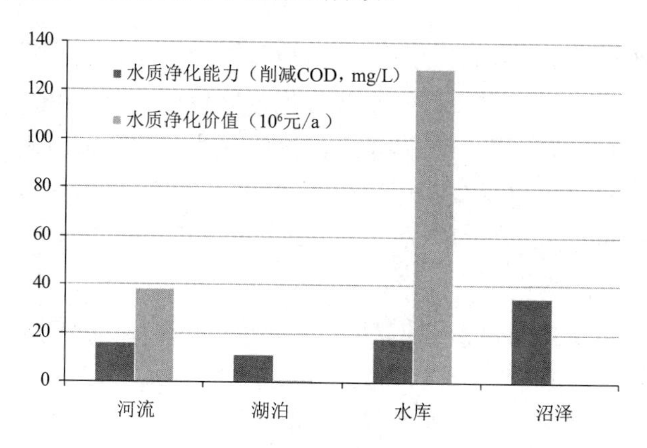

图6.5　北京市不同类型湿地资源的水质净化服务特征

（3）不同区域湿地的净化水质服务

从不同区域湿地资源来看，密云区湿地净化COD总量最高（1.81万t/a），约合经济价值0.73亿元，占北京市湿地净化水质服务的43%；其次为延庆区、房山区、怀柔区和门头沟区湿地资源，分别提供了14%、8.51%、7.38%和5.07%的水质净化服务；朝阳区、丰台区、海淀区和顺义区湿地净化水质服务较低，东城区、西城区和石景山区湿地净化服务总量最低，均不到北京市湿地净化水质服务的0.3%。但是从水质净化能力来看，密云区湿地净化水质服务能力最高（1.67万元/hm^2），其次为延庆区、怀柔区、昌平区和房山区湿地，其单位面积净化水质服务可达1.60万元/hm^2、1. 0万元/hm^2、8 203元/hm^2和7 382元/hm^2；通州区湿地净化服务能力最低（图6.6）。

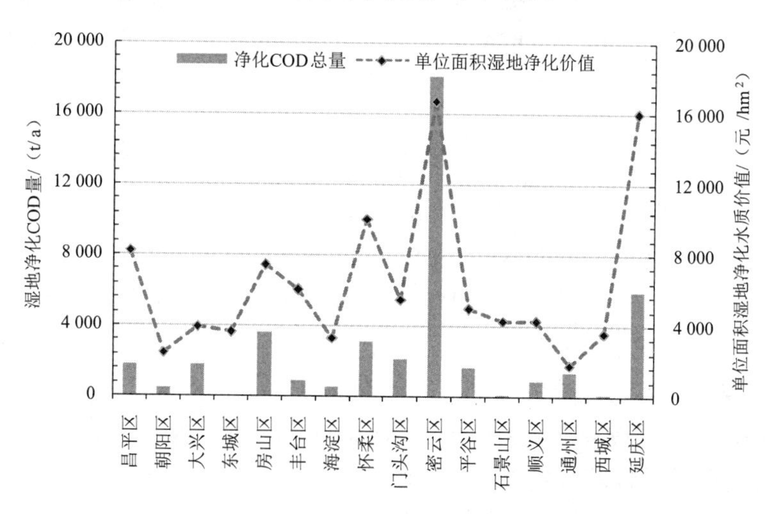

图6.6　北京市不同区域湿地资源的净化水质服务特征

6.5 北京湿地蒸发降温服务评估

6.5.1 概念界定

湿地生态系统中分布着大面积的水面、植被和湿润土壤，特殊的热力学性质使得湿地生态系统不断与大气之间进行热量和水分交换，降低空气温度和增加空气湿度，为湿地内部及其周围环境提供有利的小气候条件，同时减少了人类降温避暑和提高空气湿度而消耗的费用。由于高温干旱季节湿地调节小气候最为显著，且吸热降温和空气增湿属于同一个蒸发过程，因此，本书中的湿地蒸发降温服务是指高温季节（6—9 月）湿地水分蒸发带来的空气温度降低效应。

水面蒸发过程是在自由对流与强迫对流共同作用下进行的，即水面蒸发包括自由对流蒸发和强迫对流蒸发两部分，与日照时数、平均风速和温度日较差具有显著的正相关性。根据《建筑与小区雨水利用工程技术规范》（GB 50400—2006），北京地区陆面和水面蒸发量见表 6.3。

表 6.3 北京地区多年逐月陆面和水面蒸发量

单位：mm

月份	1 月	2 月	3 月	4 月	5 月	6 月	7 月	8 月	9 月	10 月	11 月	12 月
陆面	1.4	5.5	19.9	27.4	63.1	67.8	106.7	95.4	56.2	15.7	6.5	1.4
水面	29.9	32.1	57.1	125.0	133.2	132.7	99.0	98.4	85.8	78.2	45.1	29.3

6.5.2 评估方法

水面通常指由河流（江、河、渠等）、湖泊（天然或人工）、水库、湿地（天然或人工）等形成的水体表面，是城市中最活跃、最富有生命力的部分（何俊仕等，2008）。水面积是以河道（湖泊）的设计水位或多年平均水位控制条件计算的面积，水面积同区域内总面积的比例称为水面率。因此，根据不同湿地类型的水面率及其面积可以估算出北京夏季湿地蒸发水量以及热量，公式如下：

$$W_h = \sum_{i=1}^{n} \lambda_i \times A_i \times \mathrm{ET} \tag{6-8}$$

$$Q_t = W_h \times \delta \tag{6-9}$$

式中，Q_t为北京湿地蒸发吸热量，kJ；W_h为湿地资源夏季蒸发水量，kg；λ_i为不同类型湿地资源水面率，%；A_i为不同类型湿地资源面积，hm^2；ET 为北京夏季水面蒸发量，mm；δ为水汽化热，kJ/kg。

湿地资源夏季降温功能减缓了城市热岛效应的危害，提高了人居环境的舒适度。根据费用支出法，可将城市湿地降温作用等同于夏季居民空调制冷所带来的舒适环境来估算空气降温服务价值。计算公式如下：

$$V_t = \sum_{i=1}^{n} 2.778 \times 10^{-4} \times \rho \times 0.5 \times Q_t \tag{6-10}$$

式中，V_t为城区湿地夏季降温服务价值，元；0.5 为电费单价，取 0.5 元 /（kW · h）；ρ 为人类感知的湿地降温环境高度占大气环流高度比，取 0.01；2.778×10^{-4} 为能量转换系数，1 kJ = 2.778×10^{-4} kW · h。

6.5.3 结果分析

（1）北京市湿地蒸发降温服务

北京地区夏季水面蒸发量在 363.8 mm 左右，蒸发水量为 1.34 亿 t。按照水在 100℃时，1 个标准气压下的汽化热 2.26×10^3 kJ/kg，北京市湿地资源水面蒸发吸热总量为 3.03×10^{12} kJ，约合单位面积湿地蒸发吸热 58.96×10^6 kJ/hm^2。按照热量转换系数与电费价格，测算北京湿地夏季蒸发降温服务价值为 4.21 亿元 /a。在湿地蒸发吸热过程中，不仅使周围环境温度降低，同时也向大气中释放水分增加了空气湿度，因此，北京市湿地资源蒸发降温服务的实际数值必定高于本评估。不过需要注意的是，湿地蒸发降温服务与水域面积以及温度、风速等气象状况有着重要关系，而且不同季节或不同时间段湿地蒸发过程对小气候的影响可能不同。

（2）不同类型湿地的蒸发降温服务

从不同类型湿地资源来看，河流湿地降温服务价值最大（1.85 亿元 /a），占到北京市湿地降温服务总价值的 44%；其次为湖库湿地和坑塘湿地，分别为 1.60 亿元 /a 和 0.48 亿元 /a，约占到湿地降温服务总量的 38% 和 11%；水田湿地和公园湿地降温服务价值较小，沼泽湿地降温服务价值最小，这主要是因为在北京市地表水资源主要集中在水库和河流湿地。从单位面积湿地蒸发吸热能力来看，湖库湿地蒸发吸热能力最高（73.48×10^6 kJ/hm^2），其次为公园湿地、坑塘湿地与河流湿地，分别为 59.85×10^6 kJ/hm^2、56.11×10^6 kJ/hm^2 和 52.52×10^6 kJ/hm^2，水田湿地蒸发吸热能力最低（图 6.7）。

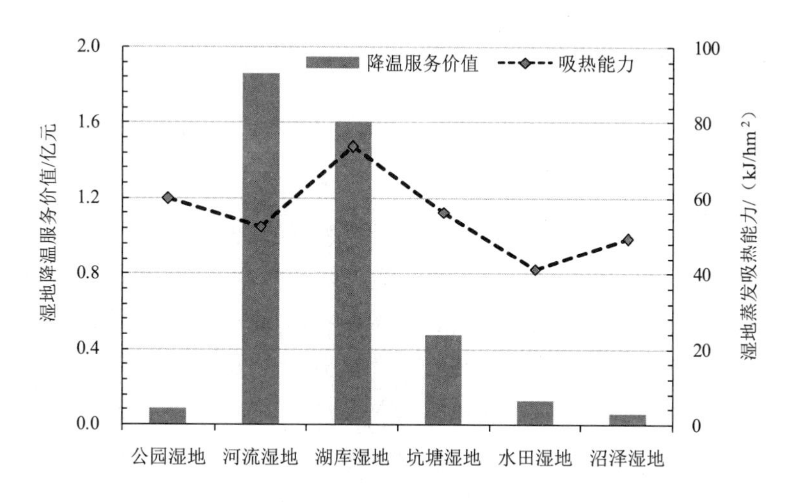

图 6.7 北京市不同类型湿地资源的吸热降温服务

（3）不同区域湿地的蒸发降温服务

从不同区域湿地资源来看，密云区湿地降温服务价值最大（1.06 亿元 /a），占北京市湿地蒸发降温服务的 25%；其次为通州区、房山区、延庆区、大兴区和门头沟区湿地资源，分别提供了 13%、9.28%、7.90%、7.74 和 7.05% 的蒸发降温服务；朝阳区、丰台区、海淀区和顺义区湿地吸热降温服务较低，东城区、西城区和石景山区湿地降温服务总量最低，均不到北京市湿地蒸发降温服务的 0.5%。但是从蒸发吸热能力来看，密云区湿地最高（70.08×10^6 kJ/hm^2），其次为延庆区和怀柔区湿地，其单位面积蒸发吸热可达 63.61×10^6 kJ/hm^2 和 60.70×10^6 kJ/hm^2；通州区湿地蒸发吸热能力最低（图 6.8），主要与其坑塘湿地面积较大有关。

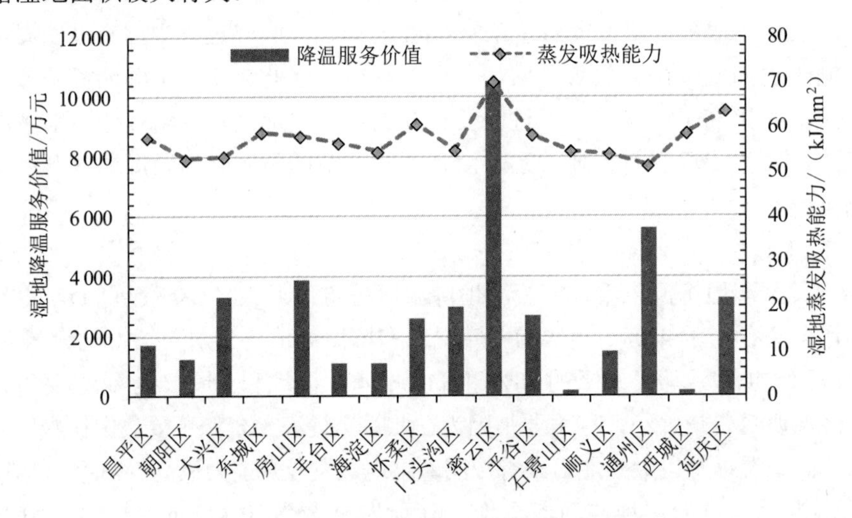

图 6.8　北京市不同区域湿地资源的蒸发降温服务

6.6　北京湿地生境维持服务评估

6.6.1　概念界定

生物多样性是指生命有机体及其赖以生存的生态综合体的多样化和变异性，包括遗传多样性、物种多样性和生态系统多样性。湿地复杂多样的植物群落，为野生动物尤其是一些珍稀或濒危野生动物提供了良好的栖息地，是鸟类、两栖类动物的繁殖、栖息、迁徙、越冬的场所，水草丛生的沼泽环境，为各种鸟类提供了丰富的食物来源和营巢、避敌的良好条件。因而，湿地具有生物多样性富集的特点，是众多动植物繁衍栖息地，物种和遗传资源丰富。湿地生境维持服务是指湿地生态系统为野生动植物等提供栖息保护地、维持生物多样性存在的价值。

根据北京市园林绿化局调查，北京湿地内共有植物 127 科 503 属 1 017 种，占北京植物种数的 48.7%；动物种类共 36 目 89 科 393 种，占全市动物种类的 75.6%，其中有数百种动植物为国家级和北京市级保护动植物（杜鹏志，2009）。不过，北京湿地生物多样性主要集中分布在野鸭湖湿地和汉石桥湿地。野鸭湖湿地分布有鸟类 15 目 52 科共 233 种，其中，国家级一级保护鸟类 4 种，国家级二级保护鸟类 23 种；汉石桥湿地有国家重点保护物种 20 种，其中，国家重点保护野生植物 1 种，重点保护野生动物 19 种（陈卫等，2007）。

6.6.2 评估方法

由于目前湿地生多样性维持服务价值的量化多采用生物物种价格法和条件价值法（CVM）。生物物种价格法理论上较为准确与可信，但评估过程比较复杂且成本较高，结果往往高于人类实际支付能力；而条件价值法（CVM）通过调查人类对生态系统非使用价值的支付意愿来间接反映其存在价值，虽然较为简便且成本较低，但评估结果往往低于生物多样性实际价值。本书基于以上结论，以湿地现有生物数量与生境质量等级（以湿地二级类型与起源类型）为生物多样性维持服务价值参数（α），北京市湿地生境维护服务价值的计算公式为：

$$\alpha_i = 0.5 \cdot W_t + 0.3 \cdot W_b + 0.2 \cdot W_o \tag{6-11}$$

$$V_b = \sum_{i=1}^{n} \alpha_i \cdot V_0 \cdot A_i \tag{6-12}$$

式中，V_b为湿地生境维持存在的价值，元 /a；V_0为典型区域湿地生物多样性评估参照值，元 /（$hm^2 \cdot a$），取生物物种价格法和条件价值法平均值；α为湿地生物数量与生境质量的调整参数；W_t、W_b和W_o分别为湿地资源类型、生物数量和湿地起源参数；A_i为湿地面积；i 为湿地资源斑块数。

6.6.3 结果分析

（1）北京市湿地维持生境服务

参照北京地区已有湿地生物多样性维持价值测算，基于北京市 5.14 万 hm^2 湿地中现有动植物数量与生境质量，估算得到北京市湿地生物多样性的生境维持服务价值为 10.84 亿元 /a，约合 2.11 万元 /hm^2。需要说明的是，湿地维持生物多样性存在的价值不等于湿地内生物多样性价值，不是湿地内现有所有生物多样性价值之和，而是湿地资源作为生态系统为各种生物多样性的存在提供生境的价值，同时反映了人类为保存湿地生物多样性存在的重要性认识程度与支付意愿。

（2）不同湿地类型的生境维持服务

从不同湿地类型来看，河流湿地生境维持服务价值最大（5.92 亿元 /a），占到湿地生物多样性维持服务价值的 63%，湖库湿地生物多样性维持服务价值为 3.28 亿元 /a，约占湿地生物多样性维持总价值的 35%，坑塘湿地和水田湿地分别提供 9.52% 和 2.47% 的生物多样性维持价值，沼泽湿地生物多样性维持服务价值为 3 515 万元 /a，占湿地生物多样性维持总价值的 3.73%；公园湿地生物多样性维持价值总量最小（1 527 万元 /a），仅占 1.62%（图 6.9）。

不过从单位面积湿地的生物多样性维持服务来看，沼泽湿地最高，为 4.09 万元 /（$hm^2 \cdot a$），其次为河流湿地和湖库湿地，其单位面积维持生物多样性价值分别为 2.32 万元 /（$hm^2 \cdot a$）和 2.09 万元 /（$hm^2 \cdot a$），公园湿地和坑塘湿地单位面积维持生物多样性服务接近，均为 1.47 万元 /（$hm^2 \cdot a$），水田湿地维持生物多样性服务最低，仅为 1.06 万元 /（$hm^2 \cdot a$）（图 6.9）。

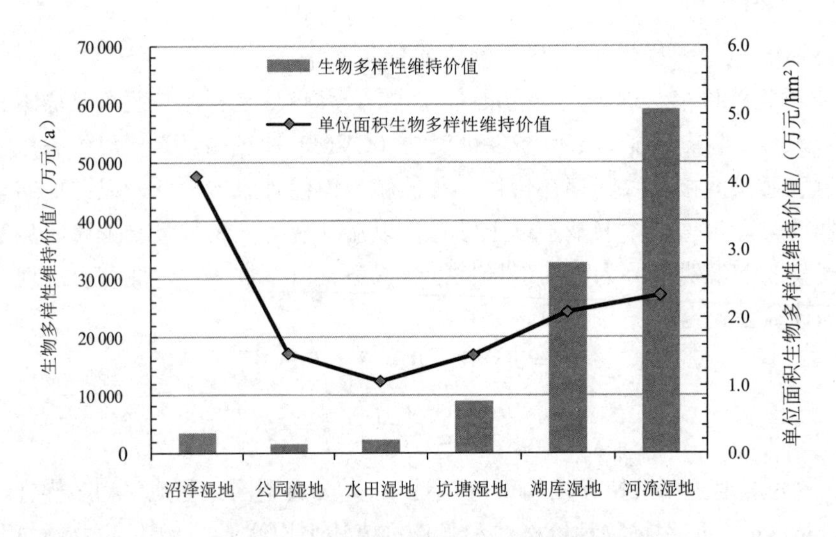

图 6.9　北京市湿地资源生境维持服务价值

（3）不同区域湿地的生境维持服务

从不同区湿地资源来看，密云区湿地资源维持生物多样性价值最大，为 2.52 亿元 /a，占北京市湿地维持生物多样性价值的 23.24%；其次为通州区湿地年维持生物多样性价值 1.39 亿元，占湿地生物多样性维持服务价值的 12.90%；房山区、延庆区、门头沟区和大兴区湿地维持生物多样性服务价值比例分别占 9.30%、8.64%、8.06% 和 8.12%；其余区湿地资源维持生物多样性服务价值总量较小，东城区、西城区和石景山区湿地资源维持生物多样性服务价值量最小（图 6.10）。这主要与不同区湿地资源面积有关。

从单位湿地面积维持生物多样性价值来看，延庆区最高［2.54 万元 /（$hm^2 \cdot a$）］，其次为顺义区、密云区、门头沟区、昌平区、怀柔区、房山区和平谷区，单位湿地面积维持生物多样性服务价值均高于 2 万元 /（$hm^2 \cdot a$），海淀区、丰台区、通州区和石景山区等区域湿地维持生物多样性价值较低，西城区湿地维持生物多样性价值最低，仅为 1.21 万元 /（$hm^2 \cdot a$）（图 6.10）。

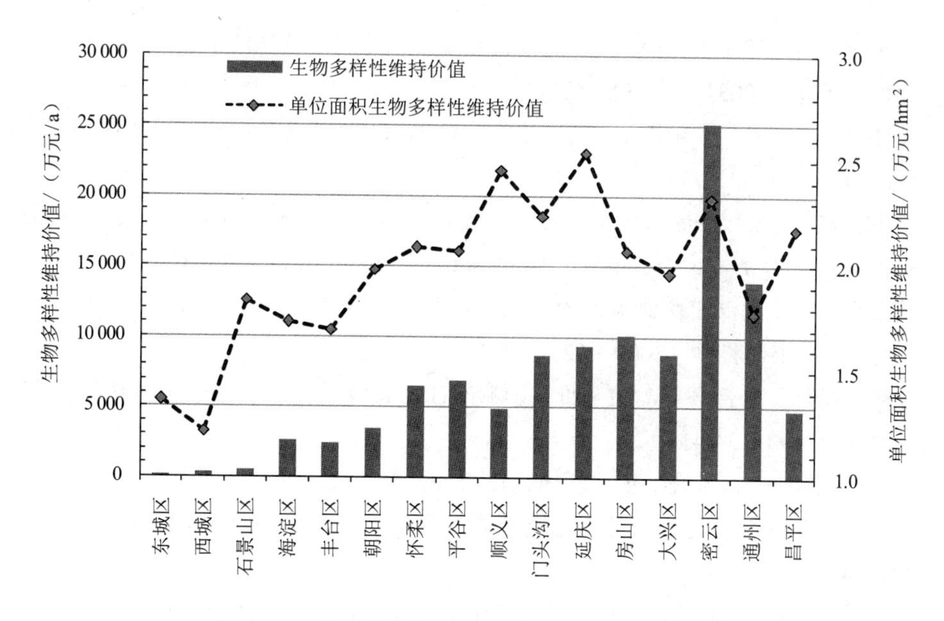

图 6.10 北京市不同区湿地资源的生境维持服务

参考文献

[1] 崔丽娟 . 鄱阳湖湿地生态系统服务功能价值评估研究 [J]. 生态学杂志，2004，23（4）：47-51.

[2] 郝敏，刘红玉，吕宪国 . 流域湿地水质净化功能研究进展 [J]. 水科学进展，2006，17（4）：566-573.

[3] 李云鹏，李怡庭，刘景哲，等 . 松嫩平原湖泡湿地水化学特征及净化水质作用研究 [J]. 东北水利水电，2001，19（11）：39-56.

[4] 康文星，席宏正，袁正科 . 洞庭湖湿地净化污染物的研究 [J]. 水土保持学报，2008，22（3）：146-151.

[5] 尹发能 . 论洞庭湖湿地对污染物的净化作用 [J]. 福建地理，2004，19（2）：1-5.

[6] 宋君 . 乌梁素海湿地水质污染特征及水体自净能力探讨 [D]. 呼和浩特：内蒙古大学，2010.

[7] 陈小峰，揣小明，曾巾，等 . 太湖氮素出入湖通量与自净能力研究 [J]. 环境科学，2012，33（7）：2310-2314.

[8] 韩涛，翟淑华，胡维平，等 . 太湖氮、磷自净能力的实验与模型模拟 [J]. 环境科学，2013，34（10）：3862-3871.

[9] 尹澄清，兰智文，晏维金 . 白洋淀水陆交错带对陆源营养物质的截留作用初步研究 [J]. 应用生态学报，1995，6（1）：76-80.

[10] 吴玲玲，陆健健，童春福，等．长江口湿地生态系统服务功能价值的评估 [J]. 长江流域资源与环境，2003，12（5）：411-416.

[11] 段晓男，王效科，欧阳志云．乌梁素海湿地生态系统服务功能及其价值评估 [J]. 资源科学，2005，27（2）：110-115.

[12] Luttik Joke. The value of trees, water and open space as reflected by house prices in the Netherlands [J]. Landscape and Urban Planninga，2000，48：161-167.

[13] 钟海玥，等．武汉市南湖景观对周边住宅价值的影响——基于 Hedonic 模型的实证研究 [J]. 中国土地科学，2009（12）：63-68.

[14] 王德，黄万枢．外部环境对住宅价格影响的Hedonic法研究——以上海为例 [J]. 城市规划，2007，31（9）：34-41.

[15] 吕宪国．湿地生态系统保护与管理 [M]. 北京：化学工业出版社，2004.

[16] 庄大昌．洞庭湖湿地生态系统服务功能价值评估 [J]. 经济地理，2004，24（3）：391-394，432.

[17] 刘娜，王克林，段亚峰．洞庭湖景观格局变化及其对水文调蓄功能的影响 [J]. 生态学报，2012，32（15）：4641-4650.

[18] 刘维志，尚杰，刘凤文．黑龙江水资源生态服务功能价值评估 [J]. 安徽农业科学，2008，30：340-341.

[19] 李锋，冯明雷，陈宏文，等．湖泊湿地水质净化功能研究进展 [J]. 江西科学，2014，32（5）：624-629，659.

[20] 赵欣胜，崔丽娟，李伟，等．吉林省湿地生态系统水质净化功能分析及其价值评价 [J]. 水生态学杂志，2016，37（1）：31-38.

[21] 陈鹏．厦门湿地生态系统服务功能价值评估 [J]. 湿地科学，2006，4（2）：101-105.

[22] 李红亮，李文体．水域纳污能力分析方法研究与应用 [J]. 南水北调与水利科技，2006，4（增刊）：58-60，97.

[23] 孟庆义，欧阳志云，马东春，等．北京水生态服务功能与价值 [M]. 北京：科学出版社，2012.

[24] 何俊仕，吴迪，魏国．城市适宜水面率及其影响因素分析 [J]. 干旱区资源与环境，2008，22（2）：6-9.

[25] 周博．野鸭湖湿地生态服务价值评价方法研究 [D]. 北京：首都师范大学，2011.

[26] 杜鹏志．北京湿地资源现状分析与思考 [J]. 林业资源管理，2009，6（3）：51-55.

[27] 陈卫，胡东，付必谦，等．北京湿地生物多样性研究 [M]. 北京：科学出版社，2007.

7　北京市绿化资源生态系统服务评估案例

7.1　北京市森林水源涵养功能区域差异评估

森林水源涵养功能是指森林生态系统通过林冠层、枯落物层和土壤层拦截滞蓄降水（孙立达和朱金兆，1995），从而有效涵蓄土壤水分和补充地下水、调节河川流量的功能（慕长龙和龚固堂，2001）。大量研究与实践表明（孙立达和朱金兆，1995），区域水量平衡法是目前计量研究区整体水源涵养功能最为有效也最为常用的方法，但是难以反映评价区域内部水源涵养功能的差异。随着森林资源价值核算工作的不断深入，森林价值评估逐渐由全国、区域等大尺度转向区县、地块等小尺度，因此，同一区域内的不同森林类型以及不同区位条件下森林涵养水源功能的差异值得关注。

7.1.1　研究区概况

北京市位于华北平原的西北部（39°28′—41°05′ N，115°25′—117°30′ E），土地总面积 16 807.8 km^2，其中山区面积约占 62%，平原区占 38%。北京市气候属暖温带半湿润季风大陆性气候，多年平均气温 12.0℃，≥ 2℃活动积温 4 000 ～ 4 600 h，无霜期 150 ～ 200 d，多年平均降水量 585 mm，降水分布极不均匀，主要集中在夏季，多以暴雨形式出现，年蒸发量达 1 800 ～ 2 000 mm。北京市境内有永定河、潮白河、北运河、大清河和冀运河 5 大水系，大小河流 200 多条，长 2 700 km，大中小型水库 85 座，总库容约 9.4×10^9 m^3，大型引水渠 4 条。

根据北京市第六次二类资源清查结果，2004 年森林面积 91.8 万 hm^2，其中针叶林面积 13.7 万 hm^2，阔叶林面积 39.1 万 hm^2，针阔混交林面积 6.81 万 hm^2，灌木林地面积 32.1 万 hm^2；森林资源主要分布在密云、怀柔、延庆和平谷等区，优势树种以柞树为主，其次为侧柏、油松和杨树等；林种结构主要是防护林，占林分面积的 83.1%，其次为特种用途林和用材林，分别占林分总面积的 11.7% 和 5.2%；北京市森林以幼龄林为主，占总林分面积的 58.4%；林分平均郁闭度为 0.51，平均胸径 9.6 cm。北京市森林土壤类型多样，主要有山地草甸土、山地棕壤、褐土、潮土、沼泽土、水稻土和风砂土等，地带性土壤为褐土，而且随海拔高度的变化，土壤类型呈现明显分异规律。

7.1.2 评估方法

本评价是在 ArcGIS 9.0 和北京市森林资源第六次二类调查小班数据基础上实现的，首先采用区域水量平衡法计算北京市森林生态系统涵养水源总量，然后根据林地小班蓄水能力（土壤厚度与非毛管孔隙度）和林地面积确定水源涵养功能的综合权重，最后计算出每个林地小班的涵养水源量。

区域尺度上森林涵养水源量根据水量平衡法（肖寒等，2000）计算，公式为：

$$W = (1-\rho) \cdot R \cdot A \tag{7-1}$$

式中，W 为森林涵养水源量，m^3/a；ρ 为多年平均蒸发散率，%；R 为年降水量，mm；A 为森林生态系统面积，hm^2。

林地小班尺度上森林涵养水源量的计算重点在于确定涵养水源功能的权重。研究证明（Liu et al.，2003；Jin et al.，1999），森林涵养水源的功能主要是由土壤层贮水完成的，而土壤层厚度和非毛管孔隙度可综合反映森林土壤涵养水源的潜在能力（金小麒，1990），因此，采用林地土壤层厚度和非毛管孔隙度（表 7.1）与林地面积组合成涵养水源权重，公式如下：

$$\alpha_i = \frac{d_i \cdot c_i \cdot A_i}{\sum_{i=1}^{n}(d_i \cdot c_i \cdot A_i)} \tag{7-2}$$

式中，α_i为第 i 个森林小班的水源涵养权重；d_i和c_i分别表示第 i 个林地小班的土壤层厚度，cm；土壤非毛管孔隙度，%；A_i为林地小班面积，hm^2。

表 7.1 北京市不同优势树种林地土壤非毛管孔隙度

优势树种	侧柏（周择福，1996）	油松（吴文强等，2002）	柞栎（于志民等，1999）	杨树（刘晨峰，2007）	桦树（高鹏等，1993）
非毛管孔隙度*	9.69%	9.8%	8.1%	16.6%	10.85%
优势树种	山杨（高鹏等，1993）	阔叶树（于志民等，1999）	灌木（周择福，1996）	刺槐（高鹏等，1993）	落叶松（高鹏等，1993）
非毛管孔隙度*	8.96%	10.5%	8.68%	7.95%	6.9%

* 数据均为引用文献中测定数据的平均值。

7.1.3 结果分析

根据北京市统计数据（北京市统计局，2006），2004 年北京市降水量 483.3 mm，多年蒸发散率为 72%（李海涛，1997），根据式（7-1）计算得到 2004 年北京市森林生态系统共涵养水源 $1.26 \times 10^9 m^3$，单位面积森林涵养水源量 1 372.57 m^3/hm^2。

（1）不同区森林水源涵养功能差异

北京市森林资源主要集中分布在西部和北部的房山区、延庆区、怀柔区等 14 个区，评价结果表明：怀柔区森林涵养水源的功能最大，其贡献率为 16.3%，其次为延庆区（14.56%）、密云区（11.69%）、门头沟区（10.69%）、房山区（10.02%）、昌平区（8.48%）、平谷区（8.37%）和顺义区（5.21%），上述8个区森林涵养水源的累积贡献率达到了85.3%，其余6个区森林对水源涵养量的贡献较小，其中石景山区森林的水源涵养贡献率最低，仅为0.28%；从单位面积森林涵养水源量来看，通州区最大，为3 225.72 m^3/hm^2，其次为顺义区（3 099.40 m^3/hm^2）、朝阳区（2 920.66 m^3/hm^2）、大兴区（2 735.37 m^3/hm^2）、海淀区（2 180.69 m^3/hm^2）和丰台区（2 139.84 m^3/hm^2），其余区森林涵养水源能力均小于2 000 m^3/hm^2。森林涵养水源的贡献率综合取决于森林面积和单位面积涵养水源能力两个因素（图7.1），其中平谷区、昌平区、房山区、门头沟区、密云区、延庆区和怀柔区森林涵养水源的贡献率与其森林面积比例的相关性较高，即森林面积越大，其水源涵养功能的贡献越大；而顺义区、通州区、大兴区、海淀区、朝阳区、丰台区和石景山区森林与其单位面积涵养水源能力有较高的相关性。

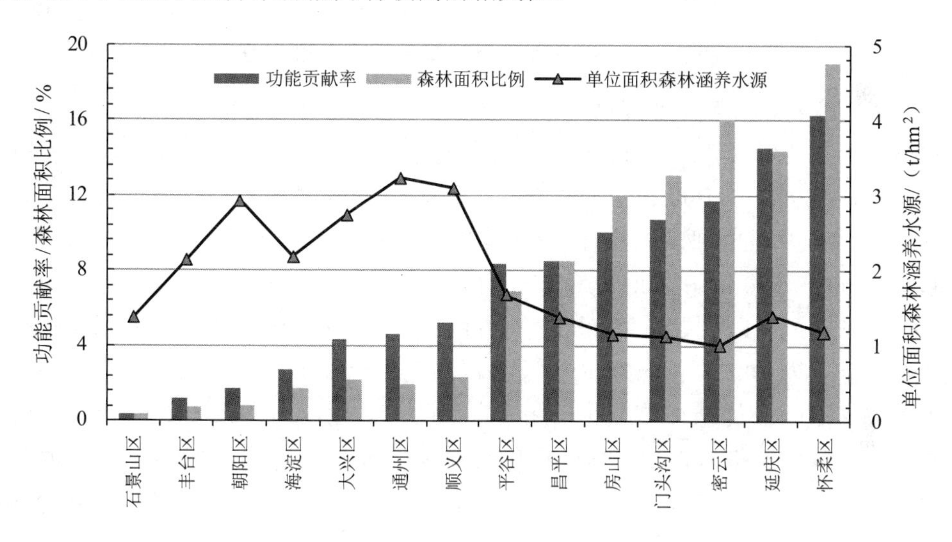

图7.1 北京市14区森林生态系统涵养水源功能特征

（2）不同森林类型水源涵养功能差异

北京市森林生态系统主要有针叶林、阔叶林、混交林和灌木林4种类型，其中，阔叶林和灌木林涵养水源功能的贡献最大，其贡献率分别为57.8%和23%（二者累计贡献率为80.8%），而针叶林和混交林的贡献率仅为11.9%和7.16%；就单位面积森林涵养水源量来看，阔叶林最高，为1 863.98 m^3/hm^2，其次为混交林和针叶林，分别为1 322.11 m^3/hm^2 和1 094.1 m^3/hm^2，灌木林单位面积涵养水源功能最低，为902.22 m^3/hm^2。由图7.2可以发现，阔叶林水源涵养贡献率最高（57.88%），与其面积和单位面积水源涵养能力都最大有关，灌木林水源涵养贡献率较高（23.04%），这是由于其面积较大所致，尽管针阔混交林单位面积涵养水源能力并不低，但是其面积所占比例最小，导致其涵养水源的贡献率最低（7.16%）。

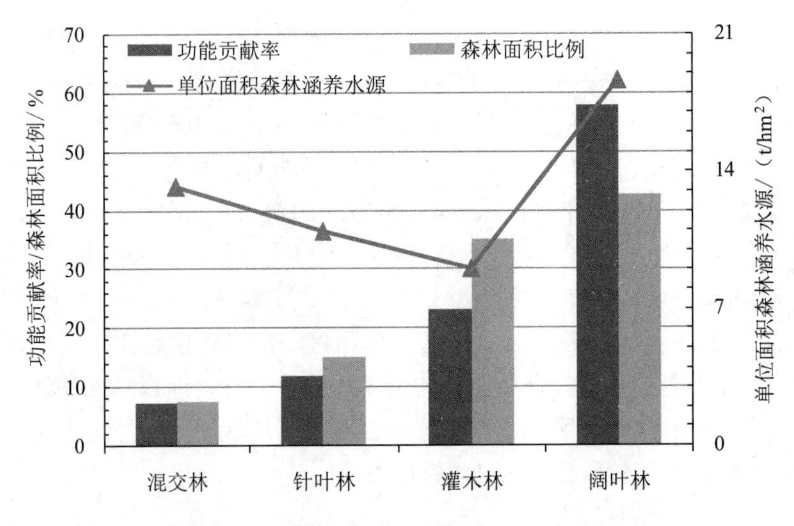

图 7.2 北京市不同森林类型涵养水源功能特征

（3）不同海拔区森林水源涵养功能差异

根据北京市森林资源分布地区的海拔高度，可以划分为＜ 100 m、100 ～ 500 m、500 ～ 800 m、800 ～ 1 000 m 和＞ 1 000 m 等 5 个级别（图 7.3）。结果发现，北京市森林的水源涵养功能主要来自海拔 800 m 以下地区（其累计贡献率为 83%），其中，＜ 100 m、100 ～ 500 m 和 500 ～ 800 m 海拔高度上的森林涵养了总水源量的 29%、30.7% 和 23.3%，位于海拔高度 800 ～ 1 000 m 和＞ 1 000 m 的森林涵养水源功能的贡献率较低，分别为 10.3% 和 6.7%；不同海拔高度上森林单位面积涵养水源量不同，其中位于海拔＜ 100 m 的森林单位面积涵养水源能力最大，为 2 729.36 m^3/ hm^2，而位于海拔高度＞ 1 000 m 和 100 ～ 500 m 处的森林单位面积涵养水源能力比较接近，分别为 1 248.56 m^3/ hm^2 和 1 206.22 m^3/ hm^2，海拔 500 ～ 800 m 和 800 ～ 1 000 m 处森林的涵养水源能力差异不大，分别为 1 081.95 m^3/ hm^2 和 1 037.32 m^3/ hm^2；可见，海拔高度 100 ～ 500 m 和 500 ～ 800 m 地区的森林，其涵养水源的贡献率较高主要受其森林面积较大的影响，而海拔高度＜ 100 m 地区的森林，其水源涵养价值贡献率较高与其单位面积森林涵养水源能力最高有关。

（4）不同坡位森林水源涵养功能差异

根据北京市森林资源二类调查数据，林地坡位共分为脊部、上坡位、中坡位、下坡位、山谷、平地和全坡 7 种类型（图 7.4），其中位于全坡的森林水源涵养贡献率最高，为 40.7%，其次平地森林的涵养水源贡献率为 37%，二者的累计贡献率达到了 77.8%；就其单位面积森林涵养水源能力来看，平地森林的单位面积涵养水源量最大，为 2 530.13 m^3/ hm^2，其次为山谷、下坡位、脊部的森林，其单位面积涵养水源量分别为 1 978.08 m^3/ hm^2、1 405.78 m^3/ hm^2、1 119.93 m^3/ hm^2，位于中坡位和上坡位的森林涵养水源能力比较接近，分别为 1 088.57 m^3/ hm^2 和 1 053.76 m^3/ hm^2，而位于全坡的森林单位面积涵养水源的能力最小，仅为 1 009.91 元 / hm^2；可见，尽管全坡上森林的涵养水源能力最低，但是其面积比重最大，因此其水源涵养功

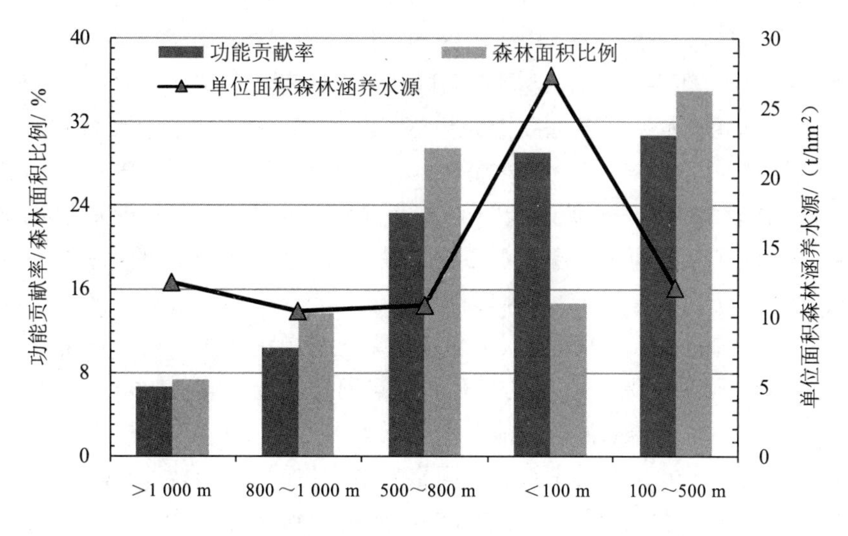

图 7.3 位于不同海拔高度森林涵养水源功能特征

能的贡献率（40.70%）仍高于其他坡位上森林，平地上的森林涵养水源能力和面积比率都较高，因而其水源涵养贡献率也较高（37.12%），而位于山谷、脊部和其他坡位的森林，尽管其单位面积涵养水源量并不低，但是由于它们的面积太小，因而其水源涵养的贡献率并不高。

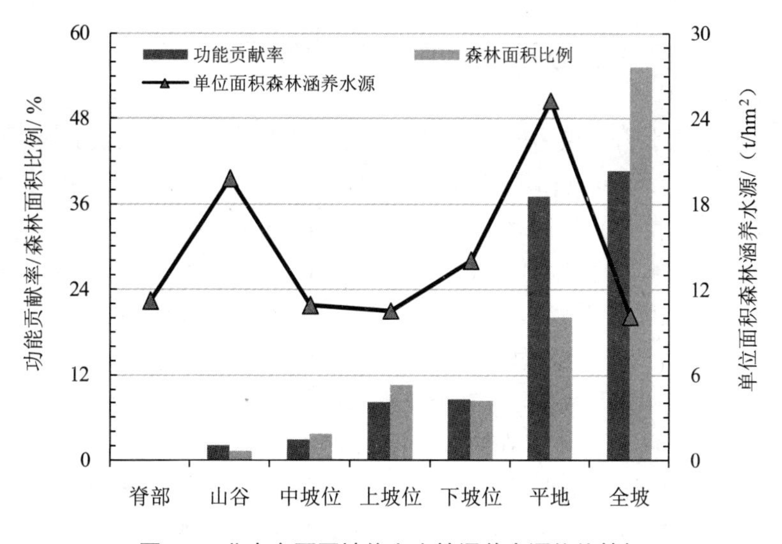

图 7.4 北京市不同坡位上森林涵养水源价值特征

7.1.4 结论与讨论

本书以北京市第六次二类调查森林数据为基础，根据区域水量平衡法和土壤蓄水能力特征，计算了北京市和林地小班两个尺度上森林涵养水源的功能，并比较分析了不同森林类型和区位条件上森林涵养水源功能的差异，发现不同区森林涵养水源功能不同，其中怀柔区、延庆区、密云区、门头沟区和房山区的森林是北京市森林生态系统涵养水源功能的主体，但是通州区、顺义区、朝阳区和大兴区森林单位面积涵养水源的能力较大；阔叶林和灌木林涵养水源贡献远高于针叶林和混交林，但是单位面积涵养水源能力正好相反，即阔叶林＞混交林＞针叶林＞灌木林；在北京地区，海拔＜ 100 m、100 ～ 500 m 和 500 ～ 800 m 森林为涵养水源功能的主体，其中海拔＜ 100 m 森林的涵养水源能力最高；此外，位于平地和全坡的森林涵养水源贡献最高，但是位于平地的森林单位面积涵养水源能力最高，而位于全坡森林涵养水源能力最低。

森林生态系统的水源涵养功能及其价值评估是当前生态服务功能研究的热点问题（赵传燕等，2003），同时也是一个极其复杂的难点问题（金小麒，1990）。本书在评价分析北京市森林生态系统涵养水源的功能及其差异的过程中，没有考虑不同林地小班上降水量和蒸发散率的差异性，尤其是较大降雨事件中产生的快速地表径流等因素的影响，考虑到这部分径流量较小（陈东立等，2005），而且受到当前技术手段和监测数据的限制，本书没有深入研究，不过这也正是下一步重点研究和解决的问题。尽管本书所引用的参数不能十分精确地反映北京市森林生态系统涵养水源功能的真实情况，并且由于数据资源和研究方法的局限性，仅对森林生态系统的蓄水功能做出了粗略估计，但是这并不妨碍人们对于北京市森林涵养水源的功能及其差异的认识。随着未来评估方法和监测技术手段的不断完善，森林水源涵养功能的评价及其价值估算将会更加合理与准确。

7.2 北京市森林生态系统土壤保持功能评估

土壤侵蚀是指在水力、风力、冻融或重力等营力作用下，土壤及其母质被破坏、剥蚀、搬运和沉积的过程（韩富伟等，2007），它能使土壤层变薄，肥力衰退，涵蓄水能力降低，从而导致耕地荒芜、气候恶劣、生态环境恶化和自然灾害增多（赵忠海，2005）。北京市山区的土壤侵蚀问题较为严重（符素华等，2002），据北京市水土流失监测公报数据，2004 年山区土壤侵蚀面积 4 089 km^2，占到了山区总面积的 39%。虽然目前关于北京市地区土壤侵蚀的研究较多（赵忠海，2005；符素华等，2002；符素华等，2001；齐乌云等，2003；杨志新等，2004；周为峰等，2005；毕小刚等，2006），但是有关森林植被土壤保持功能的综合评价并不多见。而且在我国植被水土保持功能的研究中，主要是以覆盖度（或林草面积比）来评价植被的水土保持功能（韦红波等，2002），这种单一评价指标不能全面反映植被水土保持功能差异（刘启慎和李建兴，1994），因此，研究和利用综合性指标评价植被的土壤保持功能具有重要的理论价值和实践意义。

7.2.1 研究区概况

北京市位于华北平原的西北部（39°28′—41°05′N，115°25′—117°30′E），土地总面积 16 800 km^2，其中山区面积 10 400 km^2，占市域总面积的 62%。北京属暖温带半湿润季风大陆性气候区，年均温 9.0 ～ 12.0℃，多年平均降水量 638.8 mm，降水分布极不均匀，主要集中在夏季多以暴雨的形式出现，年蒸发量达 1 800 ～ 2 000 mm。北京市土壤类型多样，主要有山地草甸土、山地棕壤、褐土、潮土、沼泽土、水稻土和风砂土等，地带性土壤为褐土。

2004 年北京市现有森林面积 9.16×10^5 hm^2，其中阔叶林面积 3.91×10^5 hm^2，占森林总面积的 42.7%，其次为灌木林 3.21×10^5 hm^2，占森林资源的 35.1%，而针叶林和针阔混交林面积较小，分别占 15% 和 7.3%；北京市森林生态系统①主要分布在西部和北部山区，其中怀柔区、密云区、延庆区、门头沟区和房山区的森林资源数量较多，其面积分别占森林总面积的 19.1%、16.1%、14.4%、13.1% 和 12.1%。北京市森林优势树种以柞树为主，其次为侧柏、油松和杨树等；林种结构主要是防护林，其次为特种用途林和用材林；北京市森林生态系统以幼龄林为主，占总林分面积的 58.4%；林分平均郁闭度为 0.51，平均胸径 9.6 cm。

7.2.2 评估方法

（1）评价指标选择

植被是影响土壤侵蚀的最主要因素（赵忠海，2005）。研究表明（罗伟祥等，1990；董荣万等，1998），林地土壤侵蚀量与植被覆盖度有很强的负相关性，即随着林分覆盖度的增加，土壤侵蚀量减少。我国对植被覆盖与土壤侵蚀的关系通常划分为 6 个级别（张桂华和姚凤梅，2004；赖仕嶂等，2001）：植被覆盖度在 90% 以上地区属于无明显侵蚀区；覆盖度 70% ～ 90% 地区属轻度流失区；50% ～ 70% 地区属于中度侵蚀区；覆盖度 30% ～ 50% 地区属于强度侵蚀区；覆盖度 30% 以下、坡度大于 25° 地段，可发生极度侵蚀；而植被覆盖度 10% 以下则为剧烈侵蚀区。

森林内枯枝落叶层可有效防止土壤侵蚀的发生（吴钦孝等，1998）。随着枯落物厚度的增加，森林控制土壤侵蚀效应增强，因此林地枯落物厚度是防止土壤侵蚀的重要指标（侯喜禄等，1996）。吴钦孝等（1998）对黄土高原区森林研究发现，枯枝落叶层阻延径流速度的最低有效厚度为 0.5 cm，抑制土壤蒸发的最低有效厚度为 1.0 ～ 2.0 cm，防止土壤溅蚀的最低有效厚度为 0.5 ～ 1.0 cm，提高土壤抗冲刷性能的最低有效厚度为 1.0 ～ 2.0 cm。

降雨能量，尤其是降雨动能是土壤侵蚀的直接动力（余新晓，1988；刘向东等，1994；周国逸，1997）。在森林生态系统中，林冠层、林下矮小灌木和草本植物能在一定程度上降低雨滴动能，因此林分结构的复杂程度影响森林土壤保持能力（雷瑞德，1988）。研究发现（陈廉杰，1991），两层结构（比如乔草或灌草型）的水土保持功能好于单层乔木林，乔木—灌木—草本型三层覆盖林地水土保持效果最好。

不同森林类型对土壤侵蚀的控制能力也有影响：乔木林保持水土能力高于灌木（吴钦孝和赵鸿雁，2001）；混交林由于其地上和地下部分彼此交错镶嵌分布，可以形成良好

① 本书中森林包括针叶林、阔叶林、针阔混交林和灌木林，由于东城区与西城区森林面积较小，本书未计算在内。

的结构，从而比纯林具有更大的水土保持功能（杨吉华等，1993）；一般而言，阔叶树人工林土壤抗蚀性大于针叶林、荒山荒地和侵蚀裸地（赖仕嶂等，2001）。

森林林冠能够拦截部分降水，减弱雨滴对土壤表层的直接冲击和侵蚀，防止地表土壤侵蚀（赖仕嶂等，2001）。余新晓（1988）研究发现，林冠郁闭度与森林植被减弱降雨势能作用成正比关系，因此增加林分郁闭度，可以减弱降雨对地表的冲刷侵蚀作用；不过陈廉杰（1991）研究发现，当乔木层郁闭度＜ 0.80 时，随着郁闭度的增加，土壤侵蚀量减少，呈现负相关，而当郁闭度＞ 0.88 时，则转为正相关。因此，合理的郁闭度应控制在 0.8 ～ 0.88（周国逸，1997；陈廉杰，1991）。

（2）评价指标标准化

本书选取植被覆盖度、枯枝落叶层厚度、群落结构、森林类型和林冠层郁闭度等 5 个指标，根据不同评价指标值赋予相应的分值，结果见表 7.2。

表 7.2　北京市森林保持土壤能力评价指标及其标准化

指标 \ 分值	1	0.8	0.6	0.4	0.2	0
植被覆盖度 /%	＞ 90	70 ～ 90	50 ～ 70	30 ～ 50	10 ～ 30	＜ 10
枯落物厚度 /cm	＞ 3	2 ～ 3	1.5 ～ 2	1 ～ 1.5	0.5 ～ 1	＜ 0.5
林冠郁闭度	0.8 ～ 0.9	0.7 ～ 0.8 0.9 ～ 1.0	0.5 ～ 0.7	0.3 ～ 0.5	0.2 ～ 0.3	＜ 0.2
森林类型	混交林	阔叶林	针叶林	灌木林		
群落结构	完整结构	复杂结构	简单结构			

（3）土壤保持能力指数

森林的土壤保持能力指数（index of soil conservation by forest ecosystem）即为综合评价森林生态系统保持土壤能力相对大小的指标，计算公式为：

$$\mathrm{ISCF} = \sum_{i=1}^{5} \alpha_i \cdot S_i \tag{7-3}$$

式中，α_i为第 i 个指标权重；S_i为第 i 个评价指标的分值。

本书利用层次分析法计算各评价指标的权重α_i，得到权数矩阵 A=（0.49，0.27，0.03，0.07，0.14），经过对判断矩阵进行一致性检验，CR=0.05 ＜ 0.1，认为判断矩阵具有较好的一致性。

7.2.3　结果分析

以北京市森林资源第六次二类调查数据为基础（2004 年），对 63 457 个林地小班计算其保持土壤能力指数，并将土壤保持能力指数划分为低保持区、较低保持区、中保持区、较高保持区和高保持区共 5 个等级（表 7.3）。计算结果表明：北京市森林生态系统的土壤保持能力较高，其中，65.7% 的森林土壤保持能力指数＞ 0.4，仅有 16.8% 的森林保持土壤能力＜0.2，这些森林主要分布在平谷、怀柔、密云和房山等山区，其原因是植被覆盖度和枯落物数量较小。因此，北京市森林生态系统的土壤保持功能还有较大的提升潜力。

表 7.3 北京市森林生态系统土壤保持能力指数分布

土壤保持状态	低保持区	较低保持区	中保持区	较高保持区	高保持区
土壤保持能力指数	0 ～ 0.2	0.2 ～ 0.4	0.4 ～ 0.6	0.6 ～ 0.8	0.8 ～ 1
森林面积比例 /%	16.8	17.5	38.2	18.2	9.3

（1）不同区森林土壤保持功能差异

北京市的森林资源集中分布在怀柔、密云、延庆、门头沟和房山等北部和西部山区（图 7.5），这些地区地形复杂，山高坡陡，降水量较高，易于发生土壤侵蚀、滑坡、泥石流等自然灾害，因此，森林的土壤保持功能对于这些地区的可持续发展具有重要意义。评价结果表明，尽管石景山区的森林面积最小，但是其土壤保持能力最高（0.66），而怀柔区森林面积最大，但是其土壤保持能力并不高（0.3）；密云区、延庆区和门头沟区的森林土壤保持能力都较高（均为 0.5 左右），其次为房山区和海淀区（均为 0.4 左右）；而通州区和大兴区森林的土壤保持能力最差，分别为 0.18 和 0.16，其余区森林的土壤保持能力指数集中分布在 0.2 ～ 0.4。可见，从各区来看，北京市森林生态系统的土壤保持功能基本得到发挥，但是仍具有继续提高的潜力空间，尤其是怀柔区森林的土壤保持能力需要提高。

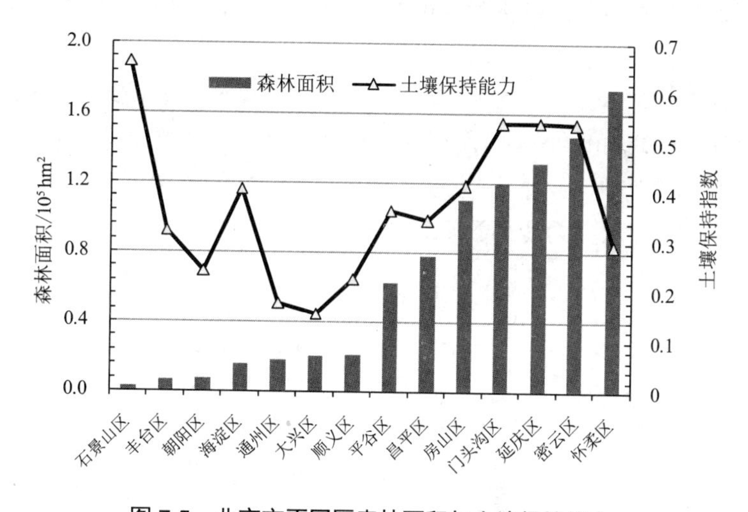

图 7.5 北京市不同区森林面积与土壤保持能力

（2）不同海拔区森林的土壤保持能力

根据海拔高度的不同，可以将北京市森林生态系统所处的地区划分为平原区（＜ 100 m）、丘陵区（100 ～ 500 m）、低山区（500 ～ 800 m）和中山区（＞ 800 m）。研究发现，随着海拔高度的升高，森林生态系统的土壤保持能力增大（图 7.6），其中位于中山区森林的土壤保持能力最高（森林的土壤保持能力指数为 0.6），低山区和丘陵区森林的土壤保持能力处于中等水平（分别为 0.5 和 0.4），而平原区森林的土壤保持能力最低，其土壤保持能力指数仅为 0.2；根据北京市的实际情况，平原地区土壤侵蚀的潜在威胁并不高，而且其面积相对较小；但海拔较高的山区土壤侵蚀的威胁较大。因此，北京市森林生态系统土壤保持的功能较好地吻合了防治土壤侵蚀的实际需要。

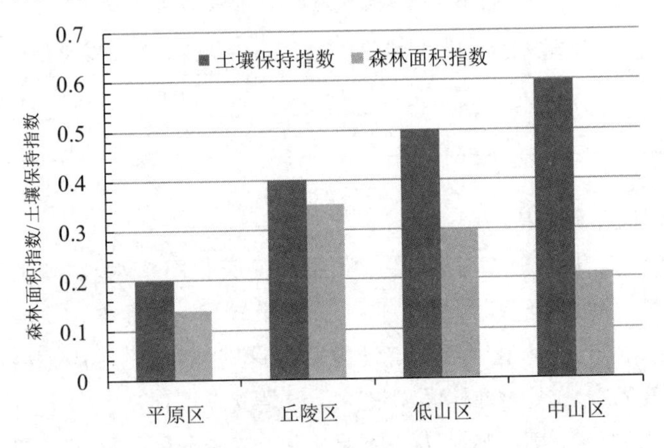

图 7.6 北京市不同海拔区森林面积比值及其土壤保持能力

（3）不同坡度区森林的土壤保持能力

地形坡度也是土壤侵蚀过程中重要的影响因子（吴钦孝，2001）。当乔灌草层次及盖度相近似条件下，随着坡度增加，地表径流与土壤侵蚀量相应增加（陈廉杰，1991）。在本书中，根据地形坡度的不同，可以将北京市森林资源的分布地区划分为平坡（＜ 5°）、缓坡（6° ～ 15°）、斜坡（16° ～ 25°）、陡坡（26° ～ 35°）、急坡（36° ～ 45°）和险坡（＞ 45°）6 种类型。结果发现，随着地形坡度的增加，森林土壤保持的能力增大，但是坡度 25° 以上地区（即陡坡、急坡和险坡）增加不是很明显（图 7.7）；在北京地区，79.5% 的森林分布在坡度大于 5° 的坡地上，而这些地区森林具有较高的土壤保持能力，因此，北京市的森林生态系统的土壤保持功能得到了有效发挥。

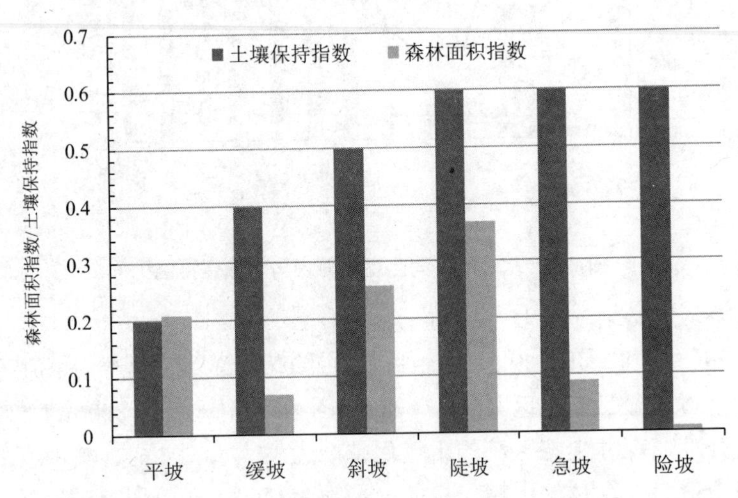

图 7.7 北京市不同坡度区森林的面积比值及其土壤保持能力

（4）不同土壤类型区森林的土壤保持能力

土壤自身的抗侵蚀能力是影响土壤流失量的内在因子，主要取决于土壤的种类，即土壤容重、渗透性能、有机质含量、颗粒大小、土壤结构等级和渗透系数等（刘定辉和李勇，2003）。在北京地区，林地的土壤类型主要有山地草甸土、山地棕壤、褐土等 6 种类型，其中 68% 的森林土壤类型为褐土，18% 为山地棕壤，土壤类型为潮土的森林占 9%，其余土壤类型的森林面积很小，均低于 1%。不过计算结果表明，土壤类型为山地草甸土和山地棕壤的森林生态系统保持土壤能力最高（均大于 0.6），其次是土壤类型为褐土的森林（0.45），其余土壤类型的森林保持土壤能力较差，均小于 0.3（图 7.8）。

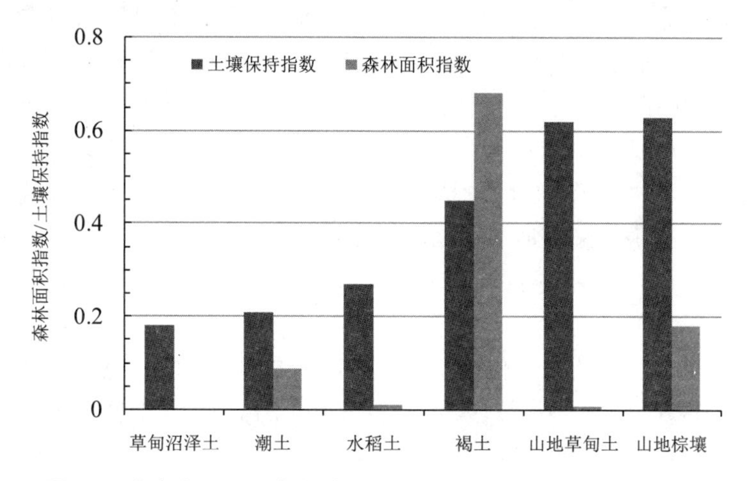

图 7.8　北京市不同土壤类型区森林的面积比值及其土壤保持能力

7.2.4　讨论

土壤侵蚀是一个全球性的灾害问题（毕小刚等，2006），森林植被对水土流失的控制作用也早已为人们所认识（张清春等，2002）。但是任何地区森林植被建设与营造，都必须结合当地自然条件的实际情况，客观认识当地土壤侵蚀的特征以及森林植被的功能特征，不过我国当前植被水土保持功能差异的研究主要集中在单一植被覆盖度指标上，不利于完全综合性地认识植被对土壤侵蚀的控制作用。本书在分析森林植被控制土壤侵蚀主要影响因子的基础上，采用植被覆盖度、枯落物厚度、群落结构、森林类型和林冠层郁闭度等 5 个指标综合评价了北京市森林土壤保持能力的特征，能够揭示北京市森林控制土壤侵蚀能力在不同区、海拔高度、地形坡度以及土壤类型上的差异，有助于促进人们客观认识森林植被对土壤侵蚀控制作用，有利于定量评价北京市森林资源的效益以及合理进行森林资源建设与管理。不过，森林植被控制土壤侵蚀功能还受到树木年龄（吴钦孝和赵鸿雁，2001）、林冠层高度（雷瑞德，1988）、树木根系等因素的影响，而且 5 个评价指标之间也存在一定的相关性问题，这需要进一步研究，不过这并不影响人们对北京市森林生态系统土壤控制作用的认识和理解。

7.3 北京城市绿地调蓄雨水径流功能评估

随着城市人口的快速增加和城市规模的不断扩张，城区面积不断扩大，经过人工改造的城市下垫面不透水面积急剧增加，强烈改变了自然水分循环过程，促使城市地区的生态、经济以及社会因素发生复杂变化（DeFries，2010），主要表现在城区排水压力增大，地下水来源补给减少以及地表径流携带污染物等。此外，降雨带来的水文和水质问题对城市水体的影响越来越大（Bernatzky，1983）。城市绿地在减少城区暴雨径流、节省市政排水设施以及净化雨水等方面具有重要作用。北京市不仅人口高度集中，建成区面积不断扩大，而且地下水位明显下降，面临严重水资源紧缺和城区洪涝灾害增加的困境（侯立柱等，2006），充分利用雨水资源成为缓解城市缺水和改善环境的有效手段（周嵘，2010）。因此，城市雨水资源化利用有着巨大的经济效益和生态效益（刘志雨，2009；北京市统计局，2010）。定量开展城市绿地调蓄雨水径流综合评估，有助于提高人们对城区绿地的调蓄雨水径流功能和重要性的认识，充分利用城市雨水资源解决城市绿地灌溉水源问题，从而促进城市绿地的科学管理和建设维护。

7.3.1 研究区概况

近年来，北京市快速的城市化进程使相当部分的流域被不透水表面覆盖，如屋顶、街道、人行道、车站、停车场等。1949 年新中国成立初期，北京城区面积为 18 km^2，而现如今北京城区已扩大到 490.1 km^2（刘志雨，2009）。城市化后大量天然可渗地面成为不透水的硬质地表面，造成地表径流系数变大（图 7.9）。

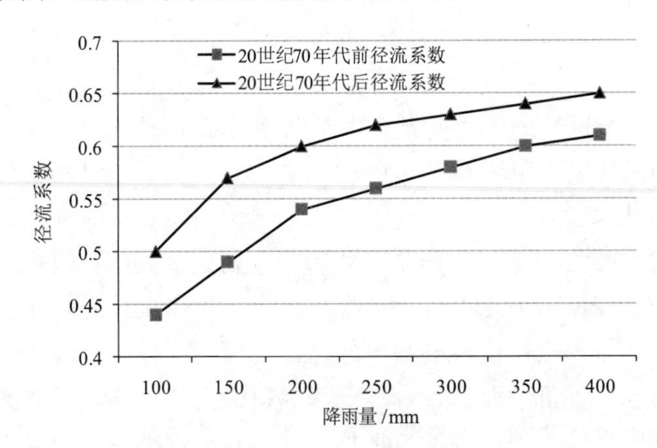

图 7.9 北京城区暴雨径流系数 20 世纪 70 年代前后变化对比

城市为了迅速排走地表雨水，保证城市公共设施在降雨时和降雨后能尽快恢复正常功能，一方面，不断完善雨水管道网，兴建大量地下排水管道与抽水泵站，加快城市雨水的排泄；另一方面，阻断了降雨对地下水的补给通道，造成地下水补给量长期小于开采量，地下水位不断下降，形成大范围的降落漏斗，威胁城市安全（图 7.10）。

2009 年北京市园林绿化局组织相关单位对规划市区范围（含海淀山后、丰台河西），

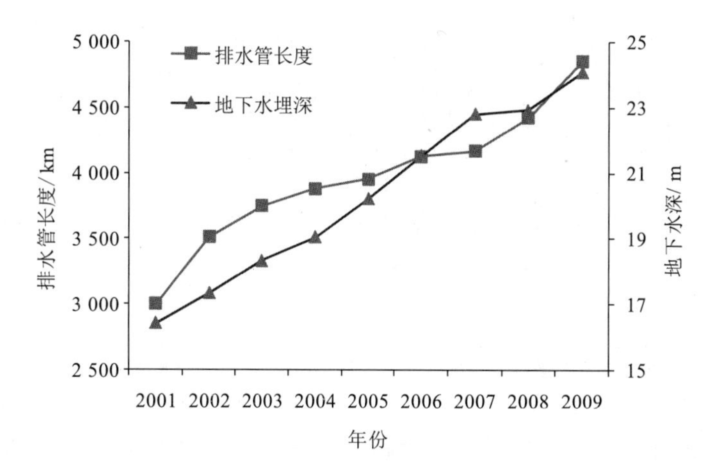

图 7.10　北京 2001—2009 年排水设施与地下水资源情况

数据来源：北京市统计局，2010；北京市水文局，2009。

以及新城、中心城镇和建制镇的规划范围（含达到城市建设标准的乡村，如新农村等）的园林绿地开展了调查。调查内容包括园林绿地的类型、面积，乔、灌、花、草等园林植物的种类、数量等。调查结果表明：北京市城区绿地和小城镇绿地面积 61 695.35 hm^2，其中公园绿地面积为 18 069.74 hm^2，占全部绿地的 29.3%；生产绿地面积为 1 223.66 hm^2，占全部绿地的 2.0%；防护绿地面积为 14 870.59 hm^2，占全部绿地的 24.1%；道路（河岸）绿地面积为 12 126.92 hm^2，占全部绿地的 19.7%；附属绿地面积为 15 404.44 hm^2，占全部绿地的 25.0%。

7.3.2　研究方法

城市绿地调蓄雨水径流的功能主要表现为雨水径流的滞蓄和净化。其中，城市绿地对雨水的滞蓄能力受土壤性质、土壤水分特性、饱和导水率、降雨特性等影响。土壤渗透性是描述土壤入渗快慢的重要土壤物理特征参数，在其他条件相同情况下，土壤渗透性能越好，地表径流越少（余新晓等，2004）。根据数据实际获取情况，采用不同区年降雨量与各类绿地土壤稳渗率参数评估绿地调蓄径流量，计算公式为：

$$W=\sum_{i=1}^{n}W_i=\sum_{i=1}^{n}\alpha_i\times(1-r_i)\times R_i\times A_i\times10^{-3} \tag{7-4}$$

式中，W 为绿地年调蓄雨水径流量，m^3/a；W_i 为第 i 个图斑绿地调蓄雨水径流量，m^3/a；α_i为土壤渗透性参数（表 7.4）；r_i为不同绿地径流系数；r_i为不同地区年降水量，mm；A_i 为绿地图斑面积，m^2。

表 7.4 北京市不同绿地类型土壤渗透性参数

绿地类型	土壤渗透率 [a]/（mm/min）	土壤渗透性参数
公共绿地	8.25	0.82
道路绿地	3.95	0.39
居住区绿地	10.09	1
附属绿地	8.23	0.82
防护绿地	7.38	0.73
生产绿地	8.7	0.86

a 马秀梅. 北京城市不同绿地类型土壤及大气环境研究 [D]. 北京：北京林业大学，2007.

城市化发展迅速，使排水河道防洪负担成倍增加。而绿地生态系统可以有效阻挡降水、延迟降雨在地表积聚的时间，减少地表径流流量和推迟洪峰形成的时间，并削减洪峰流量，减少暴雨冲毁房屋建筑、排水设施以及其他市政基础设施造成的损失以及维修费。因此，城市绿地相当于绿色水库，不仅能够有效减少地表径流外排量，而且能够增加降雨向土壤水的转化量，有效补给地下水。同时，在绿地滞蓄雨洪时，会有部分悬浮物随雨水进入土壤中滞留下来，土壤对雨水能起到一定程度的净化作用。研究表明（侯立柱，2006），绿地径流的电导率、高锰酸钾指数、硫酸盐、氯化物等指标都低于其他下垫面的径流，说明绿地对其有净化作用，部分污染物在降雨过程中已随下渗雨水进入土壤。天然降水、绿地径流和屋面径流水质较好，基本能达到地表水Ⅴ类水水质标准，绿地径流水质虽属Ⅴ类标准，但与Ⅲ类标准相比，仅有氨氮超标。根据北京市中水水质标准，绿地净化后的径流水质与中水大体相同，因此绿地滞蓄雨水与净化水质的价值可以采用水库造价和中水价格分别作为相应的影子价格，其计算公式如下：

$$V = \sum_{i=1}^{n} V_i = \sum_{i=1}^{n} W_i \times (P_1 + P_2) \tag{7-5}$$

式中，V 为绿地调蓄雨水径流价值，元 /a；V_i为第 i 个绿地图斑的调蓄雨水径流价值，元 /a；P_1和P_2分别表示北京地区水库的造价和中水的价格，元 /m^3。

7.3.3 结果分析

根据北京市水资源公报数据，2009 年北京市降水量 448 mm，其中平谷区降水量最大，为 562 mm；延庆县最小，为 351 mm。北京地区绿地径流系数为 0.1，硬化地表径流系数为 0.8（殷社芳，2009）。根据式（7-4）计算得到，2009 年北京城市绿地生态系统调蓄雨水径流 1.54 亿 m^3，约合单位面积绿地调洪净污 2 494 m^3/hm^2。据研究（吴勇和苏智先，2002），我国城市森林单位面积涵养水源 3 000 m^3/hm^2，考虑到北京地区植被蒸发散量较大，加上林草结构植被可能比森林结构涵养水源能力差些，间接说明该结果基本可信；根据北京地区水库造价 7.73 元 /m^3（Zhang et al., 2010）以及中水价格为 1 元 /m^3（刘捷和储媚，2007）计算，绿地年调蓄雨水径流价值为 13.44 亿元，约合 2.18 万元 /hm^2。

北京市绿地资源主要集中分布在朝阳区、海淀区和顺义区，绿地面积占北京市绿地的 45.7%。其中朝阳区绿地年缓排暴雨 31.33×10^6 m^3，提供调洪净污总价值为 2.735 亿元，其次为海淀区和顺义区，其暴雨缓排量分别为 26.41×10^6 m^3 和 18.39×10^6 m^3，相应的调洪净污总价值为 2.306 亿元和 1.605 亿元。其余区绿地提供的调洪净污功能量与价值如图 7.11 所示。不过从单位面积绿地缓排暴雨能力来看，西城区和东城区绿地较高，其次为朝阳区、丰台区、石景山区和顺义区绿地，延庆区和怀柔区的城市绿地缓排暴雨能力并不高；单位绿地面积调洪净污价值的变化趋势大体一致。

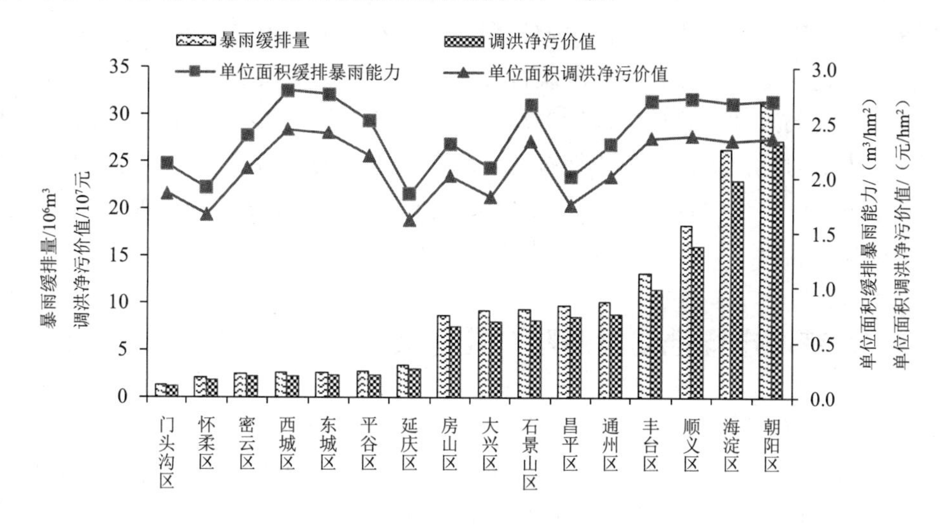

图 7.11 不同区绿地调洪净污功能及价值

7.3.4 讨论

北京市雨水分布极不均匀，80% 以上降雨量集中在 6—9 月。充分利用城区绿地滞蓄暴雨，是有效利用降雨，增加入渗，减小暴雨径流和河道防洪负担并改善水生态环境的重要措施。而将城区的雨水径流加以滞蓄以回补地下水，是今后城市化发展过程中充分利用水资源，减轻城市防洪负担的有效途径。在雨水下渗的同时，也能充分利用土壤的净化能力，对城区径流导致的面源污染控制有重要意义。

本书以 2009 年北京城市园林绿地调查数据为基础，采用径流系数法，计算得到 2009 年北京城市绿地生态系统调洪净污 1.54 亿 m^3，与 2006 年北京市生态景观用水量（1.61 亿 m^3）大体相当（魏保义和王军，2009），说明绿地对雨水径流的调蓄作用不可忽视。同时，通过价值化手段定量评价生态服务功能的价值有助于提高人们的生态保护意识。本书采用影子价格法，计算得到北京市绿地年调蓄雨水径流价值 13.44 亿元，其中绿地暴雨缓排价值 11.9 亿元，如果按照二类养护标准计算 [6 元 /（m^2 · a)]，北京绿地年养护成本为 17.83 亿元，考虑到绿地同时具有其他重要生态服务价值，也说明了加强城市绿地建设的生态重要性。另外，从不同地区来看，绿地调蓄雨水径流功能主要受其面积影响，朝阳区绿地调蓄雨水径流及其价值量最高，其次为海淀区、顺义区、丰台区和通州区绿地，而密云区、怀柔区和门头沟区绿地调蓄雨水径流功能及其价值较低。但是从其单位面积绿地调蓄雨水功能而言，东城区和西城区较高，其次为城郊区，密云区和怀柔区等边远郊区绿地调蓄雨水能力较低，其原因可能与其城区内硬化地表分布有关（肖荣波等，2007）。

不过，绿地对雨水的滞蓄能力以及对污染物的控制作用，受到土壤性质、土壤水分以及降雨特性等多方面的影响，决定了定量评估绿地调洪净污功能及其价值的复杂性和难度。本书在评价分析北京市绿地缓排暴雨和净化水质过程中，没有考虑不同地形特征、土壤深度和区域蒸散量等因子的影响，也没有涉及不同绿地对具体污染物的截留固定作用，这是下一步需要重点研究和解决的问题。尽管本书所引用的参数来源于定点实验数据，不能十分精确地反映北京市绿地缓排暴雨及控制污染的真实情况，并且由于数据资源和研究方法的局限性，目前仅能针对绿地的调洪净污量及其价值做出粗略估计，但是这并不妨碍人们对北京市绿地对于缓排暴雨和净化水质的贡献及其差异的认识。我们相信，随着未来评估方法和监测技术手段的不断发展，以及更多定位观测数据的补充完善，绿地调洪净污功能及其价值的估算将会更加合理与准确。

7.4 北京城市绿地防灾避险功能评估

城市绿地的防灾避险功能早已从多次地震、火灾等城市灾难性事件中充分体现出来，成为抵抗自然灾害、提供避难场所的“生命绿洲”（陈刚，1996；杨文斌等，2004；邱健等，2008）。城市绿地在灾害事件中可以作为居民避难疏散场地，同时可以阻挡火势的蔓延和细菌的传播，减轻建筑物倒塌及物体坠落的危害，支援避难生活，作为地标、救灾指挥和医疗救助场所、救灾设施及物资基地、运输通道以及复旧和重建的据点等（李树华，2010）。此外，绿地植被可以在一定程度上缓解人们的痛苦和压力（Ulrich et al.，1991；Hartig et al.，1996）。北京所处的地理、气候、地质等环境条件共同决定了北京是一个自然灾害频发的城市。随着北京城市化进程的发展，建筑物密度和体量逐渐增大，加之人口数量的剧增，一旦发生灾害性事件，将对人们的逃生和灾后救援带来重重困难。本书针对北京市主城区，筛选出具有防灾避险功能的城市绿地，分析不同类型城市绿地的防灾避险服务半径，并运用 ArcGIS 进行缓冲区分析，研究不同城区和街道、地区办事处及乡镇中绿地防灾避险的空间辐射效应，以期对北京市城市绿地规划设计和城市防灾体系建设提供借鉴。

7.4.1 研究区概况

研究区范围为北京城区，包括东城区、西城区、海淀区、朝阳区、丰台区和石景山区，总行政区面积 1 368.32 km^2。根据 2010 年北京市第六次全国人口普查主要数据公报，六区常住人口为 1 171.6 万人。研究对象为研究区域内的城市绿地，包括公园绿地、生产绿地、防护绿地、附属绿地和其他绿地。城市绿地的基础数据及空间数据来源于 2009 年北京市园林绿化局调查数据，调查内容包括园林绿地的类型、面积，乔、灌、花、草等植物的种类、数量等。街道、地区办事处和乡镇界限根据北京市规划委员会编制的“北京市行政区域界线基础地理底图”进行数字化。

城市绿地中并非所有都可以发挥防灾避险功能，首先应该满足一定的面积要求，一般不小于 1 hm^2（李树华，2010）；公园绿地中的专类公园，如历史名园、风景名胜公园、植物园、动物园，有大量宝贵的文物、遗产、珍稀动植物品种，也是应该在灾害中加以保护的；公园绿地中的水体部分不宜作为避险用地。

基于北京绿地调查数据库中的绿地面积字段、类型字段和名称字段，利用 ArcGIS 进行筛选，剔除上述不满足防灾避险要求的绿地，得到研究区内可用于防灾避险的绿地斑块 3 817 块，面积 31 393.44 hm^2。其中大于 50 hm^2 的斑块有 83 块，面积为 11 634.5 hm^2，占防灾避险绿地的 37.06%。从不同城区防灾避险绿地的分布来看，朝阳区和海淀区最多，面积分别为 11 784.22 hm^2 和 9 956.9 hm^2，占 37.54% 和 31.72%，其次为丰台区和石景山区，东城区和西城区面积比重较小；从满足防灾避险要求的绿地类型来看，防护绿地、公园绿地和附属绿地较多，分别占 38.48%，31.42% 和 29.44%，生产绿地较少（图 7.12）。

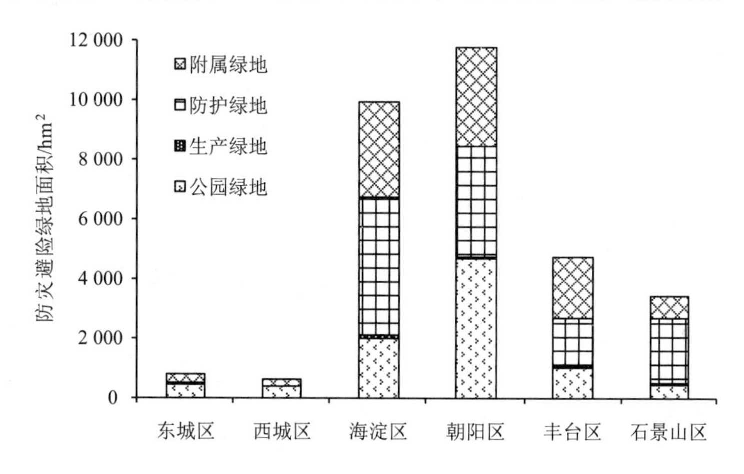

图 7.12 各城区防灾避险绿地面积

7.4.2 研究方法

（1）城市绿地防灾避险服务半径

日本在《防灾公园规划和设计》中将防灾公园主要划分为 5 种类型：①广域防灾据点，一般为 50 hm^2 以上的广域公园或城市基干公园，主要用于急救、灾后恢复、重建；②区域避难场所，面积要求在 10 hm^2 以上，服务半径为 2 km，在地震、火灾等灾害发生时收容邻近居民；③紧急避难场所，一般为 1 hm^2 以上的地区公园、临近公园，服务半径 0.5 km，可作为临时避险场所或中转站；④邻近避难点，一般为 500 m^2 左右的街心公园，作为居民附近的防灾活动地点；⑤避难绿带，要求宽度在 10 m 以上，一是可以作为避险通道，二是可以作为防止火势蔓延的缓冲带（李树华，2010；王丹丹，2009）。申世良（2009）将城市的减灾空间归结为点状空间、线状空间和面状空间，并且分析了三种类型减灾空间与绿地的对应关系。借鉴日本的防灾公园规划与相关研究，结合不同防灾避险地的使用时间、功能和空间规模要求，得出了城市基本防灾避险地与不同绿地分类的对应关系（表7.5）。

表7.5 城市基本防灾避险地与绿地的对应关系

防灾避险地	使用时间	到达时间及服务半径	规模要求	主要功能发挥	对应城市绿地类型
临时避险地	灾害发生时至数小时内	步行5 min之内，300～500 m	1 hm^2 以上，人均1～2 m^2	人员紧急逃离、疏散、站立	小区游园、街旁绿地、部分附属绿地
区域避险地	灾害发生数天至数周内	步行10～20 min	10 hm^2 以上，不少于4 hm^2/人	人员疏散、临时帐篷搭建、医疗救助、防灾据点	区域性公园、居住区公园等
广域避险地	灾害发生数月及更长	1 000～2 000 m	50 hm^2 以上，10～12 hm^2/人	过渡性住所搭建、医疗、消防、警察、信息据点	全市性公园
防灾绿带	贯穿灾害发生		宽度在10 m以上	救援输送、消防通道、防止火势蔓延	带状公园、道路（河岸）绿地、部分防护绿地

根据规模大小、基础设施条件等特征，城市绿地可以作为不同的防灾避险地。公园绿地包括综合公园、社区公园、专类公园、带状公园、街旁绿地等，公园绿地一般集中成片，在建设中要满足一定的基础设施标准和服务设施标准，是最为适合用作避险的绿地类型；生产绿地主要为城市绿化提供苗木、花草和种子等，植物密度较大，不宜用于避险，但生产绿地一般配有水、电系统，灾害发生时可用作应急供水、供电及物资储备地；防护绿地在日常中起到卫生、隔离和安全防护功能，在灾害发生时可以起到隔离火势蔓延、细菌传播等功能；附属绿地一般在建筑物附近，可用于人员紧急疏散，同时可以用于堆放灾害所产生的建筑物垃圾。根据城市基本防灾避险地和绿地的对应关系及不同类型绿地在灾害发生时主要功能及规模、设施特征，得到北京城市绿地的防灾避险服务半径（表7.6）。

表7.6 北京城市绿地的防灾避险服务半径

绿地大类	绿地中类	绿地小类	主要防灾避险功能	防灾避险服务半径/m
公园绿地	综合公园	全市性公园	过渡性临时住所搭建、医疗救助、消防、警察、救灾指挥中心	1 500
		区域性公园	临时帐篷搭建及维持基本生活空间、医疗救助、区域性的据点	1 000
	社区公园	居住区公园	简易帐篷搭建、人员疏散	500
		小区游园	人员紧急撤离、疏散	300
	专类公园		人员疏散、救灾物质集散	500
	带状公园		人员疏散、避险通道	500
	街旁绿地		人员紧急撤离、疏散	300

绿地大类	绿地中类	绿地小类	主要防灾避险功能	防灾避险服务半径 /m
公园绿地	隔离地区生态景观绿地		防火、隔离有毒有害物质	300
	其他公园绿地		人员站立及疏散	300
生产绿地			应急供水、供电、食品储备	500
防护绿地			人员站立、疏散、防火	300
附属绿地	商服、工矿仓储、居住、公关管理与服务绿地，道路（河岸）绿地		人员站立、疏散、建筑垃圾堆放；救灾、消防、交通等通道	300

（2）防灾避险绿地缓冲区分析

缓冲区分析是识别地理实体或空间物体对其周围的临近性或影响度而在其周围建立一定宽度的多边形。缓冲区分析在衡量公共设施影响范围研究中是一种常用的空间分析方法（林康等，2009）。以研究区城市绿地的空间矢量数据为基础，运用 ArcGIS 中的 Buffer Wizard 工具，以不同类型城市绿地防灾避险服务半径为缓冲区距离，得到防灾避险服务范围，缓冲区重合部分进行融合，并进行适当裁切，以扣除绿地本身。结合北京市行政区划和街道、地区办事处及乡镇的分布，得到不同城区和街道、地区办事处及乡镇防灾避险绿地的辐射范围。

7.4.3 结果分析

（1）不同城区绿地防灾避险服务范围

研究区内避险绿地缓冲区面积为 66 061.3 hm^2，加上绿地自身面积，研究区内城市绿地提供防灾避险的有效服务面积为 97 454.7 hm^2，占行政区面积的 71.22%，服务盲区为 39 377.3 hm^2。较为明显的防灾避险盲区主要分布在五环之外的海淀、丰台和朝阳，五环之内无论从避险绿地面积还是服务范围，城北要好于城南地区。

从不同城区防灾避险绿地的服务范围来看，西城区和东城区绿地及缓冲区占行政区面积比重最高，分别为 91.24% 和 85.71%，其次为朝阳区、石景山区，服务范围比重分别为 75.41% 和 73.82%，海淀区和丰台区绿地服务范围最低，不足 70%。从防灾避险绿地的服务盲区来看，海淀区盲区最大，为 14 239.01 hm^2，其次为朝阳区和丰台区，盲区面积分别为 11 190.00 hm^2 和 10 699.87 hm^2，三区服务盲区面积占总盲区面积的 91.75%，西城区和东城区防灾避险盲区较小。

表 7.7 防灾避险绿地及缓冲区在不同城区的覆盖范围

城区	城区面积 / hm^2	绿地面积 /hm^2	缓冲区面积 / hm^2	绿地与缓冲区占城区比重 /%	服务盲区面积 / hm^2
东城区	4 186	806.42	2 781.58	85.71	598.00
西城区	5 053	642.04	3 968.27	91.24	442.69
海淀区	43 073	9 956.90	18 877.09	66.94	14 239.01

城区	城区面积 / hm^2	绿地面积 /hm^2	缓冲区面积 / hm^2	绿地与缓冲区占城区比重 /%	服务盲区面积 / hm^2
朝阳区	45 508	11 784.22	22 533.78	75.41	11 190.00
丰台区	30 580	4 754.67	15 125.46	65.01	10 699.87
石景山区	8 432	3 449.19	2 775.13	73.82	2 207.68
合计	136 832	31 393.44	66 061.30	71.22	39 377.25

（2）不同乡镇绿地防灾避险服务范围

根据北京市最新行政区划，对研究区内 130 余个街道、地区办事处和乡镇的防灾避险绿地及缓冲区的覆盖率进行了分析。由图 7.13 可知，防灾避险绿地及缓冲区覆盖率由市中心向外围呈现递减的趋势。避险绿地及缓冲区达到 100% 覆盖的有 68 个街道、地区办事处及乡镇，个数占 52.31%，而行政区面积仅占 22.67%；覆盖率在 90% ～ 100% 的有 43 个街道、地区办事处和乡镇，个数和面积分别占 33.08% 和 35.84%；12 个街道、地区办事处或乡镇的绿地和缓冲区覆盖率在 80% ～ 90%，面积占 17.41%；覆盖率低于 80% 的只有 7 个，但行政区面积占研究区的 24.08%。

防灾避险绿地与缓冲区覆盖率最低的两个行政区为丰台区的王佐镇和海淀区的苏家坨镇，覆盖率分别为 44.6% 和 46.6%。此外，丰台区的长辛店镇、东铁营镇，朝阳区的黑庄户和金盏乡以及海淀的西北旺覆盖率低于 80%，这些地区基本上是五环之外的区域。

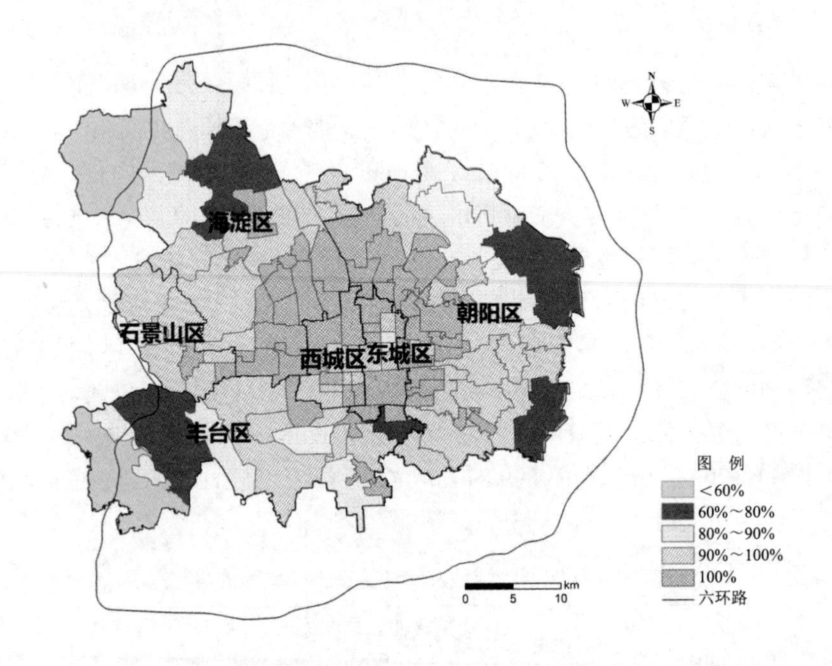

图 7.13　街道、地区办事处和乡镇防灾避险绿地及缓冲区覆盖比重

7.4.4 讨论

近年来，随着北京城市化进程的发展，北京城市区域主要以向外扩张为主，1994—2004 年城市边缘区延环线逐渐向外扩展，2004 年主要分布在五环外，部分地区延伸至六环以外，10 年间面积增长 1 262.82 km^2，平均每年扩展 126.28 km^2，而城市核心区扩展总面积为 239.68 km^2，扩展速率为 23.97 km^2/a，城市边缘区的扩展远快于城市核心区的扩展（张宁等，2010）。此外，根据 2010 年北京市第六次全国人口普查主要数据公报，与 2001 第五次人口普查相比，研究区内常驻人口增长 321.3 万人，朝阳区、海淀区和丰台区增长明显，增长率分别为 39.06%、32.4% 和 23.12%，东城区和西城区人口变化不大。根据本研究结果，绿地防灾避险的服务盲区主要分布在五环之外的朝阳、海淀和丰台，而这些地区是城市蔓延和人口扩张的主要地区，今后应注重绿地的建设、保护及合理规划布局。此外，东城区和西城区虽绿地及防灾避险缓冲区覆盖率较大，但人口密度较高，分别为 21 954 人 /km^2 和 24 599 人 /km^2，是研究区内其他城区的近 3 倍，在人口密度如此高的地区应尽量减少避险盲区，加强应急避险场所的建设。

本书对不同类型防灾避险绿地服务半径进行了初步探讨，现实中绿地防灾避险功能的发挥受到多种因素的影响。以公园绿地的应急避险功能为例，其服务范围受避险可达性的影响，而公园空间布局及规模与人口分布格局不匹配是影响避险可达性的主要因素（叶明武等，2008）。此外，城市绿地防灾避险功能的发挥还要结合城市的其他应急设施与保障，如道路、医院、治安、消防和法律（Tai et al.，2010），才能使其功能得到最大发挥。总之，城市绿地是城市防灾规划中的重要组成部分，要与城市的总体规划、城市的综合防灾体系规划相结合。

本书限于数据原因对具有防灾避险功能绿地的筛选并不全面，比如有些绿地要么距建筑物太近，要么可达性较差，所实际发挥的防灾避险功能有限。另外，对各种类型城市绿地的防灾避险服务半径只是初步的探讨，城市绿地防灾避险功能的发挥还与植物搭配、景观结构、防灾设施等因素相关（李树华，2010；李树华，2008）。城市防灾型绿地植物配置、景观结构与防灾避险功能的关系以及城市绿地防灾避险功能的人口辐射能力是今后进一步研究的方向。然而，本书通过对防灾避险服务半径和空间辐射效应的分析，从整体上揭示了北京六城区城市绿地的防灾避险功能，对提高人们认识城市绿地的防灾避险功能和促进城市绿地规划设计及北京市防灾体系建设具有积极的推动作用。

7.5 北京城市绿地增值房产功能评估

快速的城市化进程，不仅带来了区域经济的快速发展，同时也给城市环境的管理带来了诸多难题（姜昀等，2006）。城市绿地资源能够为人类提供多种生态服务，有助于减少或减缓城市环境问题，改善人居环境质量，为其他非生物设施所不能替代（Bolund and Hunhammar，1999；Jim and Chen，2009；张彪等，2011），而且为城市居民就近提供了休闲游憩和锻炼身体的场所。因此，当消费者购买住宅时，周围是否有公园绿地往往成为其考虑的重要因素，进而表现为绿地资源对周边房产的增值效应（Crompton，2001）。近年来在北京地区，绿地资源不断减少与住宅建设面积不断扩大的矛盾，以及人口规模不断增加与居民可享受的绿地资源不断减少的矛盾均日益突出，如何权衡保留城市中绿地资源与房产开发的关系成为城市管理者关心的问题。而量化绿地资源对房产价值的影响区域及其程度，有助于揭示绿地资源建设与管理对房产经济的重要性，提高城市管理者和房产经营者对绿地资源的关注程度，从而改变当前只重视住宅开发而忽视绿地建设的不合理现象。

7.5.1 研究区概况

据第六次人口普查数据，2009 年北京市常住人口 1 961 万人，人口密度达 1 195 人 /km^2。快速城市化进程推动北京建成区面积迅速扩大。1973—2005 年，建成区面积以 32.07 km^2/a 的速度扩展（牟凤云等，2007），2009 年北京城区已扩大到 1 349.8 km^2（国家统计局城市社会经济司调查司，2009）。城市建筑面积也从 1991 年的 1 172 万 m^2 增加到 2009 年的 5 225 万 m^2（北京市统计局，2010）。本书重点讨论北京市建成区范围内公园绿地（以下简称城区公园绿地）对房产价值的影响。北京市公园绿地包括综合公园、社区公园、专类公园、带状公园、街旁绿地、隔离地区生态景观绿地和其他公园绿地共 7 类，总面积 1.81 万 hm^2，占北京城区绿地总面积的 29.3%。

7.5.2 研究方法

（1）问卷调查与分析

本书侧重分析居住区尺度环境要素（比如绿地资源而非房屋内部结构要素）对房地产价格的影响，考虑到获取北京市大量实际房产交易数据有一定难度，而且实用意义也不大，因此，选取代表性样本采用问卷调查法。具体步骤如下：首先，根据北京市公园绿地空间分布数据，在链家地产和搜房网两个房产交易网站，初步确定 15 个代表性公园附近的 120 个居住小区（均为 2008 年以后建成）作为问卷调查目标，目标公园与调查样本的空间分布如图 7.14 所示；其次，设计调查问卷，对居住小区内居民和附近房产中介人员进行问卷调查，调查内容包括小区建成年代、所处环路、距最近公园的距离、商圈繁华程度、小区住宅容积率、装修程度、小区附近公交状况、公共服务设施配套程度（包括学校、医院、银行和超市）、小区绿化率、小区房产交易平均价格等 10 项指标；在收回的问卷中，排除掉资料填写不全、有明显错误的问卷后，最终收回有效问卷 76 份；最后，将调查数据进行统计整理，对小区附近公交情况、商圈繁华程度、公共服务设施完善程度和小区住宅装修程度进行分级归一化处理，处理结果见表 7.8。

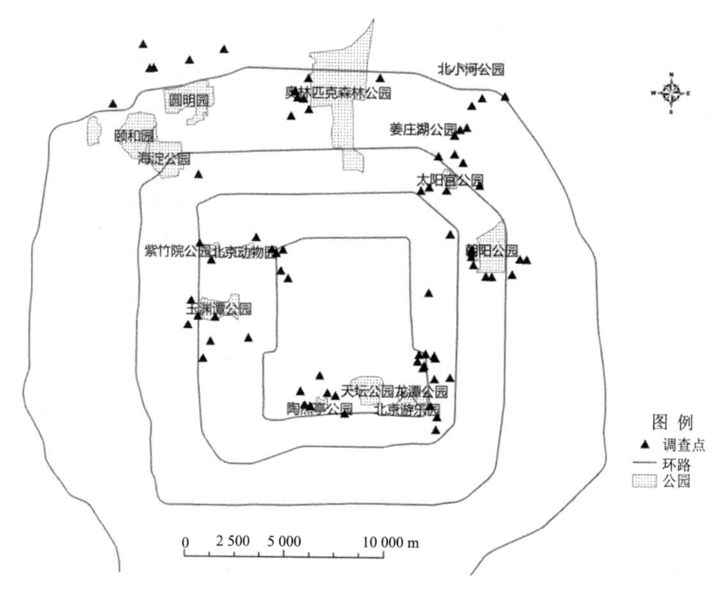

图 7.14 北京市调查公园与样本房产分布

表 7.8 北京城区 76 个房产调查数据统计结果

变量	定义	最小值	最大值	平均值	标准差
平均房价 / (元 /m^2)	每个被调查居住小区平均房价，由问卷获得	23 000	80 000	40 066	12 621.48
最近公园距离 /m	被调查小区到最近公园距离，由地图和 GIS 工具测量获得	50	2 000	818	578.05
住宅容积率 /%	被调查小区总建筑面积与用地面积的比率，由房产网站获得	1	5	3	1.14
小区绿化率 /%	被调查居住区用地范围内各类绿地总和与居住区用地比率，由房产网站获得	0.20	0.75	0	0.10
住宅装修程度	被调查居住小区房屋装修平均程度，由房产网站获得	1	5	3	1.71
公共交通设施	被调查居住小区周边公交与地铁方便程度，由问卷获得	1	10	3	2.46
公共服务设施	被调查居住小区周边学校与医院的齐全程度，由问卷获得	1	3	1	0.66
商场服务设施	被调查居住小区周边商场超市齐备程度，由问卷获得	1	4	2	0.68

一般来说，绿地资源能为城市居民提供美学景观，改善人居环境质量，从而对房地产经济有明显的正效应。但是，这种正效应只在一定的距离范围内有效。根据生态经济学的阈值原理（马传栋，1995），本书借助 SPSS 软件，在保持其他影响房价因素为常量

的前提下，对 76 个调查样本距公园绿地的距离和房产价格进行二次回归拟合，计算二次函数的极值点，得到公园绿地对房价的最大影响半径（r）。公园对房产价值的增值系数计算采用特征价格法（李春青，2010），其数学模型一般有三种表达形式（表 7.9），本书首先分别采用三种模型进行拟合，然后根据最优的拟合效果选用对应模型计算增值系数（z）。

表 7.9 常用特征价格模型的三种主要形式

模型	表达式
线性模型	$P = a_0 + \sum a_i \cdot C_i + \xi$
半对数模型	$\ln P = a_0 + \sum (a_i \cdot C_i) + \xi$
对数模型	$\ln P = a_0 + \sum (a_i \cdot \ln C_i) + \xi$

注：P 为单位房产价格，元 /m^2；C_i 为房产的第 i 个属性变量；a_0、a_i 均为待估系数；ξ 为误差项。在线性模型中，a_i 表示房屋的每单位属性量变化引起房价的变化量；半对数模型中，a_i 表示房屋每单位属性的变化引起房价变化量的百分比；在对数模型中，a_i 表示房屋属性变化 1% 引起房价变化的百分比。

（2）区域房产增值评估

目前，评估公园绿地对房产价格影响主要有旅行成本法、抽样调查评估法和享乐估价法（Smith et al.，2002）。本书在调查问卷基础上，采用享乐估价法和 GIS 技术评估北京城区 1.81 万 hm^2 公园绿地对附近房产价值的增值贡献。

首先，公园绿地影响房产增值的区域利用 ArcGIS 的缓冲区工具，以公园绿地对房产价格的影响距离（r）作为缓冲半径，计算其覆盖区域有效面积，公式如下：

$$F = \sum_{i=1}^{n} \text{buffer}(r_i) \tag{7-6}$$

式中，F 为公园绿地促进房产增值的区域面积，hm^2；i 为第 i 个公园绿地，r 为公园对房产价格的影响半径，m。

然后，根据公园绿地对房产的增值系数（z），乘以增值区域内住宅用地价格和土地面积，评估公园绿地对房产增值的价值，计算公式为：

$$V = \sum^{n} F_i \times z \times P \tag{7-7}$$

式中，V 为北京城区公园绿地的房产增值价值，元 /a；F_i 为公园绿地对房产增值区域面积，hm^2；P 为住宅土地平均价格，元 /m^2，按 70 年产权计算；z 为公园绿地对房产的增值系数。

7.5.3 结果分析

（1）影响距离与增值系数

基于 76 个房产样本调查数据，借助 SPSS 软件进行拟合分析。假设房产价格为 Y 元，距公园距离为 X m，拟合后的数学公式为：

$$Y=0.009X^2 - 24.777X + 51\,235.555 \tag{7-8}$$

其中方差分析 F=9.167，显著性概率为 0.000 < 0.05，说明房价与到公园距离存在显

著的二次函数关系（图 7.15）。由式（7-8）计算二次函数的极值点，得到最大影响距离为 1 376 m，是唯一的极值点。根据阈值原理可知，1 376 m 为北京市公园对房产增值的有效影响半径。

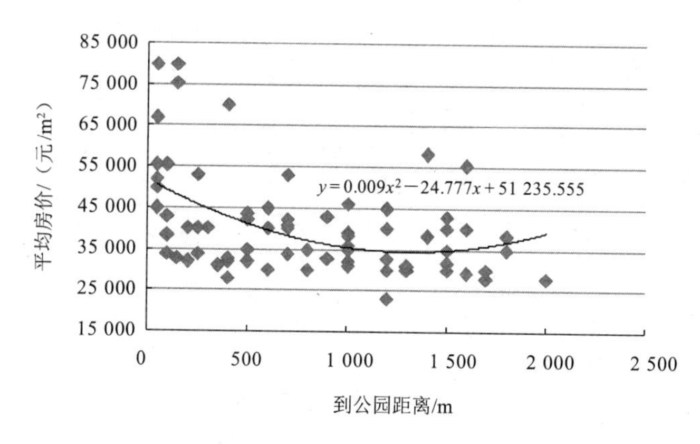

图 7.15 北京城区 76 个调查样本价格与公园距离拟合结果

如果将 76 个样本中 7 个影响因子（公共设施、交通条件、容积率、装修程度、商圈繁华程度、绿化率以及距公园距离）设为自变量 C_i，房价设为变量 P，代入表 7.9 中 3 个模型，分别用 SPSS 软件进行回归测算，比较发现对数模型的拟合效果最好，结果见表 7.10。

表 7.10 特征价格模型处理结果

模型名称	R	R^2	调整的 R^2	标准估计的误差
直线模型	0.664	0.441	0.383	0.201 71
半对数模型	0.664	0.441	0.383	0.201 71
对数模型	0.730	0.533	0.485	0.184 26

因此，选取对数模型作为最优计算方法，在对数模型中 a_i 表示属性变化 1% 所引起的房价变化百分比，此处将 a_i 扩大 100 倍，就得到各种变量因子的影响系数，见表 7.11。结果表明，居住区尺度上，对房产价值影响最大的是住宅装修程度，影响最小的是附近商圈繁华程度，而公园绿地和附近交通状况对附近房产价值影响程度较大。据此可以得到，北京市公园绿地对房产平均增值系数为 10.9%。

表 7.11 对数模型处理各种影响因素的增值系数

模型	增值系数（100 a_i）/%
小区绿化率	3.6
公共服务设施	0.2
公共交通设施	8.2
到最近公园距离	10.9
小区容积率	6.1
住宅装修程度	19.2
商场服务设施	0.1

由于不同研究区域实际条件的差异，在不同地区公园绿地的增值效果研究中结果也不尽相同。Crompton（2001）比较了多项研究结果发现，公园绿地影响距离在 500 ～ 2 000 英尺（1 英尺 =0.304 8 m），增值系数变化区间为 10 ～ 20%（Crompton，2001）；Wolf（2007）总结发现，多数公园绿地对房产影响距离在 1 km 左右（Wolf，2007），上海黄兴公园绿地对住宅价格的最大影响半径可达 1.59 km（石忆邵和张蕊，2010）。本书表明，北京城区公园绿地对房产的有效影响距离为 1 376 m，与国外研究结果相比较大，主要原因可能是所选取公园都比较典型，而且有些公园分布比较集中，因而具有较大影响半径；北京城区公园对房产的平均增值系数为 10.9%，研究结果与国外基本一致。

（2）增值区域与程度

基于北京建成区公园绿地分布数据与 GIS 技术，估算得到北京城区公园绿地能促进 12.56 万 hm^2 区域土地升值，约占行政区面积的 7.66%。参考 2010 年北京市国土资源部门公布的住宅用地价格数据，以及四环内房产价格比例，估算得到北京市 2009 年不同环路住宅用地的平均价格 P_j（表 7.12）。然后根据相应增值系数和增值区域面积，计算得到北京城区公园绿地促进房产增值 55.02 亿元，约合单位面积公园绿地年增值 43.79 万元 /（$hm^2 \cdot a$）。

表 7.12　2009 年北京市各环路住宅用地平均地价

环路位置	国土资源部门公布价格 /（元 /m^2）	2009 年四环内房产均价比值	2009 年住宅用地平均价格 /（元 /m^2）
二环以内	11 415.13	1.24	14 119.32
二环到三环		1.03	11 858.89
三环到四环		0.72	8 267.17
四环到五环	6 714.96		6 714.96
五环到六环	3 957.67		3 957.67
六环以外	2 214.49		2 214.49

不过，由于不同区公园绿地数量不同，其对房产增值贡献也不同。朝阳区公园绿地每年促进房产增值的价值最大，为 11.95 亿元 /a，占公园绿地促进房产增值总量的 22%；其次为西城区公园绿地，年促进房产增值 11.79 亿元，东城区和丰台区和海淀区公园绿地促进房产增值的效益也较大，分别为 9.88 亿元、9.86 亿元和 9.23 亿元，其他区公园绿地对房产增值的效果较小，怀柔区、平谷区、延庆区和密云区公园绿地每年对房产增值的幅度均在 1 000 万元以下；不过，从单位面积公园绿地对房产增值的幅度来看，西城区和东城区单位面积公园绿地的增值效果最明显，分别为 325.7 万元 /hm^2 和 238.7 万元 /hm^2，其次为丰台区、海淀区和朝阳区公园绿地，相比之下，门头沟、昌平、怀柔和密云等区单位面积绿地增值较低，延庆区公园绿地单位面积促进房产增值效果最小（图 7.16）。

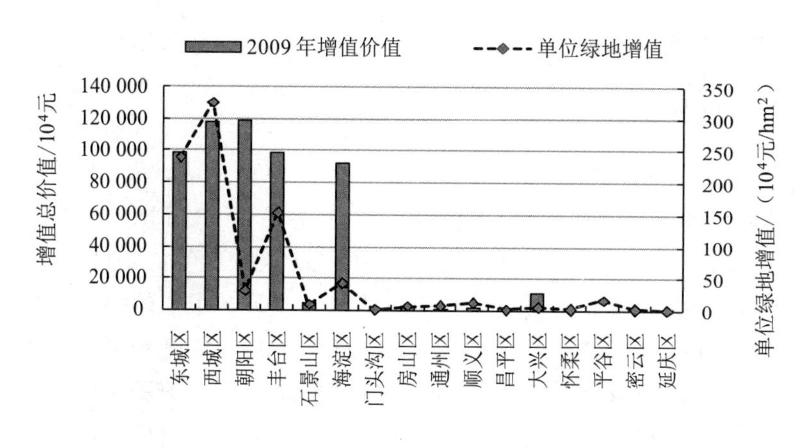

图 7.16 北京市各区公园绿地对住宅用地增值

7.5.4 结论

本书基于北京市第七次园林绿化资源普查数据（2009），采用样点调查与 GIS 技术手段，重点针对其影响距离与增值比例、增值区域及其价值进行了研究。结果表明：公园绿地对房产呈现明显增值作用，平均有效作用距离为 1.38 km，平均增值系数为 10.9%；据此估算，北京城区公园绿地能够促进 12.56 万 hm^2 土地升值，约占行政区面积的 7.66%；以 2009 年北京市住宅用地价格为参考，北京城区公园绿地促进土地增值为 55.02 亿元，约合单位面积绿地增值 43.79 万元 /（$hm^2 \cdot a$）。

值得注意的是，公园绿地的类型以及形状也会影响其对周围房产增值效应的影响程度（Crompton，2001），而且本书在借助 GIS 界定影响区域时，是将潜在区域内的所有面积都算作被增值的区域，因此如果准确量化公园绿地的房产增值效应，还需要进一步参照居住用地的实际分布以及建筑物的高度进行量化。不过，本书对于北京市乃至全国的园林绿地资源的建设管理以及城市住宅建设具有重要的借鉴参考意义。

7.6 北京城市绿地蒸腾降温功能评估

城市绿地是指城市中以自然植被和人工植被为主要存在形态的城市用地（建设部，2002）。近年来，在气候变化和城市化背景下，北京热岛效应问题日益突出（王郁和胡非，2006；Zhang，2011），夏季高温酷暑对人们工作学习的影响也愈加明显（郑祚芳等，2007；杨萍等，2011）。而城市绿地能够缓解热岛效应，提高人体舒适度，改善人居环境质量（佟华等，2005；武鹏飞等，2009）。因此，城市绿地蒸腾降温效应的实证研究受到重视（郝兴宇等，2007；刘娇妹等，2008；苏泳娴等，2010）。这些研究深入揭示了绿地植被蒸腾降温的生态学机制及其作用规律，但是多侧重于局部观测点的小尺度研究。而从城市或区域尺度直观量化绿地资源改善城市小气候的经济学意义，有助于凸显城市绿地生态功能的重要性，深化公众以及城市管理者对绿地资源作用的认识与重视，从而提高绿地资源的建设与管理水平。

7.6.1 研究区概况

根据第六次人口普查数据，2009 年北京市常住人口 1 961 万人，人口密度 1 195 人 /km^2。快速城市化进程推动北京建成区面积迅速扩大。1949 年新中国成立初期，北京城区面积仅为 18 km^2，2009 年北京城区已扩大到 1 349.8 km^2（张彪等，2011）。城市硬化地表的快速扩张使得北京夏季城市热岛范围不断扩大，并呈现多中心的现象，平均热岛强度呈逐渐增强趋势，而且夏季出现热岛和强热岛的天数激增（王郁和胡非，2006；Zhang，2011）。同时，城市热岛效应对高温强度也起到明显的增幅作用（郑祚芳等，2006；杨萍等，2011）。不过，绿色植被能够通过蒸腾作用降低周围环境温度（佟华等，2005），能够使绿地区域及绿地周围约 1 km 以内的地区温度有所降低（武鹏飞等，2009）。因此，北京城市绿地资源具有降低夏季高温及缓解城市热岛问题的功能。

根据北京市第七次园林绿地调查数据（2009 年），北京市城区和小城镇绿地面积 6.1 万 hm^2（以下简称建成区绿地，不包含水域），其中公园绿地 1.74 万 hm^2，占全部绿地的 28.53%；附属绿地和防护绿地面积分别为 1.54 万 hm^2 和 1.48 万 hm^2，占绿地总面积的 25.24% 和 24.36%；道路（河岸）绿地面积 1.21 万 hm^2，占 19.87%；其余为生产绿地 0.12 万 hm^2，占全部绿地的 2.0%。此外，北京建成区绿地组成结构较复杂，主要以乔灌草为主，其次为乔木和乔 - 灌，简单绿地结构面积较少（表 7.13）。

表 7.13 北京建成区不同结构绿地面积及比例

结构	乔木	灌木	草地	乔 - 灌	乔 - 草	灌 - 草	乔 - 灌 - 草	水域
面积 /10^6 m^2	115.39	1.36	13.88	76.54	16.91	18.81	367.48	6.57
比例 /%	18.70	0.22	2.25	12.41	2.74	3.05	59.56	1.06

从不同绿地类型的结构组成来看，公园绿地、附属绿地和道路绿地中的乔 - 灌 - 草结构比例明显占优势，生产绿地中的乔 - 灌 - 草面积比例占到 34%，而防护绿地面积以乔木为主，乔 - 灌 - 草比例仅占 21%（表 7.14）；从不同区绿地的组成结构来看，东城区、西城区、密云区和延庆区的建成区绿地中，乔 - 灌 - 草结构绿地所占比例明显偏高，而平谷区、丰台区和房山区等区绿地中，乔 - 灌 - 草绿地面积比例较低，具体见表 7.15。

表 7.14 北京市不同绿地类型中结构组成比例

单位：%

绿地类型	乔木	灌木	草地	乔 - 灌	乔 - 草	灌 - 草	乔 - 灌 - 草
公园绿地	6.73	0.10	0.92	7.99	1.03	0.17	83.06
道路绿地	5.83	0.35	9.21	5.83	1.32	11.94	65.52
附属绿地	5.04	0.08	0.71	15.75	5.91	2.38	70.13
防护绿地	57.25	0.02	0.02	18.68	2.92	0.12	20.98
生产绿地	30.17	4.95	0.00	28.78	0.48	1.55	34.06

表 7.15　不同区建成区绿地结构组成的面积比例

单位：%

各区	乔木	灌木	草	乔 - 灌	乔 - 草	灌 - 草	乔 - 灌 - 草
东城区	3.22	0.20	0.22	3.84	0.66	0.23	91.62
西城区	1.20	0.05	9.12	2.55	0.59	0.61	85.88
朝阳区	14.03	0.11	0.38	22.49	2.22	0.06	60.70
丰台区	43.27	0.00	0.01	11.02	4.82	0.69	40.19
石景山区	37.93	0.00	0.01	13.54	3.54	0.13	44.85
海淀区	36.93	0.30	0.02	5.59	0.31	2.17	54.69
门头沟区	1.41	0.05	0.25	44.47	0.01	0.59	53.22
房山区	15.39	1.73	0.02	29.77	2.90	0.85	49.33
通州区	18.36	0.06	0.02	6.76	0.49	20.38	53.92
顺义区	6.76	0.31	13.26	3.26	10.79	4.56	61.07
昌平区	7.38	0.11	0.02	17.99	1.75	7.31	65.44
大兴区	0.19	0.00	7.66	0.46	3.48	5.14	83.08
怀柔区	8.51	0.21	0.24	14.59	1.27	0.35	74.83
平谷区	14.85	0.07	23.62	5.56	3.31	0.46	52.13
密云区	0.40	0.00	0.14	6.72	0.29	0.03	92.42
延庆区	2.43	0.00	0.02	5.99	0.19	0.03	91.33

7.6.2　研究方法

在热岛效应日益突出的城市环境中，绿色植物一方面通过树冠遮挡阳光，减少阳光对地面的辐射热量；另一方面通过蒸腾作用向环境中散发水分，同时吸收周围环境中的热量，降低空气温度。目前，在北京地区已开展相关实证研究（陈健等，1983；马秀梅和李吉跃，2007；李辉等，1999；吴菲等，2007；朱春阳等，2011）。不过，由于城市绿化中植物是以群落形式存在的，而不同种类植物的树冠大小、叶片疏密和质地等特性各不相同，植物降低温度的效果也不同（张明丽等，2008）。因此，基于北京城市绿地群落结构特征和前人研究结果，本书取不同群落结构绿地降温差作为降温理论值，并将其转化为相应蒸腾消耗热量（杨士弘，1994），计算公式如下：

$$Q_i = \Delta T_i \times \rho_c \tag{7-9}$$

式中，Q_i为第 i 种绿地类型每天蒸腾吸热量，10^8 J/（$hm^2 \cdot d$）；ρ_c为空气的容积热容量，hm^2；i 为绿地结构类型（i=1,2,…,7，分别为乔木、灌木、草地、乔 - 灌、乔 - 草、灌 - 草和乔 - 灌 - 草）。

根据北京建成区不同结构绿地夏季蒸腾吸热能力及其面积，可以估算其夏季蒸腾吸热总量。考虑到灌木和乔 - 草结构绿地夏季降温功能没有实测数据，根据西安片状绿地研究成果，不同结构绿地降温效应依次为乔 - 灌 - 草＞乔木＞灌木＞乔 - 草＞灌 - 草＞草坪（秦耀民等，2006）。因此，理论上可以乔木和乔 - 灌降温能力参数代替。此外，绿地的降温功能在不同时间效果不同，一般来说要在气温较高时段效果最为显著（朱春阳等，

2011)。因此，按照北京夏季气温较高需要开空调的天数 90 天计算，北京绿地年蒸腾吸热量为：

$$TQ = \sum_{i=1}^{7} 90 \times Q_i \times A_i \qquad (7\text{-}10)$$

式中，TQ 为北京建成区绿地夏季蒸腾吸热总量，J；Q_i为第 i 种绿地类型每天蒸腾吸热量，10^8 J/（$hm^2 \cdot d$）；A_i为绿地面积，hm^2；i 为绿地结构类型（i=1,2,…,7，分别为乔木、灌木、草地、乔 - 灌、乔 - 草、灌 - 草和乔 - 灌 - 草）。

在夏季高温时期，为了提高人体舒适度，居民往往采用空调来降低居室环境温度，消耗了电能。而绿地通过蒸腾耗热同样降低了周围环境温度，尽管这种降温作用并非都直接改善居室环境，但是通过改善城市其他小环境（比如林荫道）缓解热岛效应而间接提高了居住环境质量，节约了电能，具备了生态经济价值属性。因此，可以按照生态系统服务价值化手段和能源经济学知识，借助热量与功率之间的转换关系以及居民用电价格，估算绿地夏季降温的生态价值，公式为：

$$V = 0.278 \times 10^{-6} \times TQ \times p \qquad (7\text{-}11)$$

式中，V 为北京建成区绿地降温价值，元 /a；p 为居民用电价格，取 0.5 元 /（kW·h）。

7.6.3 结果分析

（1）不同绿地降温理论值比较

目前，在北京地区开展了大量绿地降温效果的实际测试。比如陈健等（1983）经过三年夏季连续观测发现，北京正义路乔 - 灌结合的林荫街道气温要比天安门广场低 1.3℃；在北京林业大学校园内，广场和林荫道（一球悬铃木）的气温温差可达 1.91 ～ 2.76℃（平均值为 2.34℃）（马秀梅和李吉跃，2007）；不过，较之非绿地，北京方庄居住区乔 - 灌 - 草型绿地日平均气温要低 4.8℃，灌 - 草型绿地和草坪分别下降 1.3℃和 0.9℃（李辉等，1999）；而在万芳亭公园内，与无林广场相比，草坪温度要低 0.3 ～ 1.5℃（平均值 0.8℃），林下广场（国槐、银杏、侧柏和丁香）温度低 0.3 ～ 3.3℃（平均值 1.9℃）（吴菲等，2007）；此外，在海淀区西四环旁路北侧实测结果表明（朱春阳等，2011），不同宽度带状绿地（绦柳、刺槐、白蜡等乔木，榆叶梅、金银木、连翘等灌木，早熟禾等草本）的降温幅度在 1.3 ～ 3.9℃（平均值 2.6℃）。尽管以上观测结果仅代表特定地点、植被和气象背景下绿地的降温幅度，但是能反映绿色植被降温能力的理论值。因此，理论上来讲，北京地区园林绿地夏季能使周围环境降温 0.8 ～ 4.8℃（表 7.16）。如果根据植物蒸腾热量与降低温度之间的关系（杨士弘，1994），即取体积为 1 000 m^3 的空气柱体为计算单元，植物蒸腾消耗热量 Q 与气温下降值 ΔT 之间的转换关系为 1 256 J/（$m^3 \cdot$ ℃），可将不同绿地类型（不包括水域）夏季降温幅度转换为相应蒸腾吸热量，具体见表 7.16。

表 7.16 北京地区城市绿地夏季降温效果

绿地类型及测试地点		理论降温值 /℃	蒸腾吸热 / [10^8 J/（hm^2 · d）]
乔木	林荫道，北京林业大学校园内	2.34 [b]	7.04
草地	居住区绿地，北京方庄	0.9 [c]	2.71
	公园绿地，北京万芳亭	0.8 [d]	2.41
	平均值	0.85	2.56
乔 - 灌	林荫道，北京正义路	1.3 [a]	3.92
	林下广场，北京万芳亭公园	1.9 [d]	5.73
	平均值	1.6	4.83
灌 - 草	北京方庄居住区	1.3 [c]	3.92
乔 - 灌 - 草	北京方庄居住区	4.8 [c]	14.47
	道路绿地，北京西四环	2.6 [e]	7.84
	平均值	3.7	11.16

注：a 陈健等（1983）；b 马秀梅和李吉跃（2007）；c 李辉等（1999）；d 吴菲等（2007）；e 朱春阳等（2011）。

（2）蒸腾吸热量

从不同结构绿地的蒸腾吸热能力来看，北京建成区单位面积草地蒸腾吸热量 2.56×10^8 J/（hm^2 ·d），绿地（指乔木、草地、乔 - 灌和灌 - 草平均值）蒸腾吸热量 4.59×10^8 J/（hm^2 · d），与先前研究结果［草地 2.19×10^8 J/（hm^2 · d）］和绿地 4.48×10^8 J/（hm^2 · d）比较接近（陈自新等，1998），说明评估过程中采用的绿地蒸腾吸热能力参数相对可靠。2009 年北京建成区绿地面积 6.1 万 hm^2，估算这些绿地夏季蒸腾吸热 4.61×10^{15} J，平均每公顷绿地每天吸热 8.4×10^8 J，相当于 10 台 1 000 W 空调的降温作用。

从不同绿地类别来看，公园绿地和附属绿地夏季降温吸热量较大，分别为 1.48×10^{15} J 和 1.25×10^{15} J，二者降温吸热贡献率占到总蒸腾吸热量的 59%；防护绿地和道路绿地夏季蒸腾吸热量大体相当，均为 0.9×10^{15} J；生产绿地夏季降温吸热量最小，仅为 0.9×10^{14} J，为总蒸腾吸热量的 1.95%（图 7.18）。这主要与不同类别绿地的面积有关。但是，从单位面积绿地蒸腾吸热能力来看，公园绿地与附属绿地较高，分别为 9.41×10^8 J/（hm^2·d）和 9×10^8 J/（hm^2·d），而生产绿地和道路绿地夏季降温吸热能力接近，分别为 8.36×10^8 J/（hm^2·d）和 8.12×10^8 J/（hm^2·d），防护绿地单位面积吸热量最低，仅为 6.79×10^8 J/（hm^2·d）（图 7.17）。可见，北京地区防护绿地夏季降温吸热功能明显低于其他类型绿地，主要原因是公园绿地、附属绿地和道路绿地的乔 - 灌 - 草结构比例明显占优势，生产绿地的乔 - 灌 - 草面积比例较低，而防护绿地乔 - 灌 - 草比例仅占 21%（表 7.14），也说明北京地区防护绿地需要进一步优化绿地结构，提升乔 - 灌 - 草面积比例。

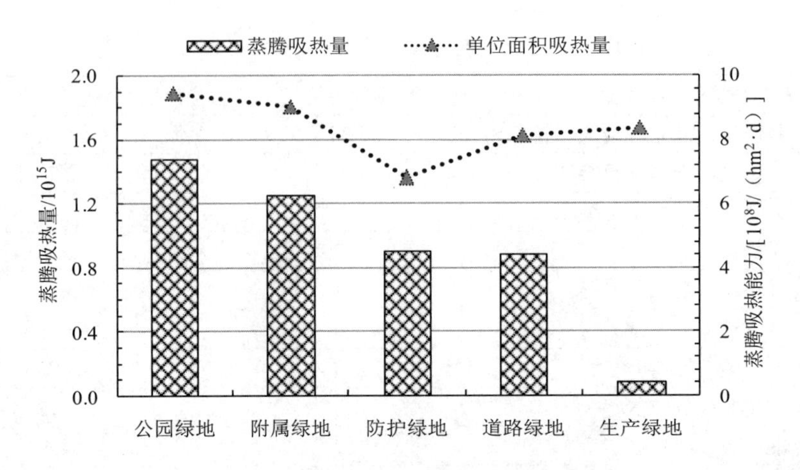

图 7.17 不同绿地类别夏季蒸腾吸热量

（3）蒸腾降温价值

评估结果表明，以居民用电价格为参考，北京市建成区绿地夏季降温价值为 6.4 亿元，单位绿地降温价值约合 1.05 元 /m^2。整体来看，朝阳区和海淀区绿地夏季降温价值总量较大，分别为 1.36 亿元和 1.03 亿元，二者占总降温价值的 38%；其次为昌平区、顺义区、丰台区和大兴区绿地，而密云区、平谷区和门头沟区绿地夏季降温价值较低，均小于 1 000 万元（图 7.18）。此变化趋势主要与不同区绿地面积有关。不过，就单位面积绿地夏季降温价值来看，东城区、西城区以及密云区、延庆区和怀柔区绿地较高，而平谷区、石景山区和丰台区较低（图 7.18），原因主要与不同区绿地的组成结构有关。由于绿地降温功能主要取决于乔灌草所占比例，在东城区、西城区、密云区和延庆区，乔 - 灌 - 草结构绿地所占比例明显偏高，其单位面积绿地降温价值较高，而平谷区、丰台区和石景山区等区，乔 - 灌 - 草绿地面积比例较低，因而其单位面积绿地降温价值也最低。因此，对于各区来说，提高区域内绿地层次结构，有助于改善区域小气候环境，从而节约资源消耗，促进节能减排。

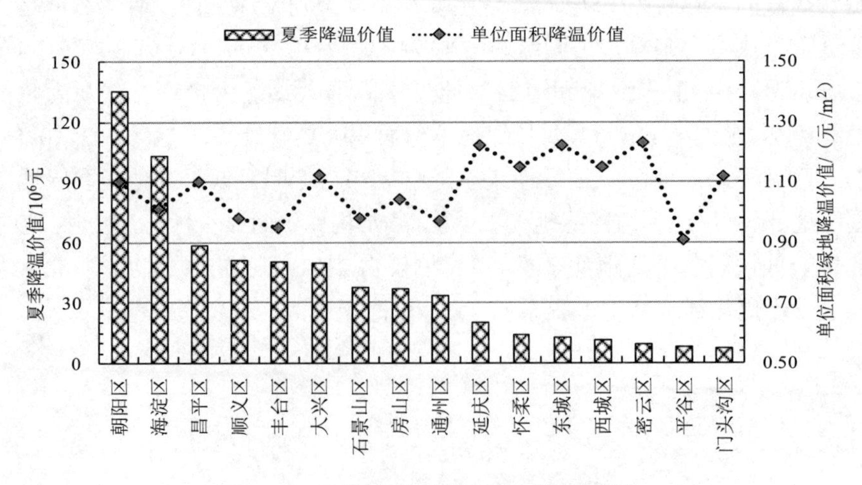

图 7.18 北京城区绿地夏季蒸腾降温价值

7.6.4 讨论

为了从城市尺度直观量化绿地资源改善城市小气候的经济学意义，揭示城市绿地生态功能的重要性，本书定量评估了北京建成区绿地夏季蒸腾降温的功能及其价值。结果表明：①北京建成区 6.1 万 hm^2 绿地夏季可蒸腾吸热 4.61×10^{15} J，平均每公顷绿地每天吸热 8.4×10^{8} J，相当于 10 台 1 000 W 空调的降温作用；②以居民用电价格为参考，建成区绿地夏季降温价值为 6.4 亿元，单位绿地降温价值约合 1.05 元 /m^2；③不同类别和区的绿地降温功能差异较大，主要与绿地面积和组成结构有关。

但是，值得注意的是，由于不同类型绿地降温效果观测数据的准确性、不同气候带夏季时间的差异、居民用电价格的差异等研究方法上的争议，势必造成定量评估一定区域绿地夏季蒸腾降温功能及其价值总量上的不确定性。由于绿色植被的实际降温效果主要取决于绿量、观测时间以及气象气温环境等多种因素，即使同一类型绿地降温值的变化幅度也很大，因此准确量化与比较绿地实际降温几乎是不可能的，为此本书仅将前人观测数据作为绿地降温幅度的理论值而非实际值具有一定的合理性。同时，鉴于同一城市区域气候背景的相似性，比较不同行政区和不同功能绿地类型在降温功能及经济价值上的差异则具有一定的可行性。

此外，绿色植被对周围气温的影响是有一定范围的，随着与植被距离的增加，其对环境温度的影响逐渐减弱。本书没有考虑绿地降温的影响范围，不过可以肯定的是，其降温影响区域肯定要大于结论中的范围；另外，植物蒸腾降温的主要器官是叶片，因而绿地降温功能与其覆盖率和绿量有较大关系，因此准确量化绿地的降温功能效应，还需要进一步开展更多的实地观测。即便是同一类型的绿地，其植物构成差别也非常大。用某一块绿地的降温效应代表全部类型，实际误差很难估算。因此，如果能有进一步的指标加以细化，会减少其误差。不过，本书的核心目标并非讨论绿地降温的实际效果，而是从生态系统服务角度直观揭示其经济学意义，在凸显维护城市绿地生态功能的重要作用，以及为城市规划者与管理者制定政策提供依据方面具有实际意义。

参考文献

[1] Bernatzky A. The effects of trees on the urban climate[A]//Trees in the 21st Century. Academic Publishers，Berkhamster，59-76. Based on the first International Arbocultural Conference. 1983.

[2] Bolund P，Hunhammar S. Ecosystem services in urban areas[J]. Ecological Economics，1999，29（2）：293-302.

[3] Crompton J L. The Impact of Parks on Property Values：A Review of the Empirical Evidence[J]. Journal of Leisure Research，2001，33（1）：1-31.

[4] DeFries R，D Pandey. Urbanization, the energy ladder and forest transitions in India's emerging economy[J]. Land Use Policy，2010，27（2）: 130-138.

[5] Hartig T，BÖÖk A，Garvill J，et al. Environmental influences on psychological restoration[J]. Scandinavian Journal of Psychology，1996，37（4）: 378-393.

[6] Jim C Y，Chen W Y. Ecosystem services and valuation of urban forest in China[J]. Cities，2009，26，187-194.

[7] Jin M G，Zhang R Q，Sun L F，et al. Temporal and spatial soil water management: a case study in the Heilonggang region，P R China[J]. Agricultural water management，1999，42 : 173-187.

[8] Lal R. Soil quality and food security: the global perspective[A]//La R. Soil quality and soil erosion. New York : CRC Press，1999 : 3-15.

[9] Liu S R，Sun P S，Wen Y G. Comparative analysis of hydrological functions on major forest ecosystems in China[J]. Acta Phytoecologica Sinica，2003，27（1）: 16-22.

[10] Pimentel David，et al. Environmental and economic cost of soil erosion and conservation benefits[J]. Science，1995，267 : 1117-1123.

[11] Smith V K，Christine P，Hyun K. Treating open space as an urban amenity[J]. Resource and Energy Economics，2002，24 : 107-129.

[12] Tai C A，Lee Y L，Lin C Y，et al. Earthquake evacuation shelter feasibility analysis applying with with GIS model builder. 40th International Conference on Computers and Industrial Engineering : Soft Computing Techniques for Advanced Manufacturing and Service Systems，CIE40 2010.

[13] The People's Republic of China ministry of construction. Urban green space classification standard[J]. Beijing : China construction industry press，2002.

[14] Ulrich R S，Simons R S，Losito B D，et al. Stress recovery during exposure to natural and urban environments[J]. Journal of Environmental Psychology，1991，11（3）: 201-233.

[15] Wolf K L. City trees and property values[J]. Arborist News，2007，16（4）: 34-36.

[16] Zhang B，Li W H，Xie G D，et al. Water conservation of forest ecosystem in Beijing and its value[J]. Ecological Economics，2010，69（7）: 1416-1426.

[17] Zhang B，Xie G D，Xue K，et al. Evaluation of Rainwater runoff storage by urban green spaces in Beijing[J]. Acta Ecologica Sinica，2011，31（13）: 3839-3845.

[18] 北京市水文局 . 北京市水资源公报 2009[DB/OL]. http://www.bjwater.gov.cn/tabid/207/Default.aspx.

[19] 北京市统计局 . 北京市统计年鉴 2010[M]. 北京 : 中国统计出版社，2010.

[20] 北京市统计局 . 北京市统计年鉴 2005[M]. 北京 : 中国统计出版社，2006 : 19.

[21] 毕小刚，段淑怀，李永贵，等 . 北京山区土壤流失方程探讨 [J]. 中国水土保持科学，2006，4（4）: 6-13.

[22] 陈东立，余新晓，廖邦洪．中国森林生态系统水源涵养功能分析 [J]. 世界林业研究，2005，18（1）：49-54.

[23] 陈刚．从阪神大地震看城市公园的防灾功能 [J]. 中国园林，1996，12（4）：59-60.

[24] 陈健，崔森，刘镇宇．北京夏季绿地小气候效应 [J]. 北京林学院学报，1983（1）：15-25.

[25] 陈廉杰．乌江中下游低效林水土保持效益分析 [J]. 水土保持通报，1991，22（6）：18-22.

[26] 陈自新，苏雪痕，刘少宗，等．北京城市园林绿化生态效益的研究（3）[J]. 中国园林，1998，14（57）：53-56.

[27] 董荣万，朱兴平，何增化，等．定西黄土丘陵沟壑区土壤侵蚀规律研究 [J]. 水土保持通报，1998，18（3）：1-15.

[28] 符素华，段淑怀，李永贵，等．北京山区土地利用对土壤侵蚀的影响 [J]. 自然科学进展，2002，12（1）：108-112.

[29] 符素华，张卫国，刘宝元，等．北京山区小流域土壤侵蚀模型 [J]. 水土保持研究，2001，8（4）：114-120.

[30] 高鹏，王礼先．密云水库上游水源涵养林效益的研究 [J]. 水土保持通报，1993，13（1）：24-29.

[31] 国家统计局城市社会经济司调查司．2009 年城市统计年鉴 [M]. 北京：统计出版社，2009.

[32] 韩富伟，张柏，宋开山，等．长春市土壤侵蚀潜在危险度分级及侵蚀背景的空间分析 [J]. 水土保持学报，2007，21（1）：39-43.

[33] 郝兴宇，蔺银鼎，武小钢，等．城市不同绿地垂直热力效应比较 [J]. 生态学报，2007，27(2)：685-692.

[34] 侯立柱，丁跃元，冯绍元，等．北京城区不同下垫面的雨水径流水质比较 [J]. 中国给水排水，2006，22（23）：35-38.

[35] 侯喜禄，白岗栓，曹清玉．黄土丘陵区森林保持水土效益及其机理的研究 [J]. 水土保持研究，1996，3（2）：98-103.

[36] 姜昀，张彪，高吉喜，等．人类聚居的演变及其生态影响研究 [J]. 中国人口·资源与环境，2006，16（3）：26-31.

[37] 金小麒．水源涵养的计量研究 [J]. 贵州林业科技，1990，18（3）：65-69.

[38] 赖仕嶂，吴锡玄，杨玉盛，等．论森林与土壤保持 [J]. 福建水土保持，2001，13（2）：11-14.

[39] 雷瑞德．华山松林冠层对降雨动能的影响 [J]. 水土保持学报，1988，2（2）：31-39.

[40] 李春青．住宅环境的价值—智利圣地亚哥的绿地引入策略 [J]. 中国园林，2010，6（8）：13-17.

[41] 李海涛．暖温带山地森林生态系统的能量平衡及蒸发散研究 [A]// 陈灵芝．暖温带森林

生态系统结构与功能的研究 . 北京：科学出版社，1997：173-181.
[42] 李辉，赵卫智，古润泽，等 . 居住区不同类型绿地释氧固碳及降温增湿作用 [J]. 环境科学，1999，20（11）：41-44.
[43] 李树华，李延明，任斌斌，等 . 园林植物的防火功能以及防火型园林绿地的植物配置手法 [J]. 风景园林，2008，06：92-97.
[44] 李树华 . 防灾避险型城市绿地规划设计 [M]. 北京：中国建筑工业出版社，2010.
[45] 林康，陆玉麟，刘俊，等 . 基于可达性角度的公共产品空间公平性的定量评价方法——以江苏省仪征市为例 [J]. 地理研究，2009，28（1）：215-224.
[46] 刘定辉，李勇 . 植物根系提高土壤抗侵蚀性机理研究 [J]. 水土保持学报，2003，17（3）：34-37.
[47] 刘娇妹，李树华，杨志峰 . 北京公园绿地夏季温湿效应 [J]. 生态学杂志，2008，27（11）：1972-1978.
[48] 刘捷，储媚 . 北京市中水回用问题浅析 [J]. 生态经济：学术版，2007（7）：138-140.
[49] 刘启慎，李建兴 . 低山石灰岩区不同植被水保功能的研究 [J]. 水土保持学报，1994，8（1）：78-83.
[50] 刘向东，吴钦孝，赵鸿雁 . 森林植被垂直截留作用与水土保持 [J]. 水土保持研究，1994，1（3）：8-13.
[51] 刘志雨 . 城市暴雨径流变化成因分析及有关问题探讨 [J]. 水文，2009，29（3）：55-58.
[52] 罗伟祥，白立强，宋西德，等 . 不同覆盖度林地和草地的径流量与冲刷量 [J]. 水土保持学报，1990，4（1）：36-43.
[53] 马传栋 . 论资源生态经济系统阈值与资源的可持续利用 [J]. 中国人口 · 资源与环境，1995，5（4）：17-21.
[54] 马秀梅，李吉跃 . 不同绿地类型对城市小气候的影响 [J]. 河北林果研究，2007，22（2）：210-213，226.
[55] 牟凤云，张增祥，迟耀斌，等 . 基于多源遥感数据的北京市 1973—2005 年间城市建成区的动态监测与驱动力分析 [J]. 遥感学报，2007，11.
[56] 慕长龙，龚固堂 . 长江中上游防护林体系综合效益的计算与评价 [J]. 四川林业科技，2001，22（1）：15-23.
[57] 齐乌云，马蔼乃，周大良，等 . 北京地区土壤水力侵蚀评估 [J]. 水土保持研究，2003，10(3)：137-139.
[58] 秦耀民，刘康，王永军 . 西安城市绿地生态功能研究 [J]. 生态学杂志，2006，25（2）：135-139.
[59] 邱健，江俊浩，贾刘强 . 汶川地震对我国公园防灾减灾系统建设的启示 [J]. 城市规划，2008，32（11）：72-77.
[60] 申世良，王浩，费文君 . 基于避震减灾的城市绿地规划建设思考 [J]. 林业科技开发，2009，23（2）：1-4.

[61]　石忆邵，张蕊 . 大型公园绿地对住宅价格的时空影响效应——以上海市黄兴公园绿地为例 [J]. 地理研究，2010，29（3）：510-520.

[62]　苏泳娴，黄光庆，陈修治，等 . 广州市城区公园对周边环境的降温效应 [J]. 生态学报，2010，30（18）：4905-4918.

[63]　孙立达，朱金兆 . 水土保持林体系综合效益研究与评价 [M]. 北京：科学出版社，1995：362-377.

[64]　佟华，刘辉志，李延明，等 . 北京夏季城市热岛现状及楔形绿地规划对缓解城市热岛的作用 [J]. 应用气象学报，2005，16（3）：357-366.

[65]　王丹丹 . 城市绿地的避灾作用及其规划设计的探讨 [D]. 北京：北京林业大学，2009.

[66]　王郁，胡非 . 近 10 年来北京夏季城市热岛的变化及环境效应的分析研究 [J]. 地球物理学报，2006，49（1）：61-68.

[67]　韦红波，李锐，杨勤科 . 我国植被水土保持功能研究进展 [J]. 植物生态学报，2002，26（4）：489-496.

[68]　魏保义，王军 . 北京市水资源供需分析 [J]. 南水北调与水利科技，2009，7（2）：1672-1683.

[69]　吴菲，李树华，刘娇妹 . 林下广场、无林广场和草坪的温湿度及人体舒适度 [J]. 生态学报，2007，27（7）：2964-2971.

[70]　吴钦孝，赵鸿雁，刘向东，等 . 森林枯枝落叶层涵养水源保持水土的作用评价 [J]. 土壤侵蚀与水土保持学报，1998，4（2）：23-28.

[71]　吴文强，李吉跃，张志明，等 . 北京西山地区人工林土壤水分特性的研究 [J]. 北京林业大学学报，2002，24（4）：51-55.

[72]　吴勇，苏智先 . 中国城市绿地现状及其生态经济价值评价 [J]. 西华师范大学学报：自然科学版，2002，23（2）：184-188.

[73]　武鹏飞，王茂军，张学霞 . 北京市植被绿度与城市热岛效应关系研究 [J]. 北京林业大学学报，2009，31（5）：54-60.

[74]　武鹏飞，王茂军，张学霞 . 北京市植被绿度与城市热岛效应关系研究 [J]. 北京林业大学学报，2009，31（5）：54-60.

[75]　肖寒，欧阳志云，赵景柱，等 . 森林生态系统服务功能及其生态经济价值评估初探——以海南岛尖峰岭热带森林为例 [J]. 应用生态学报，2000，11（4）：481-484.

[76]　肖荣波，欧阳志云，蔡云楠，等 . 基于亚像元估测的城市硬化地表景观格局分析 [J]. 生态学报，2007，27（8）：3189-3197.

[77]　杨吉华，刘凯生，宫锐，等 . 山丘地区森林保持水土效益的研究 [J]. 水土保持学报，1993，7（3）：47-52.

[78]　杨萍，刘伟东，侯威 . 北京地区极端温度事件的变化趋势和年代际演变特征 [J]. 灾害学，2011，26（1）：60-64.

[79]　杨士弘 . 城市绿化树木的降温增湿效应研究 [J]. 地理研究，1994，13（4）：74-80.

[80] 杨文斌，韩世文，张敬军，等 . 地震应急避难场所的规划建设与城市防灾 [J]. 自然灾害学报，2004，13（1）：126-131.

[81] 杨志新，郑大玮，李永贵 . 北京市土壤侵蚀经济损失分析及价值估算 [J]. 水土保持学报，2004，18（3）：175-178.

[82] 叶明武，王军，刘耀龙，等 . 基于 GIS 的上海城区公园避难可达性研究 [J]. 地理与地理信息科学，2008，24（2）：96-103.

[83] 殷社芳 . 北京城市雨洪利用若干问题的探讨 [J]. 北京水务，2009（Z1）：77-79.

[84] 于志民，王礼先 . 水源涵养林效益研究 [M]. 北京：中国林业出版社，1999：34-40.

[85] 余新晓，张志强，陈丽华，等 . 森林生态水文 [M]. 北京：中国林业出版社，2004：32-35.

[86] 余新晓 . 森林植被减弱降雨侵蚀能量的数理分析 [J]. 水土保持学报，1988，2（2）：24-30.

[87] 张彪，谢高地，薛康，等 . 北京城市绿地调蓄雨水径流功能及其价值评估 [J]. 生态学报，2011，31（13）：3839-3845.

[88] 张桂华，姚凤梅 . 江西兴国土壤侵蚀动态的研究 [J]. 北京林业大学学报，2004，26（1）：53-56.

[89] 张明丽，秦俊，胡永红 . 上海市植物群落降温增湿效果的研究 [J]. 北京林业大学学报，2008，30（2）：39-43.

[90] 张宁，方琳娜，周杰，等 . 北京城市边缘区空间扩展特征及驱动机制 [J]. 地理研究，2010，29（3）：471-480.

[91] 张清春，刘宝元，翟刚 . 植被与水土流失研究综述 [J]. 水土保持研究，2002，9（4）：96-101.

[92] 赵传燕，冯兆东，刘勇 . 干旱区森林水源涵养生态服务功能研究进展 [J]. 山地学报，2003，21（2）：157-161.

[93] 赵忠海 . 北京市密云水库北部地区土壤侵蚀情况的遥感调查 [J]. 地质灾害与环境保护，2005，16（4）：387-390.

[94] 郑祚芳，范水勇，王迎春 . 城市热岛效应对北京夏季高温的影响 [J]. 应用气象学报，2006，17（增刊）：48-53.

[95] 郑祚芳，张秀丽 . 北京极端天气事件及其与区域气候变化的联系 [J]. 自然灾害学报，2007，16（3）：55-59.

[96] 周国逸 . 几种常见造林树种冠层对降水动能分配及其生态效应分析 [J]. 植物生态学报，1997，21（3）：250-259.

[97] 周嵘 . 奥林匹克公园中心区雨洪利用系统水质净化效果研究 [J]. 南水北调与水利科技，2010，8（1）：119-121.

[98] 周为峰，吴炳方，李强子 . 官厅水库上游近 20 年土壤侵蚀强度时空变化分析 [J]. 水土保持研究，2005，12（6）：183-186.

[99] 周择福. 北京九龙山地山区不同立地土壤水分生态及综合评价的研究 [J]. 北京水利，1996（4）：28-30.

[100] 朱春阳，李树华，纪鹏，等. 城市带状绿地宽度与温湿效应的关系 [J]. 生态学报，2011，31（2）：383-394.

[101] 刘晨峰. 北京地区杨树人工林能量与水量平衡研究 [D]. 北京：北京林业大学，2007.

8　北京市平谷区生态服务价值评估研究

8.1　评估背景

生态系统除提供给人类丰富的食物、药品和原材料等有形的实物型生态资源外，还为人类提供调节空气、保持水土及涵养水源等无形的生态服务，这些生态服务价值虽然没有完全进入商业市场，但这些无法直接度量的生态价值却拥有着巨大的经济价值，如果忽略这些无形价值，最终可能威胁人类的可持续发展。推进生态文明建设和生态文明体制改革，是我国现代化进程甚至人类现代化进程中的一个大的变革。《生态文明体制改革总体方案》要求，树立绿水青山就是金山银山的理念，树立自然价值和自然资本的理念，保护自然就是增值自然价值和自然资本的过程，就应得到合理回报和经济补偿。

按照北京市各区功能定位，平谷区属于生态涵养发展区。2004 年北京市开始实施山区生态林补偿机制；2009 年北京市制定实施《关于促进生态涵养发展区协调发展的意见》，加大了对生态涵养区协调发展的支持力度。2010 年又制定实施山区生态公益林生态效益促进发展机制，以森林生态效益为核心的生态补偿机制逐步建立。近些年，平谷区按照区功能定位要求，积极调整产业结构，加大生态建设与环境保护，生态涵养功能稳步提升，森林覆盖率逐年提高，为改善全市生态环境与水资源保障做出了重要贡献。但与全市相比，仍存在发展不平衡，可持续发展能力不强等问题，整体水平与首都发展总体目标和功能定位要求相比还存在较大差距。从平谷区来看，还存在自身财力薄弱，基础建设滞后，公共服务能力不足，居民就业机会少，收入增长缓慢等问题。

当前北京市正处于首都城市功能深层次调整的转型期，要进一步细化落实各区功能定位，调整各区绩效考核体系，促进各区差异化、特色化发展，进一步增强生态涵养发展区的生态涵养功能，坚决退出不适宜发展的产业。在此背景下，清楚认知生态涵养区重要生态系统服务，正确处理好保护与发展、生态产品供给与需求的关系，对完善生态补偿机制和生态涵养发展区协调发展具有重要意义。

8.2 研究区概况

8.2.1 区域位置

平谷区属于北京市 5 个生态涵养发展区之一，地处燕山南麓与华北平原北端的相交地带，因其东南北三面环山，中间为平原谷地，故得名为平谷。境内群山耸翠，山脉属燕山山脉余脉，山区、浅山区占 4/7，平原占 3/7，地势由东北向西南倾斜，中间平缓，整个地形呈簸箕状。平谷区辖有 16 个乡镇，境内东西长 35.5 km，南北宽 30.5 km，总面积 1 075 km^2。

平谷区地处北京、天津、河北三个省市的交界处，西北与密云区、西与顺义区接壤，南与河北省三河市为邻，东南与天津市蓟县、东北与河北省兴隆县毗连。平谷区位于北京和天津两大中心城市之间，北京的东北部，天津的西北部，西距北京市区 70 km，南距天津市区 90 km，是连接两大城市的纽带，处于京津冀三省市的中心位置，在首都生态圈生态合作中具有重要地位。

平谷区河流属海河流域蓟运河水系，在北京五大水系中属于较为独立的水系。境内有两大河流——泃河和泇河，且泇河是泃河的最大支流。泃河发源于河北省兴隆县，流经兴隆县和天津蓟县，入平谷后进海子水库（金海湖），从马坊镇流出平谷进入河北省三河市，平谷区境内河长 66 km，流域面积 952 km^2。泇河发源于密云区东邵渠乡，自刘家店镇入平谷，由平谷镇前芮营村东南入泃河，平谷区境内河长 28 km，流域面积 406 km^2。

8.2.2 生态建设成效

近些年特别是自 2005 年北京市确定平谷区生态涵养发展区的功能定位以来，平谷区按照区功能定位要求，紧紧围绕"一区四化五谷"战略，全面加强"生态绿谷"建设，不断加大生态环境建设投入，大力实施京津风沙源治理工程、退耕还林、生态清洁小流域建设、森林健康经营、平原造林、新城滨河森林公园等重大生态建设项目，生态环境质量稳步提升。2013 年，全区森林覆盖率达 65.5%，林木绿化率达 69.7%，分别高出全市 25.5 个百分点和 12.3 个百分点，位于生态涵养发展区前列。

（1）山区生态涵养功能强化

平谷山区面积约占全区面积的 70%，不仅是平谷自身的生态屏障，也是全市东北部地区的重要生态屏障。近些年，山区生态建设主要实施了京津风沙源治理工程、退耕还林、生态清洁小流域建设等项目，加强营林造林，治理水土流失，不断提升山区生态涵养功能。据调查，"十一五"末，山区林地面积 54 881 hm^2，占全区林地面积的 77.9%，森林覆盖率 75.43%，林木绿化率 80.27%。近三年，通过爆破造林、人工造林、封山育林等措施，完成京津风沙源治理工程 10 万亩（1 亩 =1/15 hm^2）；加强林木资源管护，实施森林健康经营项目 10 万亩；同时，在前山脸、重要道路两侧实施彩叶造林工程，提升了森林生态服务功能。加强小流域综合治理，累计治理生态清洁小流域 393 km²，达标率 78.3%，位居全市第一。小流域建设保持了水土，涵养了水源，保护了水质。近三年，纳入监测的海子水库、西峪水库、黄松峪水库水质连续保持在III类以上。

（2）平原地区绿色网络初步形成

平原地区是重要的地下汇水区和农业主产区，对保障水资源供应和维护农业生态具有重要意义。据调查，“十一五”期末，平原地区林地面积 15 532.41 hm²，其中，片林面积为 2 691.25 hm²，共有林带 1 121 条，占全区林地面积的 22.1%。平原地区森林覆盖率为 41.69%，林木绿化率为 42.68%。近些年，平原地区生态建设主要实施了农田林网、河流道路通道绿化、播草盖沙、平原造林等工程，森林覆盖率不断提高，绿色网络初步形成。2012—2014 年，平原造林工程共实施造林 3.4 万亩，在平谷新城周边、京平高速两侧等地形成了多处大规模、大尺度的景观生态林。为提升“平谷桃花音乐节”环境景观，在京平高速、密三路、新平蓟路、昌金路等重要道路两侧打造“紫色大道”“桃花大道”“金色大道”，不仅增强了生态防护功能，也提升了生态景观效果。

（3）城区生态环境品质不断提升

城区生态环境建设主要围绕提升绿化美化水平、打造水环境景观，先后实施了城区休闲公园、新城滨河森林公园、污水处理设施建设、环城水系治理等项目，2013 年，城镇绿化覆盖率达到 65.5%，人均绿地面积 27 m²，污水处理率达到 70%，人居环境不断改善。2012 年，在洵河、泇河沿岸建成新城滨河森林公园，占地 677 hm²，形成林水绕城的独特景观，增添桃乡特色，为人们户外休闲提供了高品质的生态空间。改善城区水环境，完成新城泇河综合治理工程，实施平谷再生水厂、马坊镇污水处理厂、金海湖镇中心区污水处理厂、小城镇污水处理市场化建设等项目，建成乡镇污水处理厂 6 座，大大改善了水环境景观。加大湿地保护，位于马坊镇的小龙河湿地公园于 2013 年建成开放，位于王辛庄镇的城北湿地公园将于 2014 年实施建设，不仅保护了湿地资源，还为城区居民提供了科普、休闲、健身场所。

8.2.3 生态资源状况

根据北京市平谷区国土局资料，2012 年平谷区农村土地利用类型主要包括耕地、园地、林地、草地、城镇村及工矿用地、交通运输用地、水域及水利设施用地，以及未利用土地。其中，林地面积最多，占总面积的 37%；其次为园地、耕地、城镇村及工矿用地，分别占平谷区面积的 25%、13% 和 11%；其他类型土地所占比例较小。

依据平谷区土地利用现状数据，将平谷区自然生态系统划分为森林、农田、草地和湿地 4 类生态系统，每个生态系统类型对应不同的土地利用类型。2012 年平谷区自然生态系统主要为森林，总面积 5.84 万 hm²，占全区面积的 63%，集中分布在北部和东部；其次为农田 1.3 万 hm²，占全区面积的 14%，主要分布在西南部；草地面积较小，仅为 6 124 hm²，占平谷区面积的 7%，零散分布在东部地区；湿地分布在北部和东部地区，面积仅为 3 941 hm²，占全区面积的 4%（表 8.1）。

表 8.1 2012 年平谷区土地利用及生态系统组成

生态系统类型	森林	农田	草地	湿地	人工建设	荒地
土地利用类型	林地、园地	耕地、设施农用地、田坎	草地	河流、湖泊、水库、坑塘、内陆滩涂、沟渠	城镇村及工矿用地、交通运输用地、水工建筑用地	裸地
面积 /hm^2	58 403	12 883	6 124	3 941	12 850	626
比例 /%	63.26	13.95	6.63	4.27	13.92	0.68

平谷区森林生态系统集中分布在北部和东部地区，主要由经济林为主的果园和生态林为主的有林地组成。其中，园地面积 2.35 万 hm^2，包括 2.34 万 hm^2 果园和 35 hm^2 其他园地；林地面积 3.49 万 hm^2，包括 2.19 万 hm^2 有林地、3 722 hm^2 灌木林地和 9 198 hm^2 的其他林地。

平谷区农田生态系统集中分布在西南部地区，主要有耕地、设施农用地以及田坎。其中，2012 年耕地有 9.88 hm^2 水田、9 246 hm^2 水浇地和 2 629 hm^2 旱地，设施农用地面积有 920 hm^2。

湿地一般是指水域和陆地系统交互接壤而形成的一种过渡类型。水域包括天然形成的河流、湖泊等陆地水域和水库、坑塘、河渠等水利设施为主的地区。在本书中，湿地与水域作为一个整体即湿地生态系统。平谷区湿地生态系统主要由河流水面、湖泊水面、坑塘、滩涂和沟渠组成。其中，河流水面最大，为 1 034 hm^2；其次为坑塘水面 1 736 hm^2；水库水面和沟渠分别为 510 hm^2 和 406 hm^2；内陆滩涂面积为 254 hm^2。

8.3 生态服务价值测算

8.3.1 生态系统服务指标选择

根据平谷区生态环境特点以及生态系统类型和重要性特征，参照《北京都市型现代农业生态服务价值监测公报》所采用评价指标，确定平谷区森林、农田、草地和湿地生态系统服务评价指标，见表 8.2。不过需要说明的是：①农林牧渔业总产值来自统计部门数据，该指标值可以直接采用统计数据的结果。②森林、农田、草地和湿地都具有景观游憩价值，但通常作为一个整体评价。因此该评估以森林景观游憩服务为主，其他类型生态系统不做重复计算。③城市绿地对附近房产价格有一定的增值作用，但并非都起正作用，有时是负作用（张彪等，2013），因此对此指标不做评价。由于平谷区湿地没有水力发电，其水电蓄能价值不做估算。④湿地固碳释氧作用是通过浮游植物的光合作用完成，因平谷区水域浮游植物调查资料少，无法满足核算要求，因此该指标不做估算。此外，空气净化作用主要取决于植物叶片表面，水域中植被较少，此项指标不做核算。⑤因平谷区草地在防护减灾中的作用表现为控制地面扬尘，为避免重复计算，不核算土壤保持服务。⑥考虑农田耕作频繁，对土壤表层扰动较大，不估算其土壤保持服务，此外，因农田作物秸秆和草地枯落物及时被清除，其养分积累服务不做评价。

表 8.2　平谷区生态系统服务评价指标

指标名称	森林	农田	草地	湿地
一、直接经济价值 1. 农林牧渔业总产值 2. 供水价值	林（果）产品	农产品	畜禽养殖	水产品 水供给
二、间接经济价值 1. 文化旅游服务价值 2. 水电蓄能价值 3. 景观增值价值	景观游憩	景观游憩	景观游憩	景观游憩
三、生态与环境价值 1. 气候调节价值 2. 水源涵养价值 3. 环境净化价值 4. 生物多样性价值 5. 防护与减灾价值 6. 土壤保持价值 7. 土壤形成价值	固碳释氧 涵养水源 空气净化 物种保育 防风固沙、农田增产 土壤保持 养分积累	固碳释氧 涵养水源 空气净化	固碳释氧 涵养水源 空气净化 物种保育 防风固沙	降温增湿 涵养水源 空气净化 物种保育

8.3.2　直接产品经济价值测算

（1）农林牧渔业总产值

参照平谷区社会经济统计资料，2012 年平谷区农业总体运行平稳。在平原造林工程和农产品生产价格总体上涨的拉动下，全年实现农林牧渔业总产值 39.7 亿元（现价），农林牧渔呈现出全面增长的良好态势（表 8.3）。

表 8.3　平谷区 2012 年农林牧渔业总产值构成

指标名称	总产值 / 万元	所占比重 /%
农业	222 272	56
林业	25 727	6.5
牧业	129 265	32.5
渔业	18 669	4.7
农林牧渔服务业	1 158	0.3
合计	397 091	100

2012 年平谷区粮食播种面积为 17.9 万亩，总产量 6.9 万 t。其中夏粮播种面积 3.2 万亩，总产量 1.1 万 t；秋粮播种面积 14.7 万亩，总产量 5.8 万 t。蔬菜播种面积 7.6 万亩（含食用菌），蔬菜产量 25.3 万 t，蔬菜产值 4.5 亿元。

2012 年全区果园面积为 31.3 万亩，果品产量 32.7 万 t，水果、坚果（含瓜果和花椒）实现产值 15.6 亿元，占农林牧渔业总产值的 39.3%。2012 年，全区实现林业产值 2.6 亿元，主要为平原造林工程拉动。

2012年全区实现畜牧业产值12.9亿元，占农林牧渔业总产值的32.5%。2012年，淡水鱼捕捞1.5万t，渔业产值为1.9亿元。2012年，全区设施农业占地面积1.3万亩，播种面积2.4万亩，实现收入3.1亿元；观光休闲农业呈现出良好的发展态势，总收入4.3亿元。

（2）供水价值

自然生态系统的供水服务主要来自湿地水域的水资源供给，供水实物量按照水资源公报统计的可供给水资源量计算。供水价值量按照直接市场价值法计算，即供给水资源量与水资源费乘积：

$$V_{\mathrm{ww}} = Q_{\mathrm{ww}} \cdot p_{\mathrm{ww}} \tag{8-1}$$

式中，V_{ww}为水域年供水价值，元/a；Q_{ww}为年供水量，m^3/a；p_{ww}为水价，元/m^3。

根据平谷区水资源公报（平谷区水务局，2012），2012年全区总供水量1.74亿m^3，其中向北京市区应急供水7 800 m^3。参照北京市森林资源资产核算地方标准，目前北京水资源费为1.26元/m^3，据此估算平谷区生态系统年供水价值为2.19亿元。

8.3.3 文化旅游服务价值测算

平谷区自然生态系统具有景观休闲游憩功能。农业观光果园将果品生产与生态旅游结合起来，为游客提供了游览、体验、文化和休闲服务。风景名胜区以优美的自然环境提供了景观游憩价值。参考北京市《森林资源资产价值评估技术规范》（DB11/T 659—2009），森林景观游憩服务的实物量采用景观游憩价值的面积或游园人数来估算，即：

$$Q_{\mathrm{ft}} = \sum_{i=1}^{n} \mathrm{TP}_i \tag{8-2}$$

式中，Q_{ft}为森林景观游憩人数，人次/a；TP_i为第i个公园（观光园或采摘园）游客量，人次/a。

森林景观游憩价值采用旅行费用支出法，即旅游观光人次与人均旅行费用估算，公式如下：

$$V_{\mathrm{ft}} = Q_{\mathrm{ft}} \times \mathrm{TP} \tag{8-3}$$

式中，V_{ft}为森林景观游憩年价值，元；TP人均旅行费用，元/人。

北京市平谷区较大的观光果园有金海湖观光采摘园、绿野仙踪观光果园、大华山镇大峪子村农业技术推广站观光果园、山东庄镇鱼子山村南的润泽观光果园。2010年平谷区农业观光园209个，“三山一海两环线”的休闲农业空间格局基本形成，2012年休闲观光农业接待708.2万人次。平谷区拥有众多A级旅游风景区，其中4A级景区有6家，包括金海湖、京东大峡谷、京东大溶洞、京东石林峡、青龙山景区和丫髻山，2A级风景区有湖洞水和老泉山野公园，A级风景区有挂甲峪新村度假旅游风景区和圣泉亲水湾景区。2012年接待旅游267.61万人次。此外，平谷区是我国著名的大桃之乡，以花为媒，营销平谷，北京平谷国际桃花节已经成功连续举办13届，成为京津地区著名的春季旅游活动。据统计，2014 年北京平谷桃花音乐节接待游客约 240.29 万人次。

基于以上信息统计，平谷区自然生态系统的景观游憩 1 216 万人次 /a。根据旅行费用法，平谷区观光果园人均旅行费用为 360 元 / 人（田志会，2012），得出景观游憩价值为 43.78 亿元 /a。

8.3.4 生态环境服务价值测算

（1）森林资源生态环境服务

①气候调节价值

按照北京市《森林资源资产价值评估技术规范》（DB11/T 659—2009），森林植被固碳释氧实物量参考植物光合作用原理，即绿色植被每生产 1 g 干物质，需要消耗 1.63 g CO_2，同时释放 1.2 g O_2；森林固碳释氧价值估算分别采用碳税法和制氧工业成本法估算。

根据北京市森林资源生产力估算（Xiao et al.，2011），平谷区经济林净初级生产力平均为 6.8 t/（$hm^2 \cdot a$），有林地平均生产力为 12.10 t/（$hm^2 \cdot a$），灌木林地为 1.14 t/（$hm^2 \cdot a$）。据此估算，平谷区森林年固定 70.13 万 t CO_2，释放 51.63 万 t O_2。根据森林固碳价格为 1 200 元 /t，森林生产氧气成本为 1 000 元 /t，估算平谷区森林固碳释氧价值为 13.58 亿元 /a。

②水源涵养价值

森林涵养水源实物量采用区域水量平衡法计算，即按照水量平衡原理，降水量与径流量和蒸散量的差值为涵养水量；森林涵养水源价值采用影子工程法，即储存相同水量水库工程建设成本，此外森林生态系统对雨水资源涵蓄过程中，吸收净化了雨水中污染物，其净化水质价值按照费用支出法计算。

平谷区多年降水量为 754.3 mm，林区蒸散量约占年降水量的 60%（李波，2008），估算得到森林年蒸发散量 452.58 mm；北京市森林生态系统定位站观测发现，林地内多年平均地表径流 19.41 mm（张彪等，2011），估算得到平谷区森林年涵养水源量 1.65 亿 m^3。参照北京市《森林资源资产价值评估技术规范》（DB11/T 659—2009），北京地区水库价格为 6.11 元 /m^3，净化水质价格参照北京水价 3.7 元 / m^3，估算平谷区森林涵养水源价值为 16.19 亿元。

③环境净化价值

森林植被的空气净化作用主要表现在吸收滞留空气中污染物（二氧化硫、氟化物、氮氧化物和灰尘）和释放负氧离子，森林吸收滞留空气污染物的实物量通过面积 - 吸收能力法估算。森林净化空气服务价值量按照防护费用法计算，即削减相同数量污染物需要支出的防护费用，以及人工生产制造相同数量的负氧离子所需仪器及运行费用（具体参考 DB11/T 659—2009）。

此外，畜禽养殖规模的扩大，产生了大量畜禽粪便及氮磷钾营养物质。这些畜禽粪便作为肥料直接施入农田和果园中，果树和农作物在生长过程中分解消纳这些废弃物并吸收养分，成为消纳畜禽粪便的场所。因此，按照果园面积和单位面积最大消纳能力，估算森林分解畜禽粪便的实物量，其价值采用替代费用法计算，具体公式为：

$$Q_d = \gamma_d \times A / 1\,000 \tag{8-4}$$

$$V_d = Q_d \times c_d \tag{8-5}$$

式中，Q_d为森林消纳畜禽粪便实物量，t/a；γ_d为森林（果园）消纳畜禽粪便容量，t/（$hm^2 \cdot a$）；A为森林（果园）面积，hm^2；V_d为森林（果园）消纳畜禽粪便价值量，元 /a；c_d为单位有机肥价格，元 /t。

根据北京市《森林资源资产价值评估技术规范》（DB11/T 659—2009），平谷区森林年均吸收 3 909 t 的 SO_2，吸收氟化物 66.07 t，吸收氮氧化物 153.64 t，森林年滞尘 66.38 万 t，平谷区森林负氧离子水平在 2.37×10^{20} 个；按照防护费用和替代费用法，估算平谷区森林每年吸收空气污染物价值 1.04 亿元和释放负氧离子价值 56 万元。

根据田志会（2012）估算，北京平谷区果园每年消纳畜禽粪便的最大容量为 166 t/hm^2，平谷区 2.35 万 hm^2 果园可消纳畜禽粪便 390.1 万 t。按照有机肥价格 320 元 /t（具体参考 DB11/T 659—2009），果园消纳畜禽粪便的价值为 12.48 亿元。因此，平谷区森林的环境净化总价值为 13.52 亿元。

④生物多样性维持价值

森林维持生物多样性实物量采用野生动植物资源数量和自然保护区来表示。平谷区动植物种类比较丰富。全区有药用植物、纤维类植物、蜜源植物、食用类植物、单宁类植物和观赏植物等野生植物资源 500 种以上。经济植物有 227 种，野生动物 50 余种，野生禽类 20 多种。其中，国家一级保护野生动物 10 余种和市重点保护野生动物 10 多种，有市一般保护野生动物 10 多种。四座楼自然保护区面积 198.1 km^2，主要保护森林生态系统，保存有较完整的山地落叶针阔次生林、多种人工林以及较为丰富的野生动植物资源。

维持生物多样性的物种保育价值按照面积 - 价值法计算，即根据森林面积与单位面积物种保育价值计算。按照北京市《森林资源资产价值评估技术规范》（DB11/T 659—2009），平谷区四座楼自然保护区 Shannon-Wiener 指数为 3.5，单位面积森林维持生物多样性价值 20 000 元 /hm^2。据此估算，森林物种保育价值为 11.68 亿元。

⑤防护减灾价值

森林防护减灾功能主要体现在防风固沙和农田增产效益上，森林防风固沙实物量按照防风固沙林面积，农田防护的实物量按照增加农作物产量估算；森林防风固沙服务价值按照防风固沙林建造成本计算，森林促进农田增产的价值按照增产的农作物产值计算（具体参考 DB11/T 659—2009）。

2010 年平谷区防风固沙林面积有 207.06 hm^2，北京防护林林地价格平均为 2 247 元 /hm^2，据此估算平谷区森林防风固沙价值 46.53 万元；2010 年平谷区农田防护林面积有 206.86 hm^2，每年增产小麦 70.13 t 和玉米 54.82 t，按照 2008 年北京市统计局公布的粮食价格，农作物增加价值为 21.95 万元。因此，估算得到平谷区森林防护减灾价值为 68.48 万元。

⑥土壤保持价值

森林保持土壤减少水土流失的效益主要表现为避免泥沙淤积和土壤养分流失，保持土壤实物量是根据有林地与无林地土壤侵蚀模数之差计算。森林因保持土壤而减少泥沙淤积的体积按照24%的比例估算，而森林保持土壤减少了土壤中养分流失的量按照土壤养分含量测算。森林保持土壤价值量按照费用支出法计算，即挖取淤积泥沙的人工费用，减少养分流失价值换算为各种肥料价值进行估算。

平谷区有林地面积2.19万hm^2，北京地区有林地土壤侵蚀模数0.69 t/（$hm^2 \cdot a$），无林地土壤侵蚀模数4.21 t/（$hm^2 \cdot a$），据此估算平谷区森林年保持土壤7.71万t；平谷地区土壤容重为1.38（褐土），减少泥沙淤积1.34万m^3。如果按照褐土养分含量比例，即有机质1.89%、全氮0.11%、全磷0.13%和全钾2.51%，森林保持土壤从而减少养分流失的实物量分别为：1 457 t有机质、84.81 t全氮、100.23 t全磷和1 935.21 t全钾。

参照北京地方标准（DB11/T 659—2009）推荐价格，挖取单位体积土方人工成本为12.6元/m^3，估算森林防止泥沙淤积价值为16.88万元；磷酸二铵化肥价格2 400元/t，氯化钾化肥价格2 200元/t，有机肥价格320元/t，减少有机质流失价值46.62万元，减少氮肥流失145.39万元，减少磷肥流失160.37万元，减少钾肥流失851.49万元。因此，平谷区森林年保持土壤总价值为1 220.75万元。

⑦土壤形成价值

森林促进土壤养分形成的效益主要体现在植被养分持留和枯落物分解两个方面。平谷区森林营养物质累积年增长量是指每年新增的森林植被生物量中N、P、K元素的累积，其价值通过影子价格法估算（具体参考DB11/T 659—2009）。

据北京市森林资源生产力估算（Xiao et al.，2011），平谷区经济林净初级生产力平均为6.8 t/（$hm^2 \cdot a$），有林地平均生产力为12.10 t/（$hm^2 \cdot a$），灌木林地为1.14 t/（$hm^2 \cdot a$），估算得到平谷区森林植被养分年增加N164.81 t、增加P184.88 t和增加K699.92 t。参照常用化肥的养分比例，转换为化肥分别为1.18万t磷酸二铵、1 232 t磷酸二铵和1 399.84 t氯化钾。如果按照磷酸二铵价格为2 400元/t和氯化钾价格2 200元/t，估算平谷区森林的土壤形成服务价值为0.34亿元/a。

（2）农田资源生态环境服务

①气候调节价值

农田植被固碳释氧实物量参考植物光合作用原理，即生态系统每生产1 g干物质，需要1.63 g CO_2，同时释放1.2 g O_2。农田固碳释氧价值估算分别采用碳税法和制氧工业成本法估算，即固碳释氧实物量乘以相应成本价格。

平谷区粮食作物单产平均为4 t/（$hm^2 \cdot a$）（李波，2008），根据光合作用方程式，植被每生产1 g干物质固定1.63g CO_2，得出平谷区农田年固定8.40万t CO_2，释放6.18万t O_2。根据北京市《森林资源资产价值评估技术规范》（DB11/T 659—2009）推荐价格，估算平谷区农田固碳释氧价值为1.63亿元/a。

②水源涵养价值

农田涵养水量按照土壤持水量法计算，即单位面积农田土壤持水量与裸地土壤持水量之差，计算公式如下：

$$Q_{fw} = (W_f - W_0) \cdot A \tag{8-6}$$

式中，Q_{fw}为农田涵养水量，m^3；W_f为农田单位面积土壤持水量，m^3/hm^2；W_0为裸地单位面积土壤持水量，m^3/hm^2；A 为农田面积，hm^2。

农田涵养水源价值采用影子工程法，即储存相同水量水库工程建设成本，计算公式如下：

$$V_{fw} = Q_{fw} \cdot P_w \tag{8-7}$$

式中：V_{fw}为农田涵养水源价值，元；P_w为影子水库造价，元 /m^3。

平谷区单位农田面积涵养水量 370.2 m^3/hm^2（李波，2008），1.29 万 hm^2 农田可涵养水源 476.93 万 m^3。北京地方标准（DB11/T 659—2009）规定，北京地区水库建造价格为 6.11 元 /m^3，估算平谷区农田涵养水源价值为 2 914 万元。

③环境净化价值

农田植被对空气污染物吸收滞留作用原理与森林植被相同，因此农田净化空气污染物实物量与上述公式相同。据测算（杨志新等，2005），北京地区农田吸收二氧化硫 45 kg/hm^2，吸收氟化物 0.38 kg/hm^2，吸收氮氧化物 33.5 kg/hm^2，滞留灰尘 0.95 kg/hm^2。平谷区现有农田 1.18 万 hm^2，因此可吸收二氧化硫 534.83 t，吸收氟化物 4.52 t，吸收氮氧化物 398.15 t 和滞留灰尘 11.29 t，以及农田消纳分解废弃物 214.14 万 t。

北京市《森林资源资产价值评估技术规范》（DB11/T 659—2009）规定，削减 SO_2 成本为 1 200 元 /t，削减氟化物成本为 690 元 /t，削减氮氧化物成本为 630 元 /t，削减灰尘成本为 150 元 /t，可估算平谷区农田吸收污染物价值 89.74 万元 /a；此外，有机肥价格为 320 元 /t，农田消纳畜禽粪便的价值为 6.85 亿元 /a，因此，平谷区农田生态系统净化环境总价值为 6.86 亿元 /a。

（3）草地资源生态环境服务

①气候调节价值

草地植被固碳释氧作用原理与森林植被相同，因此其气候调节服务及其价值测算公式与森林气候调节服务相同。北京市草地净初级生产力平均为 2 t/（$hm^2 \cdot a$），平谷区 6 124 hm^2 草地年固定 1.99 万 t CO_2，释放 1.46 万 t O_2，因此草地固碳释氧价值为 3 848 万元 /a。

②水源涵养价值

草地涵养水源实物量采用径流系数法计算，即相比硬化地表，草地降水量与径流系数乘积的差值为涵养水量；草地涵养水源价值采用影子工程法，即储存相同水量水库工程建设成本；在草地生态系统对雨水资源进行涵蓄过程中，吸收净化了雨水中污染物，其净化水质价值按照费用支出法计算，计算公式如下：

$$Q_{gw} = (1-\delta) \cdot P \cdot A \tag{8-8}$$

$$V_{gw} = Q_{gw} \cdot (P_w + P_p) \tag{8-9}$$

式中，Q_{gw}为草地涵养水量，m^3；δ为草地径流系数；P 为降雨量，mm；A 为草地面积，hm^2；V_{gw}为草地涵养水源价值，元；P_w为影子水库造价，元 /m^3；P_p为净化水质价格，元 /m^3。

平谷区多年降水量为754.3 mm，城市绿地多年地表径流系数为0.1（张彪等，2011），因此估算得到平谷区草地年涵养水源量4 157万m^3。北京地区水库价格为6.11元/m^3，净化水质参照北京水价3.7元/m^3，估算平谷区草地涵养水源价值为4.08亿元。

③空气净化价值

草地植被对空气污染物吸收滞留作用原理与森林植被相同，因此草地净化空气污染物实物量与上述公式相同。其价值量同样按照防护费用法计算，即削减相同数量污染物需要支出的防护费用。

根据北京城区园林绿地生态功能测算，平谷地区绿地吸收二氧化硫17 kg/hm^2，吸收氮氧化物6.5 kg/hm^2，滞留灰尘5 t/hm^2；平谷区现有草地6 124 hm^2，据此估算，可吸收二氧化硫104.1 t，吸收氮氧化物39.81 t和滞留灰尘3.06万t。按照北京市地方标准推荐价格（DB11/T 659—2009），削减SO_2成本为1 200元/t，削减氮氧化物成本为630元/t，削减灰尘成本为150元/t，可估算平谷区草地净化空气价值474万元。

④生物多样性维持价值

虽然草地在维持生物多样性服务上不如森林生态系统重要，但是在城市地区对于物种的保存和多样性维持方面也具有重要作用。2012年平谷区草地面积6 124 hm^2，其生物多样性维持价值可采用转移系数法估算，北京城区园林绿地单位面积维持生物多样性价值1 667元/hm^2，估算得到平谷区绿地维持生物多样性价值为1 021万元。

⑤防护减灾价值

草地防风固沙服务主要体现在对地面扬尘的覆盖作用，因此其实物量按照草地覆盖地表面积表示；草地覆盖地表抑制扬尘价值通过费用支出法计算，即采用固土垫覆盖裸土所花费的费用，计算公式为：

$$Q_{gs} = \lambda \cdot A \tag{8-10}$$

$$V_{gs} = X \cdot Q_{gs} \tag{8-11}$$

式中，Q_{gs}为草地控制扬尘面积，hm^2；λ为草地植被覆盖率；A为草地面积，hm^2；X为覆盖裸土人工措施的费用，元/hm^2。

2012年平谷区草地面积6 124 hm^2，按照草地覆盖率60%估算，草地控制扬尘面积3 674.4 hm^2；目前植草固土常用的三维植被网，按市场价格为3元/m^2估算，平谷区草地抑制扬尘价值1.10亿元/a。

（4）湿地资源生态环境服务

①水源涵养价值

湿地涵养水源服务主要体现在对水资源的储存上，包括地表水和地下水，因此每年水资源总量作为涵养水源量。湿地涵养水源价值量按照影子工程法，即建造同等容量的水库造价作为涵养水源价值量，计算公式如下：

$$V_{ww} = Q_{ww} \cdot P_{wr} \tag{8-12}$$

式中，V_{ww}为湿地涵养水源价值，元；Q_{ww}为湿地涵养水源量，m^3/a；P_{wr}为影子水库造价，元/m^3。

据平谷区水资源公报数据（平谷区水务局，2012），2012 年平谷区当年水资源总量 3.84 亿 m^3，其中地表水资源 1.63 亿 m^3，地下水资源量 2.47 亿 m^3。参照北京市地方标准推荐价格（DB11/T 659—2009），北京地区影子水库价格为 6.11 元 /m^3，估算平谷区湿地涵养水源价值为 23.46 亿元。

②环境净化价值

相对于森林环境，水域水面能释放更多负氧离子。邵海荣等（2005）在北京地区水域测定负氧离子浓度在 2 200 ～ 3 200 个 /cm^3。按照北京地方标准推荐的森林负氧离子价值计算方法（DB11/T 659—2009），水面上空高度按照 5 m，释放负氧离子时间按照 300 天，估算得到平谷区水面年释放负氧离子 1.47×10^{20} 个；目前市场空气清新机性能为 1.8×10^{14} 个 / 台，日运行费用为 0.43 元 /(台 ·d)，估算得到平谷区湿地释放负氧离子价值为 35 万元。

③生物多样性维持价值

湿地栖息着种类繁多的野生动植物，如水生植物、湿生植物、湿地鸟类、鱼类、水生哺乳动物、两栖类动物以及大量无脊椎动物等，并为迁徙鸟类提供休憩、觅食的场所，其生物多样性价值与其他生境的生物多样性价值存在区别。由于平谷区湿地生物调查资料不足，采用转移系数法进行估算。按照北京市水生生态系统服务评估结果（孟庆义等，2012），湿地生物多样性价值 15.64 万元 /hm^2，平谷区湿地面积 3 941.1 hm^2，估算得到平谷区湿地生物多样性价值为 6.16 亿元。

8.4 评估结果分析

8.4.1 生态系统服务总价值

平谷区 2012 年自然生态系统总面积 94 827 hm^2，占北京市域自然生态系统面积的 6%。基于平谷区自然生态系统服务价值评估结果，2012 年平谷区生态系统服务总价值 185 亿元，占到北京市自然生态系统服务年价值的 10%。结果说明，平谷区以 6% 的土地面积提供着 10% 的生态服务，生态系统服务价值产出高于其面积比例，为北京市及周边区域的生态环境安全与环境质量改善做出了巨大贡献。

表 8.4　2012 年平谷区与北京市自然生态服务价值构成比较

指标名称	平谷区 / 亿元	北京市 / 亿元	所占比例 /%
生态服务价值	185.22	1 864.35	9.93
一、直接经济价值	41.89	419.30	9.99
1. 农林牧渔业总产值	39.7	395.71	10.03
2. 供水价值	2.19	23.59	9.28
二、间接经济价值	43.78	560.47	7.80
文化旅游服务价值	43.78	560.47	7.80

指标名称	平谷区 / 亿元	北京市 / 亿元	所占比例 /%
三、生态与环境价值	99.55	884.58	11.25
1. 气候调节价值	15.59	115.74①	13.47
2. 水源涵养价值	44.02	255.75	17.21
3. 环境净化价值	20.43	130.44	15.66
4. 生物多样性价值	17.94	174.12②	10.30
5. 防护与减灾价值	1.11	193.96	0.57
6. 土壤保持价值	0.12	2.17	5.53
7. 土壤形成价值	0.34	12.40	2.74

注：①尽管水域白天有降温增湿作用，但是这种作用是阶段性的，且晚上往往是增温降湿，因此气候调节中的降温增湿价值存在争议，未核算该项价值。

②北京湿地生物多样性价值按照水生生态系统测算结果（孟庆义等，2012）进行了修正。

8.4.2 生态系统服务价值构成

估算结果表明，2012 年平谷区生态服务价值 185 亿元。其中生态与环境价值最大，为 99.56 亿元，占总价值的 54%；其次为间接经济价值 43.78 亿元，占总价值的 24%；直接经济价值最小，为 41.89 亿元，仅占总价值的 22%。该结果说明，平谷区自然生态系统起到了区域生态环境的改善与维护作用，景观游憩价值和直接经济价值也得以充分开发利用。

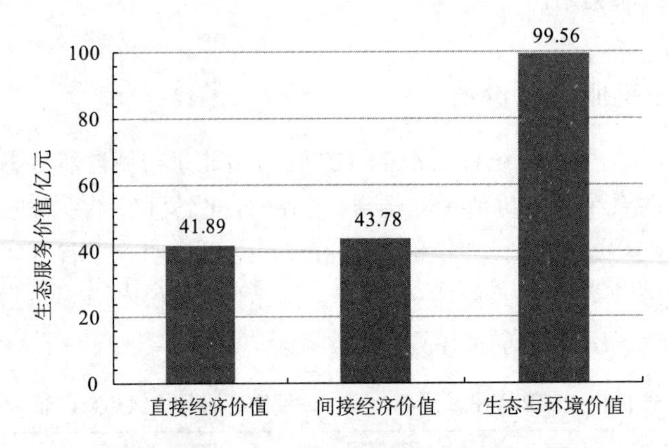

图 8.1 平谷区生态服务价值构成

从不同类型生态系统的生态与环境价值来看，森林生态系统服务价值最高，为 55 亿元 /a，占生态与环境价值的 56%；其次为湿地生态系统 30 亿元 /a，占 30%；草地和农田的生态与环境价值较小，分别为 5.7 亿元 /a 和 8.8 亿元 /a。

平谷区森林每年提供生态与环境价值约 9.49 万元 /hm^2。根据北京市园林局统计资料，京津风沙源工程每公顷造林投资 5.1 万元。按照北京地区常见树种生长规律估算，造林后 5 ～ 8 年提供稳定的生态服务，因此造林后 4 年即能收回造林投入。

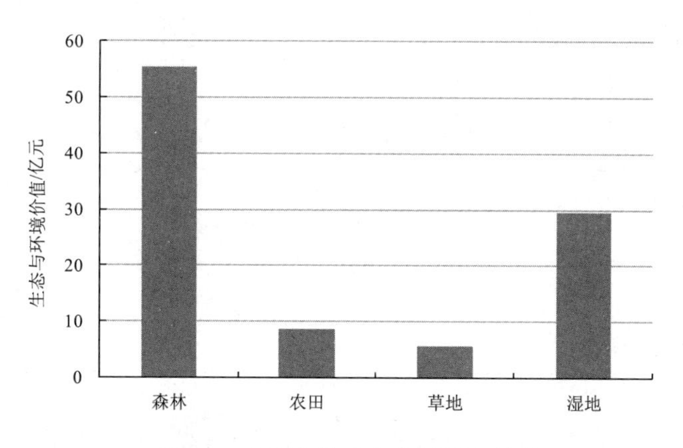

图 8.2 平谷区生态与环境服务价值

8.4.3 重要生态系统服务价值

从对北京市生态服务价值的贡献来看，平谷区供水价值贡献较大，占到北京市供水总价值的 27%；其次为水源涵养和环境净化服务所占比例较大；水力发电和防护减灾服务所占贡献较小。该结果说明，平谷区自然生态系统对于北京市来说，重要性较高的生态服务为水供给、水源涵养、环境净化和生物多样性维持（图 8.3）。

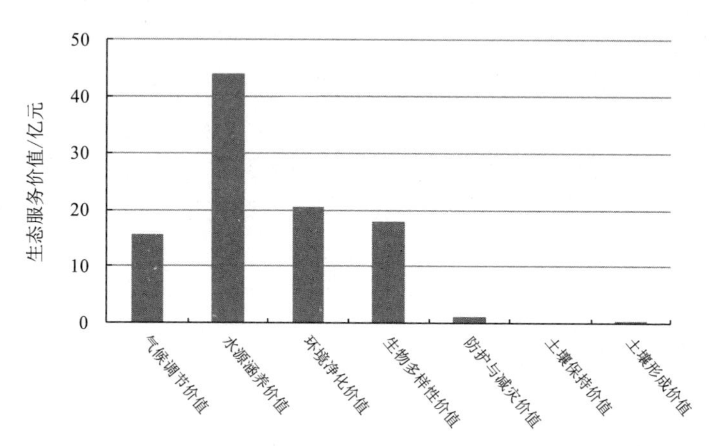

图 8.3 平谷区生态与环境价值构成

8.5 政策建议

8.5.1 基于生态服务价值估算的生态补偿理论值

生态付费主要针对生态资产的存量，是对维护、发挥生态服务价值的补偿。考虑到平谷区生态服务总价值中，直接经济价值和间接经济价值已完全或部分实现了市场化，重点估算生态与环境价值的补偿标准。基于生态系统服务价值的理论估算，由于生态服务的现实存在性和生态系统自身的消耗，往往高于其生态补偿价值。因此，需要剔除以上相关因素，结果见表 8.5。

表 8.5　平谷区生态补偿标准理论估算

补偿对象	生态服务价值估算 /[元 /(亩 ·a)]	所需补偿资金 / 亿元
生态公益林	2 717	17.73
经济林	776	3.42
湿地	27 804	16.85
农田	718	1.28

从不同类型林地来看，平谷区公益林主要分布在山区，其生态服务供给较高，每年提供生态与环境的服务价值 17.73 亿元，约合每亩需要补偿 2 717 元；经济林树种和结构相对单一，抗病虫害能力相对较差，人工干预较频繁，其生态服务供给价值要比生态公益林低。主要分布在平原区，平均每年提供生态与环境价值 3.42 亿元，约合每亩需要补偿 776 元。

平谷区湿地主要由河流水面、湖泊水面、坑塘、滩涂和沟渠组成。每年湿地提供的生态与环境价值 41.2 万元 / hm^2，约合每亩 27 804 元。参考国际上生态服务价值研究成果，相对其他类型生态系统，单位面积湿地生态服务价值最高（湿地中水域属于立体空间）。因此，每年需要生态补偿湿地 16.85 亿元，约合单位面积补偿 2.78 万元 / 亩。

农田除生产农作物外，发挥着净化空气、涵养水源、固碳释氧等生态功能，平谷区农田每年可提供生态与环境服务价值 8.78 亿元。排除固碳释氧的重复、涵养水源的自身消耗和环境净化作用的有效性，每年需要补偿农田的生态与环境价值 1.28 亿元，约合每亩农田补偿 718 元。

8.5.2　基于现实分析的生态补偿指导值

（1）森林生态服务补偿

目前北京生态公益林补偿每年 40 元 / 亩，远低于山区生态公益林生态服务价值 2 717 元 /（亩 · a），仅为生态服务补偿理论值的 1.5%。但是，北京生态公益林补偿标准已经为全国最高，进一步提高生态补偿标准对于当前的财政压力较大，因此，生态公益林生态补偿标准仍按当前标准执行，不过补偿对象扩大到平原地区生态林及国有林场，每年生态公益林补偿资金约 2 104 万元，未补偿的大部分生态服务需要通过相关投资政策进行补偿。

现有生态补偿办法对经济林不进行补偿。但是据测算，处于大都市边缘的经济林（以平谷大桃为例）在生物量、初级生产力以及叶片净化环境上也具有较大的功能，不过在林种组成、群落结构和部分生态功能方面有所不足，因此建议将经济林（桃园）纳入为补偿试点。补偿标准参照现行生态公益林补偿标准 40 元 /（亩 · a），参考生态公益林与经济林生态补偿理论值的比例，经济林（桃园）补偿标准为 10 元 /（亩 · a），每年需支付的经济林补偿资金估计在 353 万元。

（2）农田生态服务补偿

根据农田生态系统所提供的生态效益确定补偿标准，每亩农田需补偿 718 元 /a。由于传统农业在提供粮食蔬菜等农产品同时，也提供了相当多的生态与环境功能，而且受粮食价格不高的影响，城市周边农民从事农业生产的积极性不高。为保留大都市农业生产的存在，维持农田生态系统服务功能，需适当给予传统农业一定补偿，以激励农民的积极性。建议按照经济林补偿标准为 10 元 /（亩 · a），每年需支付的农田补偿资金估计在 178 万元。

（3）湿地生态服务补偿

根据湿地生态效益确定补偿标准，建议由北京市购买平谷区湿地的生态与环境服务。目前以水资源费形式补偿的 1.26 元 /t 定价标准，仅反映湿地生态与环境价值的 21%，而且是按照总费用 50% 的比例给予的补偿。为保证平谷区湿地生态系统对水资源的持续供给和保护，建议将当前水资源费的返还比例提高到 100% 进行补偿，每年以水资源费形式给予湿地生态补偿的资金约为 8 580 万元。此外，参照广东省对湿地生态效益补偿试点，每亩湿地面积每年补偿约 0.38 元 / 亩以保护湿地资源，建议北京对天然湿地（河流、湖泊、水库和滩涂）按此标准进行补偿试点，每年湿地生态补偿需要约 1.03 亿元。

表 8.6　平谷区生态服务付费理论值与建议值

补偿对象	生态服务补偿理论值 / [元 /（亩 · a）]	生态服务补偿建议值
生态公益林（山区）	2 717	40 元 /（亩 · a）（扩大到平原生态林和国有林场）
经济林（以大桃为试点）	776	10 元 /（亩 · a）
湿地（河流、湖泊、水库、滩涂等）	27 804	1.26 元 /m^3（水资源费形式全部返还）；0.38 元 /（亩 · a）
农田（水浇地、旱地等）	718	10 元 /（亩 · a）

8.5.3　完善生态补偿机制的主要建议

（1）政府投资政策支持

为促使平谷区更好地落实生态涵养发展区职责，缩小生态涵养发展区在基础设施、公共服务方面的差距，加快绿色产业发展，促进区域协调发展，建议在市政府固定资产投资安排中，进一步向生态涵养发展区倾斜。对生态建设与环境保护项目，全额由市政府投资安排，取消各区资金配套，同时加大绩效评估，完善考核体系，确保资金使用效益；对基础设施、公共服务、绿色产业项目加大投资支持比例，建议按投资补助 30% 予以支持（机会成本损失已支持一部分）。积极支持探索平谷与蓟县、兴隆等周边地区的生态、旅游与产业合作模式，促进京津冀上下游生态补偿及生态环保合作机制建立。

（2）推进多元化生态补偿方式

充分发挥政府与市场的双重作用，推进多元补偿方式，建立政府统筹、多层次、多渠道的生态补偿机制，在加大财政生态补偿力度的同时，充分应用经济手段和法律手段，探索多元化生态补偿方式。

不仅要积极推进资源使（取）用权、排污权交易等市场化的生态补偿模式，拓宽资金渠道，引导社会各方参与环境保护和生态建设；搭建协商平台，完善支持政策，推动开发地区、受益地区与生态保护地区、流域上游与下游采取资金补助、对口协作、产业转移、人才培训、共建园区等方式实施横向生态补偿；促使企业承担起生态补偿责任，把生态成本内置为企业内部成本，通过财政补贴、贴息、税收减免等优惠政策，鼓励企业进行生态经济投资；而且需要加强政府同金融部门的联系，加强对外交流合作，争取国际性金融机构优惠贷款和民间社团组织及个人捐款。

（3）建立生态补偿考核机制

为保证生态服务产品的持续供给，保障生态补偿资金的合理有效使用，需加强项目监督评估和绩效考核，提高项目的约束机制和资金使用制度，加强项目实施力度和效果的监督，同时保证项目效果的连续性。

对于生态补偿的经济林和农田，要保证科学合理地施用农药、化肥、农用薄膜等化学投入品，主要施用畜禽粪便、有机肥，减少化肥施用量，积极使用低毒、低残留农药和生物农药，保护耕地质量防止污染农田或经济林。对于补偿资金使用和管理要进行统一管理，由村集体经济组织在指定银行开立对公账户，补偿资金拨付到对公账户中，账户由乡镇财务核算中心统一管理、统一核算；同时，对于生态林和经济林补偿，不应该单纯按照林地面积进行补偿，而应参照不同林种类型以及林龄适当进行补偿标准的调整；此外，建议生态补偿机制设定 3 ～ 5 年试验期，以评估补偿政策对生态保护的有效性，以及时做出适当调整。

参考文献

[1] 张彪，王艳萍，谢高地，等. 城市绿地资源影响房产价值的研究综述 [J]. 生态科学，2013，32（5）：660-667.

[2] 2012 年平谷区农业生产情况分析 [DB/OL]. 平谷统计信息网，http://www.pg.bjstats.gov.cn/tjfx/tjbg/37862.htm.

[3] 平谷区水务局 . 平谷区水资源公报 2012. 2012.

[4] 北京市质量技术监督局 . 森林资源资产价值评估技术规范 DB11/T 659—2009.

[5] 田志会 . 北京山区果园生态系统服务功能及其经济价值评估 [M]. 北京：气象出版社，2012.

[6] Xiao Yu，An Kai，Xie Gaodi，et al. Carbon sequestration in forest vegetation of Beijing at

sublot level[J]. Chinese Geography Science，2011，21（3）：279-289.

[7]　李波．水资源保护与生态建设战略研究——以北京市平谷区为例 [M]. 北京：北京师范大学出版社，2008.

[8]　Zhang Biao，Xie Gaodi，Yan Yuping，et al. Regional differences of water conservation in Beijing's forest ecosystem[J]. Journal of Forestry Research，2011，22（2）：295-300.

[9]　杨志新，郑大玮，文化．北京郊区农田生态系统服务功能价值的评估研究 [J]. 自然资源学报，2005，20（4）：564-571.

[10]　张彪，谢高地，薛康，等．北京城市园林绿地调蓄雨水径流功能及其价值评估 [J]. 生态学报，2011，31（13）：3839-3845.

[11]　孟庆义，欧阳志云，马东春，等．北京水生态服务功能与价值 [M]. 北京：科学出版社，2012.